▌上海文化发展基金会图书出版专项基金资助

江南水乡
民间服饰与稻作文化

张竞琼 曹喆 著

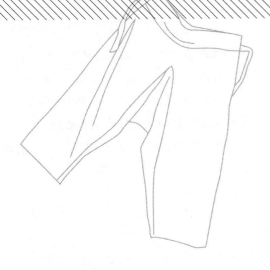

东华大学出版社
·上海·

内容提要

本书以田野考察法对胜浦、唯亭一带的江南水乡民间服饰展开研究,在收集到的有关当地服装形制与制作的实物、影像与文本资料的基础上,对服饰的形制、结构、工艺与装饰等技术特色进行了分析,又对服饰的独特性、活态性、稳定性、系统性、地域性、普及性等非遗特征进行了探讨,并结合当地稻作文化的背景讨论了这些技术特色和非遗特征的形成原因。同时,将江南水乡地区的民间服饰与贵州屯堡、福建惠安地区的民间服饰进行比较研究,综合讨论了相关服饰的族徽意识、审美意识等精神属性与历史沿革等演变规律。

本书适合民间艺术研究者、爱好者与高校相关专业的师生阅读、参考。

图书在版编目(CIP)数据

江南水乡民间服饰与稻作文化 / 张竞琼,曹喆著.
—上海:东华大学出版社,2020.8
ISBN 978-7-5669-1771-3

Ⅰ.①江⋯ Ⅱ.①张⋯ ②曹⋯ Ⅲ.①民族服饰-服饰文化-研究-华东地区②水稻栽培-文化研究-华东地区 Ⅳ.①TS941.742.8②S511-092

中国版本图书馆 CIP 数据核字(2020)第 141356 号

江南大学产品创意与文化研究中心、中央高校基本科研业务费专项资金(2019JDZD02)资助出版

责任编辑 张 静
封面设计 魏依东

江南水乡民间服饰与稻作文化

张竞琼 曹 喆 著

出 版 发 行:东华大学出版社(上海市延安西路 1882 号 邮政编码:200051)
营 销 中 心:021-62193056 62373056
出版社网址:http://dhupress.dhu.edu.cn
天猫旗舰店:http://dhdx.tmall.com
出版社邮箱:dhupress@dhu.edu.cn
印   刷:苏州望电印刷有限公司
开   本:787 mm×1092 mm 1/16
印   张:12.75
字   数:318 千
版   次:2020 年 8 月第 1 版
印   次:2020 年 8 月第 1 次印刷
书   号:ISBN 978-7-5669-1771-3
定   价:78.00 元

前 言

从 1994 年至 2014 年，我们多次赴苏州吴县胜浦镇（今苏州工业园区胜浦街道）、苏州吴县唯亭镇（今苏州工业园区唯亭街道）、苏州吴县甪直镇（今苏州吴中区甪直镇）一带进行田野考察。考察的对象主要是这些地区的民间服饰。

在考察的过程中，我们认识了当地的许多朋友，收藏了当地的许多服饰。这些服饰目前保藏于江南大学民间服饰传习馆，成为进行相关研究工作的重要基础。

胜浦、唯亭、甪直等地的江南水乡民间服饰具有鲜明的地域特色，一般由包头、撑包、拼接衫、穿腰作腰、作裙、拼裆裤、卷膀与绣鞋组成，同时在形制、工艺、色彩、纹样等方面各有特色，而且在其形成和演变过程中与当地稻作生产密切相关，或者说，江南水乡民间服饰就是劳动人民在稻作生产的劳动过程中逐渐完善起来的。然而，随着胜浦、唯亭、甪直等水稻产地被建设成为工业园区，这些民间服饰失去了稻作文化的土壤，逐渐远离了人们的实际生活而成为一种非物质文化遗产。

对作为非遗的江南水乡民间服饰进行研究，有利于我国传统文化的保护、传承与弘扬。这也是写作本书的主要动机。

书中部分摄影图片由马觐伯先生提供。

著者

2020 年 6 月

目 录

第五章　非遗角度的分析　　　　　　　　　　　　　　　　/ 109

第六章　与其他地区的比较研究　　　　　　　　　　　　　/ 155

第一章　学术缘起与概念界定

　　我国历代民间服饰首先作为一种物质存在,它直接继承并改良了古代设计艺术的精华,满足了使用者生产与生活的种种需要,是一个民族得以延续和发展的文化命脉之一。同时,民间服饰又是一种精神存在,它的设计理念与加工工艺以一种非物质的形态流传下来,为已经淡化或消逝的农业文明与文化传统提供了一种特殊的见证。这一切属于联合国教育、科学及文化组织(简称"联合国教科文组织")于 2003 年 10 月 17 日通过的《保护非物质文化遗产公约》中"传统的手工技能",应当受到"各个方面的确认、立档、研究、保存、宣传、弘扬、承传和振兴"①。萌生于江南水网地区、孕育于稻作生产沃土的江南水乡民间服饰及其制作工艺,由于其所具有的悠久历史、地域特色与精神内涵,以及独特性、丰富性、典型性、活态性等非物质文化遗产(简称"非遗")特征,也成为亟待保藏与传承的传统手工艺技能。

　　令人忧虑的是,今日江南一带的"工业化"与包括服饰在内的"民艺"之间存在着此消彼长的关系。以胜浦、唯亭、角直等地为代表的江南水乡,原来的农村已被规划为工业园区用地,农田已逐渐消失,农民也随之消失。在生产方式与生活方式发生了根本变化的情况下,传统民间服饰因不具备现代生活的功能价值而被淡化、被边缘化,从主角降为配角,年轻妇女已不再穿着,老年妇女也仅仅因为习惯而继续沿用。由于传统民间服饰通常采取母女相传的家庭女红式的传承与制作方式,所以积淀着千百年稻作生产与生活经验的民间服饰制作工艺也濒临失传。此现象已经引起学者、媒体及相关部门的注意与重视,当地的政府机构、文化部门也已着手参与保护与振兴传统服饰的行动。如果仅仅把水乡服饰作为一种"物态"的形,那么今天它的传承路径只剩下一条通道——作为实物标本被保藏在博物馆中。但水乡服饰显然不止于此,作为当地稻作文化产物的它已经被附着丰富的文化精神。这种精神及其相关的一切历史、文化内涵与地域特色都值得研究与传承,一些具体的服装制作技艺也应该得到记录与沿袭。只是目前的外部环境并不乐观,民间服饰的保藏、研究与振兴工作必须抓住一切稍纵即逝的机会。

　　苏州吴县胜浦镇(现苏州工业园区胜浦街道)已将江南水乡民间服饰申报苏州市非遗名录。2007 年 6 月 12 日,苏州市人民政府发布《苏州市人民政府关于公布苏州市第三批非物质文化遗产代表作名录的通知》(苏府〔2007〕94 号),其中包括归属于民俗类的胜浦水乡传统妇女服饰。

　　苏州吴县胜浦镇又将江南水乡民间服饰与当地另外两个民俗遗传——山歌、宣卷联合申报江苏省非遗名录。2009 年,江苏省人民政府发布《省政府关于公布第二批省级非物质

---

① 联合国教育、科学与文化组织:《保护非物质文化遗产公约》。http://www.Rarning.sohu.com/28/48/argicle214584828. shtml.2003-12-08。

文化遗产名录和第一批省级非物质文化遗产扩展目录的通知》[苏政发(2009)94号],其中包括由服饰、山歌与宣卷组成的"胜浦三宝"。

同时,苏州吴县甪直镇(现苏州吴中区甪直镇)将江南水乡民间服饰申报我国第一批国家级非遗名录。2006年5月20日,国务院批准苏州甪直水乡民间服饰作为第十类即民俗类入选国家非物质文化遗产名录,批准号为"511IX-63"。同时入围的还有福建惠安女服饰,批准号为"512IX-64"。

一、地域范围——"大江南"与"小江南"

"江南"自古以来就是一个模糊的概念,在《史记·项羽本纪》中,"江南"甚至被称为"江东"——"纵江东父兄怜而王我,我何面目见之"[①]。既然江南是一个模糊的概念,所以有必要先将其梳理清楚。

(一) 辞典释义

关于"江南",《辞海》(第六版)中的释义为:"地区名,泛指长江以南,但各时代的含义有所不同:春秋、战国、秦、汉时一般指今湖北的江南部分和湖南、江西一带;近代专指今苏南和浙江一带。"[②]《辞源》中的释义为:"泛指长江以南,春秋战国秦汉时一般指今湖北的江南部分和湖南江西一带,近代专指今苏南和浙江一带。"[③]《汉语大词典》中的释义为:"汉以前一般指今湖北省长江以南部分和湖南省、江西省一带,后来多指今江苏、安徽两省的南部和浙江省一带。"[④]

《中国国家地理》按照气候、地理与语言的区分对江南做了科学界定。按气象学划分的江南区域为:"初夏梅子成熟之季,由于降雨带继续维持在江淮及汉水流域,这片地区会出现连绵的阴雨天气,也就是人们常说的'梅雨'。气象学者认为,夏初时节,凡是绵绵梅雨所覆盖的地区,全可算作江南地区。"[⑤]按地理学划分的江南区域为:"在中国地理的自然区划中,长江三角洲、两湖平原、江汉平原及太湖、洞庭湖、鄱阳湖等区域通称为长江中下游平原。按照这样的概念,长江以南的地区就不能通称为江南,所谓江南,在自然地理的区划中仅仅指江南丘陵区,也就是湘江、赣江中上游的这片地区。"[⑥]按语言学划分的江南区域为:"如果按照方言的习俗进行归类,长江中下游以南地区可分为六大方言区。相关学者认为,这些区域都可以看作是江南。其中,以江浙一带吴语区最具代表性。"[⑦]可见江南的地域范围较为宽泛和模糊。

---

① [汉]司马迁:《史记·项羽本纪》,中华书局1959年版,第336页。
② 夏征农等:《辞海》(第六版),上海辞书出版社2010年版,第1080页。
③ 商务印书馆编辑部:《辞源》,商务印书馆1991年版,第1722页。
④ 中国汉语大词典编委员会:《汉语大词典》,汉语大词典出版社1993年版,第919页。
⑤ 单之蔷:《"江南"是怎样炼成的》,《中国国家地理》2007年第3期。
⑥ 单之蔷:《"江南"是怎样炼成的》,《中国国家地理》2007年第3期。
⑦ 单之蔷:《"江南"是怎样炼成的》,《中国国家地理》2007年第3期。

（二）历史沿革

在历史地理的概念中,江南的地域范围又是动态的,即不断变化的。在《二十四史》中,最早出现"江南"的记载是《史记·五帝本纪》中的"践帝位三十九年,南巡狩,崩于苍梧之野。葬于江南九疑,是为零陵"①。《史记·秦本纪》亦载:"秦昭襄王三十年,蜀守若伐楚,取巫郡,及江南为黔中部。"②这里所言的"江南"区域与"江东"的范围混淆不清,而且此"江南"或"江东"的主体是长江中游地区,而后世所谓的"江南"的主体——长江下游地区未包括在内。直至唐朝,江南的概念才逐渐明确,《新唐书》载:"江南道,盖古扬州南境,汉丹杨、会稽、豫章、庐江、零陵、桂阳等郡,长沙国及牂柯、江夏、南郡地。"③也就是说,当唐代设立"江南道"后,江南的范围才随着行政的区划而初步确定,涵盖了长江东南的大部分地区。

唐开元年间又将"江南道"细分为江南东、西两道和黔中道三部分。江南东道和江南西道的设立,为江南的区域概念设定了大致的基础。《旧唐书》所载"江南东道"辖后世苏南、皖南与浙、闽等地,且包括常州、江阴、无锡、苏州、昆山、嘉兴等今日江南的核心地区。之后,宋代沿用唐江南东道、江南西道的称谓,同时江南西道也是今江西省名的由来,而江南东道主要包括今江苏南部与浙江北部一带。此范围已初现界定现代江南区域之端倪,尤其是北宋设置的"两浙路",已明确将苏州、常州、润州等今日江南的主要区域囊括其中。事实上,在中原汉人大量南迁之前,江南地区并不是后人所知的富庶的理想家园,古三吴地区长期以来被认为是一片偏远的荒芜之地。

至明代,情况发生了很大的变化。苏、松、常、嘉、湖五府被列为"江南"经常性的表述对象,不仅因为这些地区的地理位置连在一起,还因为这些地区的经济发展获得了备受国家倚重的领先地位,所谓"苏湖熟,天下足"也。至清代,所谓"江南"主要指今长江下游的江苏、安徽两省区,但经济意义上的"江南"则依然指向传统的浙西、徽州或三吴地区。

据《清史稿》记载,清顺治二年正式命名"江南省"。"江南省"在康熙六年即分为江苏、安徽两省,其中江苏省"领府八"(江宁府、淮安府、扬州府、徐州府、苏州府、松江府、常州府、镇江府),直隶州三(通州直隶州、太仓直隶州、海州直隶州)。④ 当时的"江南"主要指今长江沿岸的江苏、安徽与上海地区。

这样看来,江南的区域范围的确处于不断伸缩变化之中,但总体上是沿着长江流域由西向东,由大而小,由模糊而明确,且渐与现代江南的概念逐步接近。

（三）专家观点

较早对江南的地域范围提出讨论的是王家范,在其早期关于江南市镇结构及其历史价值的研究中,他认为至迟在明代,苏松常与杭嘉湖地区已是一个有着内在经济联系和共同点的区域整体。⑤ 官方文书和私人著述中往往也将五府乃至七府并称,因此最早的江南经济

---

① ［汉］司马迁:《史记·五帝本纪》,中华书局1959年版,第44页。
② ［汉］司马迁:《史记·秦本纪》,中华书局1959年版,第213页。
③ ［宋］欧阳修:《新唐书》,《地理五》,中华书局1975年版,第1056页。
④ 赵尔巽:《清史稿》,《志三十三·地理五》,中华书局1977年版,第296页。
⑤ 王家范:《明清江南市镇结构与历史价值初探》,《华东师范大学学报》1984年第1期。

区事实上已经初步形成。余同元认为,"明清江南是以太湖流域为中心的,包括苏南、皖南、两浙在内的大长三角地区",同时他认为在文化意义上,江南是指"地理空间尺度上楚文化、吴文化与越文化的相互融合,彼此之间相互依赖相互影响,各种复杂的相互关系构成的江南区域文化总体"。[①]

历史学家李伯重认为江南的范围应当包括今天的苏南和浙北,这一界定既具有地理上的完整性,又符合人们心中较为合理的概念,他甚至明确给出了"苏州、松江、常州、镇江、江宁、杭州、嘉兴和湖州八府以及由苏州府析出的太仓州这八府一州组成"[②]的地区范围。洪焕椿等在《长江三角洲地区社会经济史研究》一书中也对江南做了一个定义,认为江南主要指长江三角洲地区,是以太湖流域为中心的三角地区。[③] 冯贤亮则认为"从地域上看,江南地区是指长江下游南岸的太湖及其周边地区,……就是太湖流域(或称太湖平原),……这是传统所称的'狭义的江南',亦即'江南的重心'"。[④] 冯贤亮还直截了当地指出"江南是一个以太湖为中心的水乡泽国"。[⑤] 由此定义可知江南水乡的地域界定依然十分广泛。从江苏南京向南覆盖江苏省南半部,并顺延至浙江北部的嘉兴等地,都可定义为江南水乡。

总之,关于江南地域范围的界定方式是多元的。从自然地理的角度,江南即长江以南的太湖水系地区;从历史地理的角度,江南即唐代的"江南道"、宋代的"江南东路"、明代的"南直隶"与清代的"江南省";从区域经济的角度,江南是长江三角洲一带以苏杭为中心(近代时期加上上海)的经济共同体。这是各个时期、各个领域对于江南区域的划分与判断,但这个区域相比于本书所研究的江南水乡民间服饰所在的区域要广泛得多,姑且称之为"大江南"。但不管从自然、气候、历史、文化与经济中的任何一个角度衡量,也不管江南的区域范围如何随不同的界定方式而重叠、延展或缩小,本书所研究的对象即江南水乡民间服饰所在的区域始终在其中,这也是可以将江南水乡作为江南核心区域的重要凭据。那么,这个狭义的江南水乡到底在哪里呢?

(四)"小江南"——水乡服饰的所在区域

狭义的江南地区主要指江苏苏州以东一带,故也有学者称之为吴东地区。界定狭义的江南的依据有二:一是以种植水稻为其主要生产方式,因为大江南地区不完全是稻作区;二是其当地民间服饰具有鲜明的地域特色,在品种、形制与穿法上与大江南的其他地区同中有异。于是本书将这一带称为"小江南"。

具体而言,"小江南"包括江苏苏州以东的胜浦、唯亭、甪直、渭塘、陆家、跨塘、斜塘、陆慕、娄葑、锦溪、周庄、张浦、石浦等直至上海朱家角一带。这些地区东濒上海,南临浙江,西傍无锡,地处太湖水网平原区,属北亚热带湿润性季风气候,四季分明,雨量充沛,土地肥沃,河道贯通,堪称鱼米之乡。

在位于阳澄湖南岸、吴县唯亭镇东北两千米的草鞋山遗址中发现了大量新石器时代的

---

① 余同元:《明清江南战略地位与地缘结构的变化——兼论文化江南的空间范围》,《江南大学学报》2013年第4期。
② 李伯重:《江南的早期工业化》,社会科学文献出版社2000年版,第18～23页。
③ 洪焕椿、罗仑:《长江三角洲地区社会经济史研究》,南京大学出版社1989年版,第286页。
④ 冯贤亮:《明清江南地区的环境变动与社会控制》,上海人民出版社2002年版,第10页。
⑤ 冯贤亮:《明清江南乡村民众的生活与地域差异》,《中国历史地理论丛》2003年第12期。

稻谷、纺织品等,该遗址外围的广大区域都是当时的农业生产区,是公认的古代水稻农业的发源地,又被认为是典型的稻作文化地区(图1-1、图1-2)。换句话说,这一带自古以来就是以水稻种植作为主要生产方式,并围绕此生产方式形成了极具特色的生活方式。

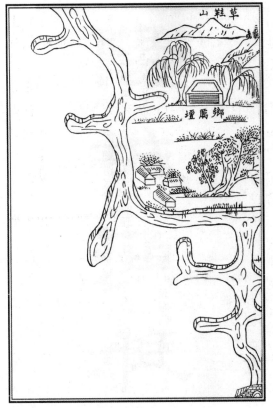
图1-1 《元和唯亭志》中所绘"草鞋山"

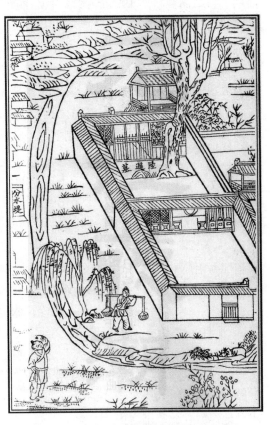
图1-2 《元和唯亭志》中所绘"稻作生产"

这里河汉纵横,水网密布,水域面积几乎占总面积的五分之一,属于太湖湖荡水网的重要组成部分。吴淞江的支流、河道、溇浜不计其数,为农业灌溉与渔业养殖提供了天然便利条件。《汉书·五行志》称"吴地以船为家,以鱼为食"①,由此而产生的"水生活"是当地生活的又一特色(表1-1)。

表1-1 江南水乡典型地区概况

地区	地理坐标	行政区划	面积	人口
胜浦	北纬31°17′~31°20′ 东经120°47′~120°51′	属苏州市,曾辖25个行政村和1个镇	35.8平方千米,其中陆地面积86.5%、水域面积13.5%	24 629人
唯亭	北纬31°25′ 东经120°46′	属苏州市,曾辖1个镇和29个行政村	82.16平方千米,其中陆地面积32.5%、水域面积67.5%	31 602人

---

① [汉]班固:《汉书·五行志》,中华书局1962年版,第1376页。

从历史沿革来看,本书所研究的代表地区之一的胜浦,在新石器时代已有人类繁衍生息,在唐代武则天万岁通天元年(公元 696 年)时属长洲县,至清朝雍正二年(公元 1724 年)属元和县,于民国元年(公元 1912 年)又划归吴县,新中国成立后仍属吴县。[①] 1965 年初定疆域,名"胜浦乡";至 1994 年撤乡建镇,同年又从吴县划归苏州工业园区;2012 年撤镇建街道,名称仍沿用"胜浦镇"。

本书所研究的代表地区之一的唯亭,在新石器时代即有原始居民在草鞋山一带活动,主要从事稻谷种植。公元前 505 年,阖闾曾在此扎营建亭,得名"夷亭",俗称"唯亭"。至唐被列为吴地辖区内八所馆驿之一,唐宋时均属长洲县。民国元年立"唯亭乡",属吴县。新中国成立后,核准改设"唯亭区",仍属吴县。1994 年 4 月归并苏州工业园区,管辖至今。[②]

(五) 文化分区

首先,江南水乡地区归属我国多民族的八大生态文化区之一,即"北方和西北游牧兼事渔猎文化区,黄河中下游旱地农业文化区,长江下游及其以南的水田农业文化区,湘、桂、滇、黔山区的耕猎文化区,青、康、藏高原以耐寒青稞及蓄养牦牛为特点的农牧文化区,河西走廊至准格尔、塔里木盆地边缘的绿洲人工灌溉农业区,西南山地火耕旱地农作兼事狩猎文化区,海南岛五指山的黎族和台湾的高山族的……文化创造"。[③] 根据所在地区、地貌特征与劳作方式,本书所研究的"小江南"地区属于按照生态分区的"长江下游及其以南的水田农业文化区"。

其次,江南水乡地区又归属我国传统农业文化区的十二个文化副区之一,即"关东文化副区、燕赵文化副区、黄土高原文化副区、中原文化副区、齐鲁文化副区、淮河流域文化副区、巴蜀文化副区、荆湘文化副区、鄱阳文化副区、吴越文化副区、岭南文化副区、台湾海峡两岸文化副区",其中"吴越文化副区依托于长江三角洲与杭州湾沿岸,北临长江天堑,西临鄱阳平原,南界雁荡山脉,东濒苍茫大海",是与其他十一个文化副区相并列的区域单位,而江南水乡地区就在此范围之内。[④]

以上各地的经济、社会、历史与文化发展的背景各不相同,形成了形形色色的人文景观。每一个文化区与文化副区均可以理解为"具有相同文化属性的人所占有的地区",它们是"作为明确的社会、政治或经济实体的空间单位"而存在的。[⑤] 因此,作为文化区与文化副区,其区域文化的统一性与独立性是其基本特征,而具有独立的生产方式与生活方式及相对封闭地域的江南水乡地区就是具备这样一个特征的空间单位。

二、江南水乡民间服饰的概念

江南水乡的界定已经完成,再来看一看民间服饰的概念。"我们把这种由民众自己设

---

① 吴兵、马觐伯:《胜浦镇志》,方志出版社 2001 年版,第 43~44 页。
② 沈及:《唯亭志》,方志出版社 2001 年版,第 5~43 页。
③ 蒋立松:《文化人类学概论》,西南师范大学出版社 2008 年版,第 39 页。
④ 王会昌:《中国文化地理》,华中师范大学出版社 2010 年版,第 272 页。
⑤ 况光贤:《人类地理学概念词典》,《地理译报》1987 年第 3 期。

006 ▶▶▶ 江南水乡民间服饰与稻作文化

计、自己制作、自己欣赏、自己使用、自己保存的服饰品定义为民间服饰"①。它一般具有自发性与自娱性的特点，即由广大民众自己所创造、所享用、所传承；在历史上，它是一个相对于"官服"的概念，其中一小部分是由职业裁缝缝制的，而绝大部分是由家庭主妇为自己或其家庭成员缝制的，实际上就是一种"女红"或称为"妇功"。

一般地说，"民间服饰"的定义与"官服"对应，"民俗服饰"的定义与"民族服饰"对应。那为什么不采用"民族服饰"与"民俗服饰"的概念而要采用"民间服饰"的概念呢？可以先看一看"民族服饰"与"民俗服饰"的定义与语境。

民族服饰是指"在多民族的族际社会包括国际社会中，能够被作为民族识别或归属、认同之标识或符号的服装……但是，当它们在不和其他民族或族群发生对比参照时，把它们理解为具有地方性的'民俗服装'似乎要更为恰当一些"。② 再看"民俗服饰"的界定："主要是指在中国各个地方的乡土地域社会中，与当地的生态环境、生计方式和民俗文化均密切相关的民间服装。"③这里强调一点，即在不发生"族际"关系的情境与条件时，就汉族服装内部的研究而言，显然"民俗"比"民族"更科学、更合适。周星先生认为"当研究者把它和其他地区的'民俗服饰'进行对比时，一般会说它们分别反映了汉人服饰生活或服饰民俗的地域多样性特点。换言之，若是没有族际的场景、情境和条件，就可以将它们只理解为'民俗服饰'"。④

然而，"民俗服饰"在现实中得到的理解偏于狭隘。人们习惯于只有当某种服装与某种民俗之间发生了某些或多或少的关联，才将其称为民俗服饰。这样很容易将其限制在划龙舟等游艺民俗或红白喜事等人生礼俗的范围之内，但江南水乡民间服饰显然不止于此。同时，历史上官服与民服的界限十分分明，官服为"治人"的"劳心者"所服，民服为"治于人"的"劳力者"所服，所以官服更加偏重于容仪性、标识性等精神属性，并且垄断性地将民服排除在官服的体系之外。理由就是身份的区别——"三礼"之一的《仪礼》，一度被叫作《士礼》，它的意思就是非"士"谈什么"礼"。被剥夺、被削弱了"礼"的表现意义的民服，只能更加偏重于运动结构的合理性，比如"缺胯衫"与"半衣"。如此，历史上官民对立的社会形态及其在服装上的折射现象，使我们意识到"民间服饰"的概念更容易顺理成章地被理解为劳动阶层所穿用的服装，而水乡妇女恰恰是当地稻作劳动的主力，所以将其服饰归结于"民间服饰"似乎更接近其性质的实质。

民间服饰的变化与发展与当地的生产与生活方式密不可分，江南水乡民间服饰就是在其"稻作文化"——以水稻耕作为中心的生产与生活方式下，形成了极具特色的"八件套"——包头、撑包、拼接衫、穿腰作腰、作裙、拼裆裤、卷膀与绣鞋(图1-3)。这一切均于劳动中发端，于劳动中发展，于劳动中完善。当然这一切只能由当地妇女在农闲时制作，属于家庭女红的组成部分。同时，江南水乡劳动人民因其独到的审美观与功能观，在实践中形

① 张竞琼、崔荣荣：《传承与弘扬——论江南大学民间服饰传习馆的建设》，《江南大学学报》2005年第4期。
② 周星：《新唐装、汉服与汉服运动——21世纪初叶中国有关"民族服装"的新动态》，《国际人类学与民族学联合会第十六届世界大会民族服饰与文化遗产保护专题会议论文集》，艺术与设计出版有限公司2009年版，第61页。
③ 周星：《中山装·旗袍·新唐装——近一个世纪以来中国人有关"民族服装"的社会文化实践》，《中国民族学会2004年年会论文集》，云南大学出版社2005年版，第23页。
④ 周星：《新唐装、汉服与汉服运动——21世纪初叶中国有关"民族服装"的新动态》，《国际人类学与民族学联合会第十六届世界大会民族服饰与文化遗产保护专题会议论文集》，艺术与设计出版有限公司2009年版，第61页。

成、完善了具有地域特色的服装形制与制作工艺。作为近代汉族民间服饰的重要组成部分,江南水乡民间服饰依然保持大襟右衽、宽身直摆的基本形制,以及镶、滚、纳、绣等基本制作与装饰工艺。

由于"小江南"地区的传统妇女服装极具地域特色,而当地男装与"大江南"的整体状况一致,故本书的重点仅在于女装。

图1-3　江南水乡地区的拼接衫、穿腰作腰与绣鞋

三、国内外研究现状

(一)"学院派"的研究工作

20世纪80年代起,北京服装学院服装博物馆原馆长、中国妇女儿童博物馆副馆长杨源教授与上海博物馆副研究员范明三先生等人开始了民间服饰的保藏、民间服饰技艺的记录与保存工作,并取得了卓越的成就,但他们的工作对象主要针对我国少数民族服饰。

几乎与此同时,关于江南水乡妇女服饰的研究也开展起来。

1983年,南京博物院的魏采萍和屠思华选择苏州吴县前戴村作为微观调查的基础,对当地传统民间服饰进行了田野考察与研究,并著有《吴地服饰文化》一书(中央编译出版社1996年版),对当地妇女服饰的种类、色彩、渊源及生活习俗进行概述,对其服饰纹样所蕴含的精神寓意进行初步研究,对江南一带服装的起源和发展过程做了梳理,同时对包括婚嫁、寿衣在内的礼仪服饰进行了相关记录。

1992年,苏州大学陈莹、周宏撰写了《苏州水乡农村妇女服饰》(《服装科技》1992年第10期)一文,简述当地妇女服饰的种类、工艺与特点,并从布料、色彩与渊源等方面进行分析。

之后,施晖与严焕文合著的《吴中水乡女子服饰及其特点》一文被收录于论文集《吴地文化一万年》(中华书局1994年版),该文在概述江南水乡民间服饰形制的基础上,分析了当地妇女服饰的造型特点,并从美学角度概括出"美观实用、穿戴有规"等特征。[①]

金煦在属于《中国民俗大系与民俗学》丛书的《江苏民俗》(甘肃人民出版社2003年版)一书中,对包括江南水乡服饰在内的江苏服饰民俗进行介绍,并给予很高的评价。

2003年以来,江南大学成立了民间服饰传习馆,将江南水乡民间服饰作为汉族民间服饰的一个重要支系纳入主要收藏与研究范围,进行了比较系统的成规模的收藏与保护。同时,江南大学民间服饰传习馆的有关研究人员多次深入江南水乡地区采风,并在《纺织学报》《装饰》等学术期刊上发表了若干论文。

---

① 施晖、严焕文:《吴中水乡女子服饰及其特点》,《吴地文化一万年》,中华书局1994年版,第347~352页。

(二) 当地自谦为"草根"学者的研究工作

首先说明,这里对"草根"一词无任何不敬,而是充满敬意——因为任何高端的文化都是建立在草根文化的基础之上的——一个"草"字,说明了这种文化的通俗与普遍,说明它贴近社会生活;一个"根"字,说明了这种文化内涵深深扎根于民众,能够为寄生于它的其他文化形态提供养分。

1993 年,前戴村村民金文胤(20 世纪 80 年代南京博物院的研究人员在当地采风时住在他家)发表了《吴县胜浦乡前戴村妇女服饰与稻作生产之关系》一文,逐一记录了当地妇女的发型、包头、衣、裤的外观形制,尤其是讨论了这些服饰与稻作生产之间的实用关系。由于作者本人是农民,对稻作劳动有着深刻的切身体会,所以他的研究结论应当十分可信。①

20 世纪 90 年代前后,同样是农民出身的马觐伯先生开始了他对当地水乡民间服饰的记录与研究工作;2007 年,他和胜浦文化站的吴兵、吴云龙等人在当地政府的支持下,对水乡妇女服饰穿戴者、制作者等进行了初步调查与记录,其相关成果如《苏州民间妇女服饰》②、《水乡绣花鞋》③和《包头与肚兜》④。基于"近水楼台先得月"的便利研究条件,他们的研究工作很有建树,见解独到。他们对于戴良《插秧妇》中的诗句"裙翻蛱蝶随风舞"的理解显示其功力非凡,因为这一句从字面上很容易被理解为某种蝴蝶伴随着插秧的妇女在舞动,而实际上这里的"蛱蝶"应理解为"作裙后面的流苏",或是"作腰、作裙垂挂于后方的系带",联系上下文,这样的解释显然更加合理。⑤

(三) 国外研究工作

国外关于我国民间服饰的研究也已经开展起来,在旗袍、弓鞋、刺绣等标志性较强的中国服饰与工艺方面都有专著、论文等研究成果。

John E. Vollmer 所著 *Ruling from the Dragon Throne: Costume of The Qing Dynasty* (*1644-1911*)一书(Ten Speed Press 2004 年版)的侧重点在于清代服饰形制与工艺。作者详细叙述了清代服饰的特点及其所代表的政治、社会、文化意义,以及对中国历史造成的影响,并对布料纹样设计、制衣工艺图、制衣步骤等专业问题进行了详解。

Antonia Finnane 所著 *Changing Clothes in China* 一书(Columbia University Press 2007 年版)主要描述了 19 世纪末至 20 世纪初中国服饰的变迁历程。在该书作者看来,猛烈的时尚冲击成为晚清时期中国人生活的重要组成部分。在 20 世纪早期来到中国的旅行者眼中,传统中国服饰是单调的,而此时时尚产业刚刚兴起,尤其在上海等沿海开放城市。这些改革标志着中国城市和乡村部分地区服饰文化变革的开端,而此变革接下来将持续半个世纪之久。

---

① 金文胤:《吴县胜浦乡前戴村妇女服饰与稻作生产之关系》,《中国民间文化·民间稻作文化研究》,学林出版社 1993 年版,第 160~167 页。
② 马觐伯:《苏州民间妇女服饰》,《苏州日报》1986 年 10 月 10 日。
③ 马觐伯:《水乡绣花鞋》,《娄江》2000 年第 1 期。
④ 马觐伯:《包头与肚兜》,《苏州杂志》2003 年第 4 期。
⑤ 马觐伯:《乡村旧事——胜浦记忆》,古吴轩出版社 2009 年版,第 26 页。

Paul Haig 与 Marla Shelton 合著的 *Threads of Gold: Chinese Textiles, Ming to Ching* 一书(Schiffer Press 2006 年版)以图像形式展示了明清时期包括朝服、补子、阑干(指镶在衣服上的花边)、荷包等在内的五百多件服装和饰品,并从历史学家、亚洲文化学者和收藏者的角度,由浅入深地对每一件展品进行描述和评价。

Valery Garrett 所著 *Chinese Dress: From The Qing Dynasty to The Present* 一书(Tuttle Publishing Press 2001 年版)重点阐述了清朝至改革开放后期的中国服饰变迁历程,详细描述了晚清至民国时期官方与民间服饰的形制、工艺与纹样特色,并从不同角度论述了清朝服饰所代表的社会文化意义,以及新中国成立、改革开放等事件对于服饰演变所造成的影响。

1988 年 10 月至 11 月,在南京大学留学的荷兰学生施聂姐等人两次到胜浦考察,收集胜浦民歌。

2002 年,韩国学者李柱媛在首届中国少数民族服饰文化学术研讨会上宣读论文《韩中寿衣比较研究》,以我国《礼仪》与韩国《家礼》等典籍为依据,比较了两个国家的寿衣的名目、品种、衣料,并对使用者身份与贫富差异进行了分析。[1]

2008 年,美国学者麦蒂贝蕾·吉蒂内在国际人类学与民族学联合会第十六届世界大会民族服饰与文化遗产保护专题会议上发表了她对我国黎族纺织品的研究成果,就黎族人民所使用的织机、织物结构及与人体活动之间的关系进行了讨论。[2]

总之,国外学者对江南水乡民间服饰的研究较少,尤其是针对其制作技艺与稻作文化的专门研究,尚未检索到相关成果。国内同行对于江南水乡民间服饰的研究主要立足于历史渊源、艺术特色、服装形制与色彩分析,理论的概括性、系统性较强,在专门性与实践性方面的深度开拓略有不足,尤其是针对其制作技艺与装饰技艺方面的研究甚少,与作为此种服装存在根基的"稻作文化"之间的联系也不够紧密。这样,本书的研究意义凸显出来:一是针对江南水乡民间服饰的工艺技法进行详细文字与图像的同步记录,并从非遗的角度讨论其相关特性;二是从人类学与民俗学角度对其与稻作生产的关系进行一一对应的深入分析;三是与闽南惠安、贵州屯堡等地区的类似服饰进行比较研究。

四、研究方法

(一) 研究经历

从 1994 年起,先后十余次赴胜浦、唯亭、角直、锦溪、沙溪、蒌葑等江南水乡核心地区进行田野调查。

1994 年春,首次赴苏州吴县角直,与吴东水乡妇女服饰展览馆的工作人员唐清晨(现已

---

① [韩]李柱媛:《韩中寿衣比较研究》,《新世纪的彩霞——首届中国少数民族服饰文化学术研讨会论文集》,红旗出版社 2003 年版,第 334~340 页。
② [美]麦蒂贝蕾·吉蒂内:《黎族纺织品及其与周边民族的联系》,《国际人类学与民族学联合会第十六届世界大会民族服饰与文化遗产保护专题会议论文集》,艺术与设计出版有限公司 2009 年版,第 511 页。

退休、定居苏州市的唐先生也是一位自谦为"草根"的知识分子)取得了联系,由其介绍首次接触到江南水乡民间服饰(图1-4)。

2000年,数次到唯亭、胜浦、角直与周庄一带采风。在这期间,再度拜访了唐先生,并由他牵线结识了一些当地妇女。由此对这些民间服饰的穿用者与制作者进行了考察,并采集到当地民间妇女服饰若干,就其主要结构与工艺进行了初步研究。

2004年,与江南大学民间服饰传习馆的同事们故地重游,采风地点依然是角直与胜浦,再次采访了由唐先生牵线搭桥而结识的划船女,再次采集到当地民间妇女服饰若干,并进行了登记、测绘与入档工作。

2008年起,再次来到胜浦,结识了当地文化站副站长马觐伯先生。由于他开过照相馆,他常有机会直面水乡妇女最美的一面,并且有机会记录这最美的一面。由马先生引荐,结识了胜浦农村的黄理清、黄金英伉俪与沈永泉先生。他们的裁缝工艺了得,为我们示范了江南水乡民间服饰主要品种的主要制作过程。同时对以黄金英为代表的民间服饰工艺传人进行了考察。

图1-4 20世纪90年代吴东水乡妇女服饰展览馆展示的当地民间服饰

2009年至2010年,多次赴胜浦、角直与唯亭一带采风。继续对当地民间服饰的穿戴者与制作者的现状进行考察,对胜浦民间服饰的工艺传人进行登记,对其生活方式与生活环境进行考察与记录,重点对沈永泉、凌林妹等人的工艺制作过程做了摄录工作。

(二)专业积累

2002年至2012年,在以往若干次田野调查的基础上,积累了较为丰富的原始材料,对江南水乡民间服饰进行了初步研究,发表了相关论文。论文《"美用一体"的角直水乡妇女服饰》入选2003年《新世纪的彩霞——首届中国少数民族服饰文化学术研讨会论文集》,论文《苏南水乡妇女服饰的装饰工艺研究》入选2009年《国际人类学与民族学第十六届世界大会民族服饰与文化遗产保护专题会议论文集》,论文《基于稻作文化的吴东"胜浦三宝"调查与研发》在2010年上海ICOM国际博物馆大会服装专题会议上宣读。同时在《纺织学报》《装饰》《丝绸》等杂志上发表相关论文13篇。在这些论文中,在服装学领域讨论与确定了江南水乡的具体位置,对水乡服饰的基本品种与款式进行了记录与分析,初步探讨了江南水乡民间服饰的结构、形制、色彩、沿革、功能、属性、意义及其与稻作生产的关系等问题,提出并论证了"美用一体""由用而美"等学术意见(表1-2)。

表 1-2　笔者的专业积累概况

论文题名	期刊名	目次	摘要	下载频次	被引频次
近代江南地区民间大襟袄制作工艺	纺织学报	2012 年第 3 期	通过对江南民间服饰工艺传人的调研,对制作大襟袄的裁剪工艺流程如裁衣身、裁接袖袖片、挖领、开襟、裁里襟、裁贴边、裁领子、裁扣子料,对缝制工艺流程如找袖缝、刮浆、缝合、裁里子、做领子、钉一字扣和打套结等,逐一记录、复原、分析与研究	129	1
吴东水乡地区绣花鞋的工艺研究	纺织学报	2011 年第 11 期	通过实地考察与民艺采风,对江南水乡妇女绣花鞋的制作材料、针法、技法、步骤等进行记录、分析与研究,总结江南水乡地区的"猪拱头"绣花鞋和"扳趾头"绣花鞋的工艺特色	82	
胜浦水乡民间服饰符号元素对现代家纺的启示	纺织学报	2011 年第 7 期	运用符号学原理对胜浦一带的民间服饰进行考察,总结水乡民间服饰的工艺符号、纹样符号与色彩符号,并在此基础上研究将水乡服饰的符号元素借鉴于现代家纺设计的方式和方法	98	1
以胜浦服饰中"作腰"为例的中西围裙之比较	纺织学报	2011 年第 6 期	以江南水乡民间服饰的作腰作为介入点,通过文献资料、相关馆藏与传世实物的研究,从材质的拼接、独立性与功能性等方面比较中西围裙的相似性,又从形制、美学内涵与精神寓意等方面比较它们的差异性	61	
江南水乡民间服饰色彩符号在现代家纺设计中的应用	东华大学学报(社会科学版)	2011 年第 2 期	运用符号学原理,对江南水乡民间服饰的色彩符号系统进行研究,得出江南水乡服饰已经形成区域个性色彩特征的结论:一是大统一、小对比;二是强调明度对比的有彩色与无彩色搭配;三是建立了一个师法自然的色彩符号体系	88	2
探析胜浦水乡妇女服饰特色工艺的设计内涵	装饰	2010 年第 6 期	以在胜浦进行的采风与调查为基础,说明当地妇女服饰的工艺特色,揭示隐含于这种特色工艺之中的设计内涵	88	3
江南水乡妇女裙装中的"褶"	艺术与设计	2009 年第 3 期	对江南城镇妇女穿着的百褶裙与水乡农村妇女穿着的作裙进行研究,总结两者的外形特征、工艺特点与裙褶的功能价值,并就两者的历史渊源与工艺制作做比较研究	99	1
苏南水乡妇女服饰中的镶滚工艺	天津工业大学学报	2009 年第 2 期	从裁剪工艺与缝制工艺两方面入手,记录相关数据与制作流程,分析拼接衫、包头及作腰上镶滚工艺的形制特征。同时通过若干个例的分析,总结出镶滚结合的装饰工艺在水乡服饰中的实际意义	115	8
江南水乡妇女服饰的镶拼功能与渊源	纺织学报	2007 年第 8 期	在田野考察的基础上,对江南水乡民间服饰的镶拼工艺与相关功能进行探讨,指出其渊源可上溯至衣裳连属的深衣,并历经宋、明、清沿袭演变而成,表明镶拼是中国古典服装造型结构与审美机制双重需要的延续	187	16

论文题名	期刊名	目次	摘要	下载频次	被引频次
江南水乡妇女首服的形制与渊源	纺织学报	2005年第5期	运用民俗学和服装学的原理,对江南水乡妇女的发型、眉勒、包头巾、簪花的形制与渊源做初步研究,指出这些饰物都具有悠远的历史渊源,同时与当地稻作文化的生活形态密切相关	173	11
"卷膀"叙考	丝绸	2005年第5期	描述作为江南水乡妇女服饰重要组成部分的卷膀的形制、色彩、材料和制作工艺,探讨它的使用功能和历史渊源	47	5
拼接的意义——论江南水乡妇女民俗服饰	装饰	2005年第3期	以对甪直、胜浦与唯亭一带的田野考察为基础,围绕水乡民间服饰中的拼接工艺,描述它的运用范围和表现形式,从稻作生产的角度论述它的意义和渊源	248	9
立足于"美用一体化"的甪直水乡妇女民俗服饰	纺织学报	2002年第6期	以对甪直一带的田野考察为基础,讨论甪直水乡民间服饰的外观造型,并从实用与审美、功能与价值、抽象与具象等方面分析服装物质属性与精神属性的关系	129	23

(三) 研究方法

主要运用田野考察法、文献检索法、统计复原法与比较法等研究方法。

1. 田野考察法

该方法亦称作现场研究法,大致按照点面结合的方式分为三个阶段进行。

第一阶段为广泛调查,即"面"的铺开。以胜浦、甪直、唯亭、蓁葑、沙溪、周庄等典型江南水乡地区为研究范围,以当地水乡妇女服饰为研究对象,从稻作文化的解析入手,对穿着者、制作者、当地文化站的研究者进行登记、调研与考察,时间跨度为1994年至2011年。具体又分:

(1) 保存有江南水乡民间服饰的家庭。由于当地千百年来所奉行的勤俭节约的风俗,即使家中无人穿用此类传统服饰,但没有将其完全丢弃,或多或少地保留一些,这也是进行田野考察与实物标本采集的有利条件。

(2) 依然穿着江南水乡民间服饰的妇女及其家庭。从开始调研的1994年起至2011年,可以发现此类家庭也有不少,因为年龄在60岁左右及以上的妇女仍在穿用水乡民间服饰。但这是一个动态的过程,即随着时间的推移,穿用者越来越少。

(3) 依然制作江南水乡民间服饰的妇女及其家庭。由于民间服饰所采取的是家庭女红式的制作方式,早期穿着者与制作者的数量几乎相等。但同样地,随着时间的推移与现代化的进程,掌握传统服饰制作技艺的妇女越来越少,而且比现今依然穿着水乡服饰的妇女更加稀少。

第二阶段为重点调查,即"点"的深入。自2008年起,田野考察的重点工作围绕胜浦和唯亭为中心而展开:

（1）调研了胜浦镇文化站、镇党校及吴淞社区、市政社区、浪花苑社区（需要说明的是，这些社区单位实际上就是工业化之前，也就是工业园区建设之前的农村的"村"级单位）等包括民间服饰在内的"胜浦三宝"保护与宣传的相关部门，调研了当地"稻作文化陈列室"和"山歌、宣卷、水乡传统服饰陈列室"，并与胜浦镇政府、党校、文化站与部分社区居委会工作人员进行访谈，了解到政府职能部门对于"胜浦三宝"保护工作的规划与设想。

（2）继续深入到水乡服饰工艺传人黄金英、凌林宝、凌林妹与沈永泉等人的家中进行采访、考察。依据联合国教科文组织颁布的《关于建立"人类活珍宝"制度的指导性意见》的第三条，"在无版权问题和争议的情况下允许以有形的方式（录像、录音、出版）对他们的活动进行记录"[1]，对这些工艺传人的裁制技艺进行记录。记录主要由四步组成：首先，对他们的口述内容进行记录；其次，请他们演示制作工序并记录；然后，笔者参与制作过程，与民间艺人共同进行制作；最后，双方就工艺制作方式与形成背景展开讨论。共积累制作工艺录像时间500余分钟，积累制作工艺步骤照片650余幅，积累工艺步骤与民俗演变原始记录2万余字。

在2010年此工作获江苏省社会科学基金立项资助后，确定胜浦为重点研究区域。2010年9月至10月，先后四次到胜浦市政社区、吴淞社区与浪花苑社区进行重点调研，并详细采访了数十户家庭，其中包括制作水乡服饰的代表传承人凌林宝、凌林妹，山歌传人张爱花与吴叙忠等。

（3）对于凌林妹家庭、陆根妹家庭与钱友彩家庭等典型户，对他们自1995年起至2011年间这十六年的个人、家庭生活与服饰状况的动态变化进行追踪调查，尽可能真实、客观、详尽地通过这些个例还原当地民间服饰由多到少的淡化过程。

第三阶段为查漏补缺，纠错勘误。

（1）穿插于重点调查之间，为解决或修正局部问题而进行的小型、零星、临时性调研。2012年4月，带着基本成型的初稿再次深入胜浦当地，就写作过程中遇到的技术性问题向服饰制作工艺传人进行咨询，有针对性地完善服饰制作步骤上的细节。此外，再次寻访马觐伯先生，请他对书稿中一些音译的地名和时间节点加以勘误。

（2）为与江南水乡民间服饰进行比较对照，赴国内其他汉族聚集区进行辅助调查。具体包括：

为进行相似性比较工作，分别在2006年7月与2011年6月，两次赴福建惠安县大岞、小岞、崇武一带进行田野考察，采集到惠安女服饰若干，并记录了小岞新街曾木来先生的节约衫裁制工艺。在此基础上，进一步考察当地居民的生活方式。2012年8月赴贵州安顺屯堡一带进行调研，采集到当地民间服饰，考察了当地民俗风情，记录了大襟袍袄与腰带织造工艺。

为进行相异性比较工作，自2004年起多次赴山东、河南、山西与陕西一带，对中原、齐鲁、陕北民间服饰进行采风，作为研究的参照。

通过以上持续性田野考察，积累了大量一手资料，涵盖服装形制、色彩、衣料、工艺与纹样等各个方面，以及所属地区居民的生产与生活方式、价值观、道德观与审美观等精神风貌。

---

[1] 王文章：《非物质文化遗产概论》，文化艺术出版社2006年版，第355页。

这些是本书成文的重要学术基础。

2. 文献检索法

2006 年，赴福建省图书馆检索《泉州府志》《惠安政书》《惠安县志》等闽南惠安地方志史料。

2008 年，在苏州市图书馆、苏州市档案馆检索《吴县志》《元和唯亭志》《吴郡甫里志》等地方志古籍文献，了解当地历史与地理概貌、当地稻作生产状况与生活方式，同时与采风所得记录进行去伪存真式的比较、甄别与分析。

2010 年至 2011 年，在江苏省方志馆检索《苏州统计年鉴》《江苏统计年鉴》及贵州屯堡、福建惠安的地方志史料。通过研究历年统计年鉴得到数据，对江南水乡居民的生活方式进行定量定性分析，为分析江南水乡民间服饰逐渐淡出人们现实生活的原因提供数据支持。同时，进一步查阅黔、闽一带的相关地方志，对江南水乡、贵州屯堡、福建惠安三地服饰所处的文化与自然背景进行比较、分析。

3. 统计复原法

进行相关服饰实物标本的采集，并进行收藏保护、登记造册等工作。测量其件数、尺寸并进行统计，对其布料、色彩、工艺方法进行测绘、统计；对采风和调研所取得的数据资料进行统计、归纳；对所拍摄的图像资料进行分类、整理；汇总访谈所得的文字资料和档案资料，在忠实记录江南水乡民间服饰工艺特色的基础上，对其技术、方法与技巧进行分析与归纳，用现代服装工艺学、结构学原理进行试验，并在相关试验基础上进行理论筛选。

一部分服饰在进行测绘、摄像后归还其所有者，另一部分作为研究标本由江南大学民间服饰传习馆收藏，这样更加便于进行测绘、复原与研究性拆解等工作。对于工艺传人的制作步骤与技艺，采取示范同时摄像、观摩同时练习的方式，记录和学习他们的制作技术，深入体会其服饰工艺的设计理念与制作方式。

4. 比较法

分两个层面进行：

第一，与"中轴"的比较。这个"中轴"是指中原地区，这里的服饰是中华民族尤其是汉族服饰历史沿革的主脉络。具体而言，到目前为止，可考的中国服装史发端于殷商时期的中原一带，众所周知的妇好墓的墓葬发掘便是例证；同时，自殷商时期确定的上衣下裳服装形制历经千年，直至近代依然如此，江南水乡民间服饰的基本形制也是如此。江南水乡民间服饰与中原地区服饰相比较，即可看出前者在若干局部与细节上相对另类，故有"苏州少数民族服饰"的戏称。这样的比较可以帮助人们认识到中原地区服饰与江南水乡服饰之间源与流的关系，从而能够更准确地在近现代中国服装的坐标中寻找江南水乡民间服饰的位置。

第二，"点"与"点"的比较，即以闽南惠安、贵州屯堡等地作为"相似点"与江南水乡服饰进行比较。需要指出的是，这里的相似点主要是指这三个地区的服装形制与细节上的某些相似。以此确定比较对象之后，考察三地服饰的形制与工艺特色、族徽意识、变迁规律及其与各自文化、自然背景之间的关系，从而能够更直观地观测到江南水乡民间服饰的地域特征。

一、形制

江南水乡民间服饰主要包括包头、撑包、拼接衫、穿腰作腰、作裙、拼裆裤、卷膀和绣鞋这所谓的"八件套"。按照人体从头到脚的各个部位,并结合服装形制进行记录与表述,详见表2-1。

表 2-1　江南水乡妇女民间服饰概览

名称	形制概要
包头	系于头顶,外围镶滚边,并在等腰梯形的上边两端分别缀绒线饰穗
撑包	又称作"小兜",即眉勒,呈带驼峰的长条形,系于前额
拼接衫	连袖、直身、大襟右衽,主要特色是镶拼:大身部分与衣袖部分以异色拼接,前襟、袖口、领窝、领口等处一般均镶滚边
穿腰作腰	分为作腰与穿腰两个部分。穿腰实际上是腰带,纳缝紧密,质地厚实。作腰是人们通常认为的围腰部分,主体呈双色或多色布片拼接形成的等腰梯形,上有矩形或梯形翻盖,主体与翻盖之间内藏一个口袋
作裙	又称作"百裥作裙",以两片相同的矩形布料前后叠压缝制而成,看上去略显上窄下宽,这是由于两侧裙腰收裥而形成的。上端配有腰头,腰头两端缝有系带
拼裆裤	裤型短而肥,一般裤身用深色布或蓝印花布制作,配异色腰头。立裆很深,并有拼接
卷膀	呈梯形筒状,上宽下窄,穿着时围裹于小腿至脚踝处,上下两端均有系带或揿钮。由于穿用于小腿上,所以左右各一
绣鞋	鞋帮由两片合成,鞋梁用绢丝线绲合而成,称为"锁梁"。鞋后跟处有宝剑头形制鞋拔。鞋帮处密布绣纹

(一) 首服

水乡妇女头部的服饰品主要由包头与撑包组成。

1. 包头

戴包头对当地女子发型有一个基本的要求,那就是要梳理"鬎鬎头"(图 2-1),它是一种发髻。按过去的传统民俗,当地女孩子年满十三岁即梳鬎鬎头,标志其长大成人。鬎鬎头呈椭圆形,梳理十分讲究。梳理时,按头把、正把、勒心、转弯心与勾头线等步骤进行。

头把:"将头发从前向后抓梳顺,在后脑勺上用线顺序扎紧。"

正把:"在头把下面二三厘米处,用桃红色绒线顺序扎紧。"

(a) 戴包头前　　　　　　　　(b) 戴包头后　　　　　(c) 用于梳理、装饰髻髻头的首饰

图 2-1　髻髻头

勒心:"在正把下面二厘米处,用绒线顺序扎紧。"

转弯心:"在勒心下面三四厘米处,用桃红或翠绿色绒线顺序扎紧。"

勾头线:"将头发略绞紧,在勒心与转弯心之间向左折转,从下向上,再向右顺势盘绕一周,再将发梢绞紧后挽在手上,盘在发髻的中心,恰好将头把和勒心的线遮没。"[1]

梳正规的髻髻头,要添皮子(即假发),梳时分为头把、二把,并使用勾头绒线,所花工夫较大,故也有简单的替代形制,称为"绞力棒""辫子头"与"采刀头"。总之,有了这样的发髻之后,包头就有了依附,也就是说,包头实际上包裹于髻髻头之上。今天甪直镇上给游客划船的划船女上班时都要戴一个义髻(髻髻头由于梳理十分麻烦,已经在今天的实际生活中淡出),以便穿着包括包头在内的"工作服"。

梳毕髻髻头即可戴包头。包头呈等腰梯形,如江南大学民间服饰传习馆所藏的一件包头,其上边长通常为 60 至 70 厘米,下边长通常为 100 至 110 厘米,宽 25 至 28 厘米,底角为30°锐角。独幅包头一般采用黑色直贡呢或黑色细布制作,没有拼接。镶色包头一般以黑色或藏青、湖蓝色布做主体,两端用月白、天蓝等颜色的两块多边形布与三角形布拼接一次或两次,这就是通常所说的包头有两色拼角与三色拼角之分(图 2-2、图 2-3)。拼接后再拼角,拼角上面还有绣花。包头下沿的边缘辅以滚边,缝有绒线系带。

图 2-2　两色拼角包头

图 2-3　三色拼角包头

---

① 魏采苹、屠思华:《吴地服饰文化》,中央编译出版社 1996 年版,第 26 页。

穿戴包头(当地俗称此动作为"戴"或"包")的一般步骤(图 2-4):第一步,将包头置于头顶居中,其梯形长边在上,短边在下;第二步,将梯形短边沿髻髻头环绕;第三步,将包头两边的系带在髻髻头上方打结固定,同时将系带穗头分于头顶两侧。

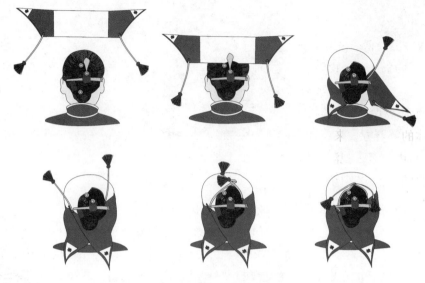

图 2-4　包头穿戴步骤

包头又分胜浦样式与唯亭样式,都呈等腰梯形,其中胜浦样式的拖角长而尖,而唯亭样式的拖角较短(图 2-5)。现今的部分包头上不用布条缝制的带子,而用绒线编织系带或制作流苏替代。

(a) 胜浦样式

(b) 唯亭样式

图 2-5　包头

包头扎于头顶,向后颈披覆,用以拢发、遮阳、挡虫、御寒和保洁。

2. 撑包

江南水乡方言中的撑包或小兜即眉勒,颜色以黑、藏青居多,形状呈长条形,下有两个对称的驼峰状鬓角,一般总长为 46 至 48 厘米,峰高 9 至 10 厘米,两端有系带,通常为双层,又有"采爽兜""鬓角兜"等别称(图 2-6)。当地妇女会在撑包的正中部位用线扎出

图 2-6　撑包

一个凸起的"宫",目的是将头上的包头前沿托住。也可不做"宫",而用一根短细竹竿照"宫"的样子将包头挑起。

撑包适用各个年龄段的妇女,一般戴在包头之内,系于前额,主要用途是拢发和保暖。

(二)上衣

江南水乡妇女的上衣包括拼接衫、棉袄、马甲与肚兜等品种。棉袄、马甲与肚兜的地域特色不是十分明显,或者说与汉族主体服饰的区别不大,所以一般不将其纳入"八件套"。拼接衫的地域特色极为显著,如果说江南水乡民间服饰是江南水乡生活方式的符号,那么拼接衫就是江南水乡民间服饰的符号。

从具体的穿着方式来看,江南水乡妇女的上衣形成了两种极具历史渊源的关系:一是在外观形制上,由上至下观测,可见其从历史上的上"衣"下"裳"演化为上"拼接衫"下"作裙";二是在穿着顺序上,由内至外观测,可见其由"小衣"演化为"肚兜",由"中衣"演化为"布(接)衫",再由"大衣"演化为"加(接)衫"。

1. 拼接衫

顾名思义,拼接衫的主要特色就是拼接,具体而言或用当地方言表述就是"拼掼肩"或"掼肩头",即衣服主体与肩部、袖部以不同布料拼合而成(图2-7)。具体做法是将大襟左半幅至腰腹、再至肩膀及接袖口用一色布,而大襟右半幅至下半部、肘部至袖口一段用另一色布。由于劳动妇女上衣的肩部与肘部都是易磨损处,所以进行这样的拼接,一旦破损,可以局部更换,而不用打补丁,既实用又美观。按照穿着习惯,拼接衫又可以分为布(接)衫与加(接)衫,其中:布(接)衫穿在里面,袖略窄;加(接)衫穿在外面,袖略宽。一般拼接衫的衣长为59至75厘米,通袖长为108至149厘米,胸围为88至115厘米,下摆围为99至122厘米。当然,这些尺寸数据是基本形制与因人而异相结合又相妥协的结果。

图 2-7　拼接衫

2. 棉袄

江南水乡地区的棉袄通常为大襟、右衽、连袖、找袖、宽身、长摆,最显著的特征是夹层中有棉絮,故而得名。

3. 马甲

江南水乡地区的马甲也是大襟、右衽、无袖,领子与衣身镶拼,边沿滚边,腰宽,下摆更宽,衣身较长。

4. 肚兜

肚兜又称小衣、亵衣。主体近似菱形,上角挖成弧形。弧形两端各缝一根半圆形环带,套于颈部。肚兜的左右两端也各缝一根带子,系结在后背。

(三)腰饰

江南水乡妇女腰部的服饰品包括布裙、作裙、穿腰作腰等。

1. 布裙

包括戴孝时穿的白布裙、夏天穿的生布裙等。生布裙又称半爿头裙,前短后长,适宜水田弯腰劳作,所以它实际上是一种工作服,在日常生活中极少穿用。

2. 作裙

作裙的裙长一般为44厘米左右。由于作裙的长度如此之短,所以将其作为腰间服饰而不是下身的服饰(图2-8)。另外,作裙不能单独穿用,这是将其作为腰间服饰的另一个理由。作裙的腰宽为6.5厘米左右,腰围为95至128厘米(其中约24厘米为两幅裙片的叠门部分,也就是说,实际腰围为71至104厘米),下摆围为161至190厘米(同样需要考虑约24厘米的叠门部分,再加腰部褶裥至下摆的放出部分)。作裙采用两片布料前后叠压缝制而成,平铺状近似矩形,裙腰两侧收拢成褶裥或拼接上另外用布料做的褶裥之后,由于褶裥的上沿收拢而下端展开,形成梯形,下摆呈圆弧形。裙边正面滚边,背面贴边。裙腰两端装有系带,系带两端又以流苏装饰。根据褶裥的样式可分为百裥作裙与接裥作裙。两侧打裥的具体形式有顺风裥、橄榄裥等,裥上再施彩绣,花纹精细、简洁、耐看。

图 2-8　作裙

作裙还分为长短两种(图2-9)。长作裙(裙长一般为70至80厘米)在整个大江南地区,男女皆有穿着。但在本书研究的江南水乡地区,女子极少穿着长作裙,而是广泛穿着短作裙。两种作裙在外观上有明显差异,长作裙的形制是长而窄,短作裙的形制是短而宽。

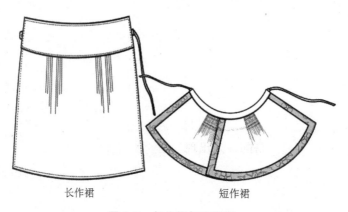

长作裙　　　　　　　　短作裙

图 2-9　长作裙与短作裙

3. 作腰

作腰在当地方言中也称作"腰头""围兜""系腰扇""移身头"，主体略呈梯形，多由两色三块布料拼合而成。通常用黑色、蓝色等单色棉布镶拼缝制主幅，以异色棉布缝制拼幅，四周再以异色布条做滚条、滚边。穿用时束在作裙外面，作腰通常为一尺见方（合33厘米左右），另连接约6.5厘米宽的穿腰。作腰的具体形制又分两种（图2-10、图2-11）：

一种由两层布料组成，每一层由三块纵向拼接的狭长布料组成。拼接时，两侧的布料一致，呈对称关系。通常，下层布料较大，上层布料较小。拼接完成后整体呈梯形，其上沿宽一般为32至48厘米，下沿宽一般为41至52厘米，长度为47厘米左右。这种作腰在车坊、角直一带较为普遍。

另外一种亦由两层布料组成，但是每一层仅有两块小拼接，即在两端上角各有一块5厘米见方的小拼接，而没有狭长布料的拼接。下层布料较大，上层布料较小。具体尺寸与第一种形制相似。这种作腰在唯亭、胜浦一带较为常见。

图 2-10　作腰形制之一

图 2-11　作腰形制之二

作腰上往往会缝制一个口袋。口袋缝制在下面一层上，被上面一层遮盖。作腰主要起到护腰、收纳、保洁与装饰的作用。

4. 穿腰

穿腰又称"作腰板"或"穿腰板"，为狭长形带状物，夹层内部敷衬上浆，密纳而成（图2-12）。穿腰通常长20厘米，宽6.5厘米，有时还绣有艳丽的纹样。穿腰两边各接一条以同色布制作的系带或用绒线编织的彩带，下缀流苏。按照连接方式分，穿腰有两种：

一是穿腰与作腰缝在一起，穿腰"穿"过作腰，两者呈现为一个整体。

二是穿腰连系在作腰上，两端通过扣襻与作腰进行可脱卸的连接，两者以搭配形式出现。

（四）下装

主要包括拼裆裤与卷膀。

图 2-12　从作腰上解下来的穿腰

图 2-13 拼裆裤

1. 拼裆裤

又称作大裆裤,基本形制为阔裤腰,深立裆,裤筒短而宽大(图 2-13)。一般裤腰宽为 6 厘米左右,腰围为 104 厘米左右,裤长为 78 至 84 厘米,裤脚口宽 44 至 52 厘米,立裆深为 48 厘米,总体呈宽短形状。裤身主体部分往往采用单色布或蓝印花布,裤裆部位用深色布拼接。裆内拼接深色的布料。根据裆的拼法可分为扯缝裆、夹屎裆与四脚落地裆等。落裆很深,呈倒置的 U 形结构。两侧裤腰连缀裤带,用以系结。

2. 卷膀

卷膀又称布袜(图 2-14),平铺后呈上宽下窄的倒置梯形,通常长度为 28 至 35 厘米,上端宽为 35 至 41 厘米,下端宽为 28 至 32 厘米。有夹里,故通常为两层,内里贴边,四周镶一圈异色滚边。上下两端都有布带(一般长 52 至 57 厘米,宽 2.5 至 3 厘米),以便束绑在小腿上。卷膀始终是左右一对。这是江南水乡民间服饰中极具地域特色的品种之一。

图 2-14 卷膀

有的卷膀做得更长一些,通常长度约为 64 厘米,几乎为一般卷膀长度的 2 倍,有夹里,以应对冬季的需要。但长卷膀较为少见,江南大学民间服饰传习馆只有一件收藏。

(五)足衣

足衣主要包括布鞋、棉鞋与绣花鞋(绣鞋),其中布鞋和棉鞋较为常见,本书不做赘述。

江南水乡妇女的绣鞋在形制上分为"扳趾头"与"猪拱头"两种(图 2-15、图 2-16):前者鞋底前端部尖而上翘;后者鞋底前端部不翘,鞋头向外突出,较为圆浑。常见的是尖头圆跟,鞋底用紫红布包底,鞋头装一个由细实棉布经过密扎加工而呈三角形的鞋尖,谓之"两端底",即俗称的"扳趾头"。也有头、跟都是圆形的,用白苎麻捻成的鞋底线,将鞋底细密紧扎,鞋底坚固、结实而无鞋尖,即俗称的"猪拱头"。江南大学民间服饰传习馆收藏有二十余双绣鞋,鞋长在 23 至 27 厘米,鞋宽(鞋掌最宽处)在 8 至 10 厘米。

图 2-15 "扳趾头"绣鞋

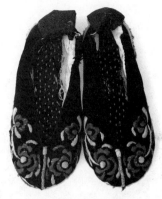

图 2-16 "猪拱头"绣鞋

　　两种形制的绣鞋均无左右脚之分。鞋帮由两片合成,两片结合处用绢丝线交叉密缝,谓之"锁梁"。锁梁的顶端有异色丝线缝制的结子。鞋后跟处缝有宝剑头形布料一块,供穿鞋时向上提起鞋帮,作用与鞋拔相同,所以当地方言称此布料为"鞋叶拔"。鞋叶拔同时可遮住鞋帮后部缝合处的线迹。鞋叶拔与鞋子的布料常用黑色或青蓝色土布。鞋面常以五彩绢丝线对称施绣,通常铺满整个鞋帮,绣纹丰富,手法多样。相对而言,江南水乡妇女服饰中的拼接衫、拼裆裤、作腰上一般没有绣花纹样,包头、穿腰上少有绣花纹样,绣鞋的鞋帮是刺绣最为集中的区域。

二、演变

(一) 典籍记载与考古发掘

1. 关于包头

　　包头源自古代的头巾,只不过历史上的头巾多为男子使用(也是劳动人民用的多)。《释名·释首饰》中有"巾,谨也,二十成人,士冠;庶人巾"[1],即长大成人后,"白领"戴冠帽,"蓝领"戴头巾,而冠、巾之别在于,冠是预先缝制成型的,巾则需要在穿戴时进行整合——相当于现代的二次设计。秦巾的形制是由前额向后脑包发系扎,且有余幅垂下;秦巾的用料为"幅布三尺",按"商鞅量"和洛阳金村出土的秦铜尺换算,分别约合今 69 厘米和 69.3 厘米。东汉以后的幅巾用料为"汉尺二尺二寸",按东汉铜尺和骨尺换算,约合今 51.4 厘米。虽然上述都是男子用巾,但其尺寸都与今江南水乡地区的妇女包头相近。

　　汉墓画像石上已出现扎半头巾的妇女形象,但此时的巾仍是一块包头帕。至中唐时期,花开两朵:一是继续保持"软裹",用时缠裹于头上,若取下来则仍是一块布;二是预先折叠成型,用时仿佛帽子一般直接戴上,无需系扎。显然,江南水乡妇女的包头沿袭的是前一种情形,只是古制包头巾自前向后系结而形成"脚",而江南水乡妇女的包头不系结,垂下的拖角

---

[1] [汉]刘熙:《释名·释首饰》,中华书局 1985 年版,第 73 页。

略有交叉。

《旧唐书·舆服志》载："江南则以巾褐裙襦。"① 米芾《画史》记"唐人软裹"，以及"敢习庶人头巾……垂至背"，说明垂幅的位置相近。② 清叶梦珠《阅世编》中有"今世所称包头，意即古之缠头也……前朝冬用乌绫，夏用乌纱，每幅约阔二寸，长倍之"，说明形制类似而尺寸偏小；又有"裹于头上，即垂后，两杪向前，作方结"，说明打结的位置与方向有异；还有"未尝施裁剪也"，这点与江南水乡妇女的独幅包头也比较相似。③ 可见江南水乡妇女包头的尺寸、形制与佩戴后的情形都能从相关典籍记载中得到印证。

图2-17 台北故宫博物院藏
李嵩《市担婴戏图》

另外，关于包头的考古发掘多见于俑像，略举证一二：一是河北沧州出土的南北朝时期执事俑"戴包头巾，结于脑后，垂于双肩"④；二是山西大同出土的北魏时期陶女俑"戴包巾，……下垂至肩"⑤。曾昭燏记："结其前二角于头后，后二角压于前二角之下，垂于项，成燕尾状。"⑥这里的"角"等同于其他古籍中所记的"脚"，相关文物图鉴见图2-17。

2. 关于撑包

《释名·释首饰》载："绡头，绡，钞也。钞发使上从也。或曰陌头，言其从后横陌而前也。"⑦绡头也是一种头巾，系扎时由后向前，交结于额，东汉时多见于庶民。后"将头巾裁剪或折叠成狭长的布条，围勒于额间，这种头饰就叫'抹额'"⑧。至唐宋时期衍生为"罗巾""额巾"——唐朝妇女曾以罗巾覆盖于前额上，由于质地比较轻薄，隐约可见肤色。明清时称为"额子"，在江南一带广为流传，见清李斗《扬州画舫录》："小秦淮伎馆常买棹湖上，妆掠与堂客异……春秋多短衣，如翡翠织绒之属；冬多貂覆额，苏州勒子之属。"⑨该书中还有关于眉勒外观形制的详细记录："有蝴蝶、望月、花篮折项、罗汉鬏……及貂覆额、渔婆勒子诸式。"⑩事实上，今天江南水乡妇女使用的撑包在形制上与古制额巾、额子几乎一致，只在细节与质地上略有差异。

此类箍发用品在我国出现极早。安阳妇好墓出土的商代玉雕、石雕人像中就有"绳圈冠"和"筒圈冠"，位置也是系结于额，功用也是充当发箍。对于这样的箍发用品，有北宋杂剧

① ［五代］刘昫：《旧唐书·舆服志》，中华书局1975年版，第1951页。
② ［宋］米芾：《画史·文渊阁四库全书》，上海古籍出版社1987年版，第36页。
③ ［清］叶梦珠：《阅世编》，中华书局2007年版，第203页。
④ 王敏之：《河北省吴桥四座北朝汉崖墓》，《文物》1984年第9期。
⑤ 刘俊喜、张志忠、左雁：《大同市北魏宋绍祖墓发掘简报》，《文物》2001年第7期。
⑥ 曾昭燏：《曾昭燏文集》，文物出版社1999年版，第187页。
⑦ ［汉］刘熙：《释名·释首饰》，中华书局1985年版，第74页。
⑧ 高春明：《中国古代的平民服装》，商务印书馆1997年版，第38页。
⑨ ［清］李斗：《扬州画舫录》，广陵书社2010年版，第138页。
⑩ ［清］李斗：《扬州画舫录》，广陵书社2010年版，第103页。

雕砖人像扎"抹额"为证(北宋杂剧的演出服都是仿照当时的生活常服制作的,虽为戏装,却可信),又有元山西永乐宫纯阳殿壁画人像扎"抹额"为证。

3. 关于拼接衫

作为一种上衣,拼接衫的渊源可以上溯至衫、衫子与襦。

(1) 衫又叫单衫,江南士人穿用较多,唐李商隐《饮席代官妓赠两从事》中说:"新人桥上着春衫。"[1]五代以后,妇女穿衫现象日渐增多。至明代,女衫已升格为礼服,在祭祀、婚嫁及"见舅姑"等礼节性场合与日常生活中普遍穿用。《醒世姻缘传》第八十五回中有"戴了满头珠翠……内衬松花色秋罗大袖衫……",这是素姐准备去祭祖行礼所服;[2]第五十九回中有"龙氏穿着油绿绉纱衫……",这是薛夫人让龙氏出来见客时所服。[3]

庶民所穿的衫以短衫为主,长度在膝盖以上,前后左右各开一衩,劳作时分片撩起并掖在腰际。因胯部裁缺,故又名缺胯衫。《新唐书·车服志》提及此衫,敦煌莫高窟唐代壁画上亦绘有着此衫的纤夫与农民。

(2) 衫子是一种短而窄小的单衣,其长度较普通衣衫更短,故又称"半衣",为士庶妇女的夏衣。衫子的另一个特点是轻薄,花蕊夫人《宫词》中有"薄罗衫子透肌肤"[4],又有"罗衫玉带最风流"的诗句[5]。顺着这条线索,可知明时出现了"扣身衫子",即用相对紧窄的衣式和轻薄的衣料展现自己的身姿,如《金瓶梅词话》第一回中潘金莲"梳一个缠髻儿,着一件扣身衫子"[6]。江南水乡妇女的拼接衫并不轻薄,主要原因在于衣料采用棉织物。

(3) 襦是一种短衣,长度大约在腰间部位,故有"腰襦"之称。汉乐府诗《玉台新咏·古诗为焦仲卿妻作》中说:"妾有绣腰襦,葳蕤自生光。"[7]东汉以前为男女通用,东汉以后为妇女专用,有单、夹之分,其中有夹里者更为普遍,称为"复襦"。至两宋,"穿襦者仅限于农妇村姑"[8],后实际上已转化为袄。也就是说,袄是从襦演变而来的一种短衣,而这种短衣大襟、对襟兼有,宽袖、窄袖兼有。宋以后盛行,各色人等皆穿这种短衣,明清时期多为妇女使用,穿时与裤、裙搭配。《金瓶梅词话》第十二回:"灯下看她穿着大红对襟袄,浅黄裙子,头戴着貂皮帽,十分妖媚";[9]第五十五回:"……上穿大红妆花袄,下着翠绿镂金宽襕裙子,封着玎珰禁步"。[10]

从相关考古发掘来看,元壁画《王祥卧冰》中的侍女"身穿长袍,外套半袖短衫"[11],说明短衫在侍女等劳动阶层中早有使用。江苏吴县唐墓中出土的三件女侍俑均着"圆领窄袖衣

① [唐]李商隐:《饮席代官妓赠两从事》,《全唐诗》,中华书局 1999 年版,第 6222 页。
② [明]西周生:《醒世姻缘传》第八十五回,齐鲁书社 1980 年版,第 222 页。
③ [明]西周生:《醒世姻缘传》第五十九回,齐鲁书社 1980 年版,第 770 页。
④ [五代]花蕊夫人:《宫词》,《全唐诗》,中华书局 1999 年版,第 9070 页。
⑤ [五代]花蕊夫人:《宫词》,《全唐诗》,中华书局 1999 年版,第 9069 页。
⑥ [明]兰陵笑笑生:《金瓶梅词话》第一回,青海人民出版社 1993 年版,第 11 页。
⑦ [南北朝]徐陵:《玉台新咏·古诗为焦仲卿妻作》,华夏出版社 1998 年版,第 43 页。
⑧ 高春明:《中国古代的平民服装》,商务印书馆 1997 年版,第 47 页。
⑨ [明]兰陵笑笑生:《金瓶梅词话》第十二回,青海人民出版社 1993 年版,第 168 页。
⑩ [明]兰陵笑笑生:《金瓶梅词话》第五十五回,青海人民出版社 1993 年版,第 880 页。
⑪ 王进先:《山西长治市捉马村元代壁画墓》,《文物》1985 年第 6 期。

图 2-18　北京故宫博物院藏王居正
《纺车图》中的衫

裙"①,其中上衣为短衫。安徽合肥亦出土了女侍俑两件,"均上着高领窄袖衫,圆领内衣,下着曳地长裙"②。江西广昌出土的明代女衫均为大襟右衽、直身窄袖,尤其是"衣长104厘米,袖长63厘米,腰围134厘米"③的尺寸数据,说明其与江南水乡地区拼接衫形制十分接近,只是江南水乡地区的拼接衫缩小了一号。古代女子着衫描绘见图2-18。

另外,"女衫以二尺八寸为长,袖广尺二"④,按中国历史博物馆藏的清牙尺(一尺合今约35厘米)换算,"二尺八寸"合今约98厘米,"尺二"合今约70厘米,说明清代女衫的形制十分宽大。上海纺织服饰博物馆、上海艺风堂博物馆与江南大学民间服饰传习馆所藏的清代传世实物也表明事实如此(表2-2)。江南水乡民间服饰仅保留了大襟右衽的基本形制,但尺寸减小了很多。

表 2-2　部分博物馆藏清代女衫尺寸　　　　　　　　　　单位:厘米

馆藏地	衣长		腰身		下摆		通袖长	
	区间	均值	区间	均值	区间	均值	区间	均值
上海纺织服装博物馆	58～76	63.7	76～110	88.4	80～144	109	104～120	116.3
上海艺风堂博物馆	40～68	51.1	84～106	86.6	80～125	98.8	93～123	110.3
江南大学民间服饰传习馆	51～93	74.4	72～124	104.2	92～176	139	103～186	141.4

4. 关于作腰

《释名·释衣服》中有"蔽也,所以蔽膝前也,妇人蔽膝亦如之"⑤,《诗·小雅·采绿》中有"终朝采蓝,不盈一襜"⑥,意思是古代民间女子于腰间系结围裙,长不过膝,这种围裙称为"襜"。这种围裙不过膝的长度与江南水乡地区的作腰十分相近,同时用于防护与兜物的功能亦与作腰相似。

山东沂南汉墓出土的画像石与甘肃嘉峪关晋墓出土的画像砖上均有奴婢、侍女着蔽膝的相关描绘。四川成都杨子山汉墓出土的画像砖上有"农人……身穿短衣,腰部以下围有蔽膝……",且"使用时围系在腰间,只有前片,没有后片",与"因衣其皮,先知蔽前"的记录完全一致。⑦

---

① 叶玉奇:《江苏吴县姚桥头唐墓》,《文物》1987年第8期。

② 袁南征、周崟:《合肥隋开皇三年张静墓》,《文物》1988年第1期。

③ 姚连红、魏叶国:《明代布政使吴念虚夫妇合葬墓清理简报》,《文物》1993年第2期。

④ [清]李斗:《扬州画舫录》,广陵书社2010年版,第103页。

⑤ [汉]刘熙:《释名·释衣服》,中华书局1985年版,第79页。

⑥ [清]阮元:《十三经注疏》,《诗·小雅·采绿》,中华书局1980年版,第494页。

⑦ 高春明:《中国古代的平民服装》,商务印书馆1997年版,第51页。

5. 关于作裙

《诗·邶风·绿衣》中有"绿兮衣兮，绿衣黄裳"[1]，《释名·释衣服》载"裳，障也，所以自障蔽也"[2]。这里的"裳"就是裙，围裳（也就是围裙）的意义在于遮蔽。《礼记·曲礼上》中说"暑毋褰裳"[3]，意思是哪怕夏天也要围裳，以避免走光。当时的裤子都是开裆裤，即不合裆的裤子，所以当时裳的形制为一片蔽前、一片蔽后，其中前用三幅，后用四幅。之后，裳演变为裙。裙有多幅，常见五、六、八幅等，上连于腰。汉以后裙逐渐为女性专用，故古乐府《玉台新咏·古诗为焦仲卿妻作》中说"着我绣狭裙，事事四五通"[4]。

图 2-19　上海松江明墓出土的蓝白印花罗裙

相关出土实物亦颇为丰富。湖南长沙马王堆汉墓出土的女裙，以四幅素绢镶拼而成，上窄下宽，呈扇形，裙腰也采用素绢制作，两端分别延长一截，用以系结。整条裙子不用缘边，故称为"无缘裙"。在湖北江陵马山一号楚墓亦有类似发现，出土的单裙腰部较窄，下摆较宽大，由两幅直裁布料和六幅斜裁布料拼接而成。[5] 江苏金坛南宋周瑀墓出土的"折枝花绮裙"，其式样与长短都与江南水乡地区的作裙相近。江西德安南宋周氏墓出土的"裙……式样有单片裙、两片裙和褶裥裙三种，保存大都完好。一般都是下摆略宽于裙腰，腰的两端有系带。有的镶花边，有的镶素边，也有无贴边的"[6]。福建福州南宋黄昇墓出土的"平展裙分上下二幅，各用二至三片的料子缝接而成，上幅压在下幅上面"[7]。这些墓葬中"分上下二幅"的两片裙对后世的影响很大。直至明朝，江苏江阴叶家宕墓、扬州火金墓与泰州徐蕃墓均有类似两片裙出土。江南水乡地区的作裙在形制与结构上均保留了这种两片裙的传统，只是裙长减短，说明了江南水乡地区的作裙直接继承了前制。图 2-19 所示为上海松江明墓出土的蓝白印花罗裙。

6. 关于拼裆裤

秦汉时期的裤相当于后世的套裤、膝裤。《释名·释衣服》称"袴也，跨也，两股各跨别也"[8]。《说文·系部》说"袴，胫衣也，从系，夸声"[9]。清王先谦注"今所谓套袴也。左右各一，分衣而胫"。汉代后，两股之间连缀一裆，起初裆不缝合，以带系缚，后来才出现合裆之裤。

《汉书·上官皇后传》载："光欲皇后擅宠有子……虽宫人使令皆为穷袴，多其带。"[10]唐颜师古注"穷袴即今之绲裆袴也"，即有裆但裆不缝缀的形制。山东邹县元墓的发掘证实："这次出土的男女绵裤都是开裆的，并另加横腰，在腰部缀带三条。"[11]

① ［清］阮元：《十三经注疏》，《诗·邶风·绿衣》，中华书局 1980 年版，第 297 页。
② ［汉］刘熙：《释名·释衣服》，中华书局 1985 年版，第 77 页。
③ ［汉］戴德：《礼记·曲礼上》，大连出版社 1988 年版，第 3 页。
④ ［南北朝］徐陵：《玉台新咏·古诗为焦仲卿妻作》，华夏出版社 1998 年版，第 43 页。
⑤ 彭浩：《楚人的纺织与服饰》，湖北教育出版社 1995 年版，第 165 页。
⑥ 李科友、周迪人、于少先：《江西德安南宋周氏墓清理简报》，《文物》1990 年第 9 期。
⑦ 福建省博物馆：《福州市北郊南宋墓清理简报》，《文物》1977 年第 7 期。
⑧ ［汉］刘熙：《释名·释衣服》，中华书局 1985 年版，第 79 页。
⑨ ［汉］许慎：《说文·系部》，江苏古籍出版社 2001 年版，第 275 页。
⑩ ［汉］班固：《汉书·上官皇后传》，中华书局 1962 年版，第 3960 页。
⑪ 王轩：《邹县元代李裕庵墓清理简报》，《文物》1978 年第 4 期。

湖北江陵马山一号楚墓出土了东周时期的一条棉裤,由裤身与裤脚两部分组成。"每只裤脚两片,一片为整幅,宽 50 厘米,长 61 厘米;另一片为半幅,宽 25 厘米,长 61 厘米",且裤脚"上端的一侧拼入一块长 12 厘米、宽 10 厘米的长方形裤裆"。① 这条裤子的历史非常久远,它确立了中式裤子的两项基本结构:一是裤脚与裤身(裤腰)分离,二是裤脚拼缝并且拼裆。

在新疆尉犁营盘墓地出土的一百多件保留完整的服饰品中,有六条裤子,"均为肥大的深裆阔裤腿的合裆裤,以平纹褐作料",又分两种:"第一种,裤腿单截另横加裤腰、裤脚、夹裤。横接的裤腰宽 4.5 厘米,中间缀带,裤脚宽 5 厘米,周长 30 厘米。裤腿、裤腰、裤脚相接时均略内收,有折褶",以及"第二种,裤管、裤腰为一体,肥大的裤腰上束带。裤腰不另加横边,仅向里折缝,均为单裤。裤长 105 厘米,裤脚宽 25 厘米"。② 从穿用方式看,"裙内穿着两条裤子,一为素绸开裆丝绵裤,长 80、腰围 40、裤腿 22 厘米"③。首先需要说明的是,"腰围40、裤腿 22 厘米"显然指单幅宽,实际上,按周长计算的话,腰围应为 80 厘米,裤腿显然也采用了单幅测量的方法。同时,这些记录也说明了古时裙与裤搭配组合的穿法。

图 2-20　江苏泰州明胡玉墓出土的
蓝布夹裤

南宋黄昇墓出土了"满裆左右外中缝开片裤等三种。裤通长 78 至 89 厘米,腰围 66 至 79 厘米,裤脚宽 23 至 34 厘米"。④ 明叶家宕墓出土有棉布裤,"三幅料子缝合后上横接腰。裤长 75、腰宽 40、裤脚宽 22 厘米",论形制与尺码,亦与江南水乡妇女的拼裆裤有相通之处。⑤ 江苏泰州明胡玉墓出土了一条蓝布夹裤(图 2-20)与一条白布裤,这两条裤子的拼裆部分可明显看出。⑥

7. 关于卷膀

卷膀的渊源有三:一是行缠,二是膝裤,三是护腿或絮衣。

行缠初作"邪幅",《诗·小雅·采菽》中有"赤芾在股,邪幅在下"⑦;汉代后,称作"行縢",《释名·释衣服》中说"今谓之行縢,言以裹脚行,可以跳腾轻便也"⑧。妇女也用卷膀,且多以绫罗或织锦制作,上施彩绣。《大业杂记辑校》载:"(隋炀帝御龙舟)其引船人普名殿脚一千八百人,并着杂锦采装袄子、行缠、鞋袜等。"⑨卷膀后来演化为绑腿。

膝裤为古之"胫衣"。《少室山房笔丛》中有"然今妇人缠足,其上亦有半袜罩子,为之膝裤,恐古罗袜此类"⑩。另有考古发现为证:"此裤没有裤腰,不缝裤裆,两只裤腿单独分开。

① 湖北省荆州地区博物馆:《江陵马山一号楚墓》,文物出版社 1985 年版,第 23～24 页。
② 周金玲、李文瑛:《新疆尉犁县营盘墓地 1995 年发掘简报》,《文物》2002 年第 6 期。
③ 王轩:《邹县元代李裕庵墓清理简报》,《文物》1978 年第 4 期。
④ 福建省博物馆:《福州市北郊南宋墓清理简报》,《文物》1977 年第 7 期。
⑤ 高振威、周利宁:《江苏江阴叶家宕明墓发掘简报》,《文物》2009 年第 8 期。
⑥ 黄炳煜:《江苏泰州西郊胡玉墓》,《文物》1992 年第 8 期。
⑦ [清]阮元:《十三经注疏》,《诗·小雅·采菽》,中华书局 1980 年版,第 489 页。
⑧ [汉]刘熙:《释名·释衣服》,中华书局 1985 年版,第 82 页。
⑨ [唐]韦述:《大业杂记辑校》,三秦出版社 2006 年版,第 19 页。
⑩ [明]胡应麟:《少室山房笔丛》卷十二,中华书局 1958 年版,第 147 页。

每只裤腿上端都有一条带子,穿时系在腰带上。"①这是典型的膝裤形制,也与卷膀十分接近。共同点在于两腿左右各一,且系带。但系带的位置区别很大,膝裤或套裤的系带是向上系于腰间,而卷膀的系带是左右环绕系扎。膝裤自五代、宋以后变得常见,对此有丰富墓葬发掘为证:

(1)江苏泰州明刘湘夫妇墓出土属刘湘之妻的花缎膝裤一对,直筒形,上下端同宽,长34厘米,宽20厘米,上端开一长16厘米的衩。土黄色四合如意云暗花缎面,土黄色素面里,中纳棉絮。②

(2)江苏泰州明徐蕃夫妇墓出土属徐蕃的四合云花缎棉膝裤一对,直筒形,上下宽度一致,长31厘米,宽18厘米。上端缝两根扎带,扎在膝盖处。浅豆黄色缎里,内衬棉花。③

(3)四川新都明墓出土夹膝裤三双,筒形,上大下小,绸面布裹,长约30厘米,宽边约20厘米,窄边约16厘米。上下两端均有镶边,目测宽3~4厘米。④

(4)江西德安明熊氏墓出土"腿套两件,面为褐色提花罗,内絮棉花,素罗里"。据其形制,此发掘报告所称的腿套正是膝裤。⑤

护腿或絮衣在秦兵马俑发掘的相关考古报告中有所记录。秦始皇陵陪葬坑部分兵俑"下着长裤,腿缚护腿,足蹬齐头方口浅履",此护腿"呈直筒形,上粗下细,自腿下部缚于长裤的外侧,至足腕及履口收束,似有带束扎……护腿长17厘米,最大径18厘米";秦始皇陵东第三号坑部分兵俑"腿缚絮衣",絮衣就是填入棉絮的护腿;还有"在小腿上,则缚有吊腿",从形制上看,吊腿也即是护腿。⑥另外,陕西咸阳杨家湾汉墓的四号墓出土的士兵俑、披甲士兵俑都系有护腿或絮衣。至清代叶梦珠断为"膝袜,旧施于膝下,下垂没履",后来演化为"仅施于胫上,而下及于履",这更加接近卷膀。⑦卷膀与行缠等对照情况见表2-3。

表2-3 卷膀与行缠、膝裤、护腿之对照

种类	别名	形制	穿法	搭配
行缠	行膝、邪幅、绑腿	条带	缠裹	裤
膝裤	褶衣、护膝、钓墩	筒形(合拢)	系扎	裤、裙
护腿	絮衣、吊腿	梯形(未合拢)	系扎	裤
卷膀	—	梯形(未合拢)	系扎	裤、裙

8. 关于绣鞋

江苏无锡元墓出土的绣鞋,"鞋面上缀一朵丝线编的花结,后跟有搭布,中衬丝绵,鞋底用粗棉布制,前尖",这与水乡地区的扳趾头绣鞋相似。⑧山东邹县元代李裕庵墓中出土的

① 王轩:《邹县元代李裕庵墓清理简报》,《文物》1978年第4期。
② 叶定一:《江苏泰州明刘湘夫妇墓》,《文物》1992年第8期。
③ 黄炳煜、肖均培:《江苏泰州明徐蕃夫妇墓》,《文物》1986年第9期。
④ 赖有德:《四川新都县发现明代软骨尸墓》,《考古通讯》1957年第2期。
⑤ 于少先、周迪人、邱文彬:《江西德安明代熊氏墓清理简报》,《文物》1994年第10期。
⑥ 秦始皇陵考古队:《秦始皇陵园K0006陪葬坑第一次发掘简报》,《文物》2002年第3期。
⑦ [清]叶梦珠:《阅世编》,中华书局2007年版,第206页。
⑧ 无锡市博物馆:《江苏无锡市元墓出土一批文物》,《文物》1964年第12期。

绣鞋是"菱纹暗花绸纳帮鞋,鞋头微尖,后跟帮外有一块宽5厘米双层素绸做成的提跟",这里的提跟就是鞋拔,亦是水乡地区绣鞋中的必不可少之物。① 湖北江陵宋墓出土的"小头缎鞋"与福建福州南宋墓出土的"尖形翘头弓鞋②"也与水乡妇女的扳趾头鞋相似。另外,"外穿一双花绸地绣花鞋,底长20、帮高5厘米",表明了历史上绣鞋的尺寸。③

(二)推演结论

1. 关于包头

江南水乡地区的包头源自古代头巾的几大依据:

(1)两者都是庶民所用,作为裹头的布帕,"约发"是其主要目的。汉代以前,头巾是庶民的专用服饰,也是区别官与民的一大标识。官用冠,民用巾,劳心者与劳力者就此可以从外观上醒目地一分为二。由于当时的头巾通常为青色或黑色,故《礼记·祭义》中的"黔首"就是指庶民,《战国策·魏策》中的"苍头"也是指庶民。《通典》中有"按此则庶人及军旅皆服之",亦是证明。④ 所以巾为民所常用,因为其较冠简陋;巾一度曾为官与民兼用,因为官看中了巾的随意,能体现某种反体制的雅兴,故有"尊卑共服"之说。⑤

图2-21 宋人摹唐之《内人双陆图》

(2)使用包头帕时均需包裹发髻,历史上有系于"额前"与"颅后"两个选项,而江南水乡只有"颅后"一个选项。这说明了江南水乡妇女从两个选项中明确了其中一个,并且沿袭、固定下来。"古之头巾大多裁成方形,长宽视布帛本身的幅度而定,使用时裹住发髻,系结于颅后或额前"⑥,此描述十分类似于包头,长宽形制一致,穿戴方法基本一致。唐代妇女的头巾"通常裹在头顶,只求包住发髻"⑦,这也与包头相似。区别是,唐之头巾仅仅裹于发髻上,如宋人摹唐之《内人双陆图》(图2-21),而江南水乡的包头不仅包裹住发髻,还下垂至后颈处实现遮阳的功能。

(3)色彩均为青色或黑色,色相一致,且都是民间染坊或自染的常用色。用黑色的主要原因是以色彩来辨别穿戴者身份的高低贵贱。清褚稼轩《坚瓠集》卷三引沈石田诗句:"雨落儿童拖草履,晴壬嫂子戴乌兜。"⑧显然,这里的"戴乌兜"与江南水乡地区的包头一脉相连,或者说,江南水乡地区普遍使用的包头是从明清时期的农村采用的黑色包头巾直接演化而来的。

---

① 王轩:《邹县元代李裕庵墓清理简报》,《文物》1978年第4期。
② 福建省博物馆:《福州市北郊南宋墓清理简报》,《文物》1977年第7期。
③ 王轩:《邹县元代李裕庵墓清理简报》,《文物》1978年第4期。
④ [唐]杜佑:《通典·幅巾》,岳麓书社1984年版,第844页。
⑤ [唐]杜佑:《通典·葛巾》,岳麓书社1984年版,第843页。
⑥ 高春明:《中国古代的平民服装》,商务印书馆1997年版,第32页。
⑦ 周汛、高春明:《中国历代妇女妆饰》,上海学林出版社1997年版,第110页。
⑧ [清]褚稼轩:《坚瓠集》卷三,江苏广陵古籍刻印社1983年版,第195页。

2. 关于撑包

（1）从河南安阳妇好墓出土的"绳圈冠"或"筒圈冠"，直到后世的"额子"或"勒子"，都是狭长形，说明了上述这一切与江南水乡地区的撑包形制相似，也说明江南水乡地区的撑包由来已久，其使用功能实际上就相当于束发带。

（2）"勒于额间"或"覆盖于前额之上"，说明了额子、勒子与江南水乡地区的撑包的使用位置一致。"宫"在汉制额巾中就有——四川忠县涂井蜀汉崖墓出土的吹箫俑即"双髻，系巾，额前巾上戴珠"[①]（图2-22），只不过额巾是佩戴上去的，而撑包是系扎出来的。

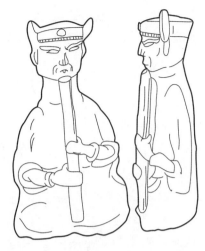

图2-22 "额前巾上戴珠"的吹箫俑

3. 关于拼接衫

（1）拼接衫作为一种上衣，是对中国古代上衣下裳

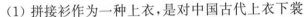

的基本服装形制的延续，且可以上溯至殷商时期。从河南安阳妇好墓出土的玉俑来看，拼接衫与玉俑的上衣的大襟、直身的特征完全相符，只是交领、掩襟的特征未沿袭。后来，交领演变为立领，而掩襟因出现了纽扣而失去了存在的必要，故而自行退出。上下分体的上衣下裳是正式的礼服，上下连体的深衣是燕居的常服（深衣后来也升格为礼服），所以深衣"可以为文，可以为武，可以摈相，可以治军旅"。[②] 上衣下裳中的上衣的宽身大袖不适合劳作，所以庶民在穿着上衣时必定会进行适合劳作的改造，这就与后来的衫、衫子等有关。

改造的重点不在于形制而在于尺寸。胸围的尺寸明显缩小，同时袖口收紧，形成了窄袖。当然，由于衣袖明显变窄，形成了新的形制。四川平武明墓出土的侍女"头束双髻，系带，簪花，身穿圆领紧袖长服，腰束宽带"，另一侍女"上身穿交领束袖短衣，下身着长裙"，都说明了江南水乡地区的拼接衫之小袖历史沿革的连续性。[③]

（2）五代和宋时期的衫无夹里，江南水乡地区的拼接衫也无夹里，这是一种直接的关系。宋和明时期的衫子短而窄小，这是一种因为时尚而产生的短而窄小，其实与江南水乡民间服饰并无直接的关系。庶民的短衣又称"裋褐"，见于《史记·秦始皇本纪》："谓褐布竖裁，为劳役之衣，短而且狭，故谓之裋褐。"[④]这是一种因为功能而产生的短而窄小，又是一种因为地位而产生的短而窄小（以褐为衣料也证实了这一点），所以与江南水乡民间服饰有着直接的关系。总之，拼接衫的基本结构继承了商周时期的上衣下裳的上衣，具体款式与五代和宋时期的衫及宋和明时期的衫子有些牵连，但总体上延续了作为"劳役之衣"的裋褐，再结合当地独创的掼肩头拼接。

（3）加（接）衫的变体是棉袄，是江南水乡地区的冬季御寒之物。汉代至魏晋南北朝之复襦有夹里，大襟，衣袖分宽和窄两种；宋之复襦限于村姑穿用，这与江南水乡妇女身份对

---

① 张才俊：《四川忠县涂井蜀汉崖墓》，《文物》1985年第7期。

② ［汉］戴德：《礼记·深衣》，大连出版社1998年版，第530页。

③ 张才俊：《四川平武明王玺家族墓》，《文物》1989年第7期。

④ ［汉］司马迁：《史记·秦始皇本纪》，中华书局1959年版，第284页。

应。复襦后来演变为袄,长度比袍短但比襦长,这与江南水乡地区的棉袄对应——长度相似,材质一致,都填有棉絮。

4. 关于作腰

(1)商周时期的玉俑人像中常见的"韨",其大小与使用位置与江南水乡地区的作腰十分接近,但这种狭长形的韨主要出现在贵族的上衣下裳中,且主要表示对先祖的纪念,所以其精神的象征意义远远大于物质的实用意义。按周制,韨"下广二尺,上广一尺,长三尺",分别约合今32、16.5、48厘米。江南水乡地区的作腰与其相比,宽度尺寸接近而长度尺寸略有差异,且上窄下宽的形制相似,但商周贵族穿用的韨的象征意义是江南水乡民间服饰所不具备的,因而韨不是作腰的直接来源。

(2)汉魏时期的蔽膝很可能是作腰的近亲,因为"以质地厚实的麻织物裁制成大幅方巾,使用时围系在腰间……作用与今天的围裙相似,多用于侍者、厨人及奴婢等。因下长及膝,所以也称之为'蔽膝'"①。侍者、厨人等使用的蔽膝,在形制、位置、身份等方面的特征与作腰都是吻合的,尤其是只有前片、没有后片的特征与作腰完全一致,说明了这种蔽膝就是江南水乡地区作腰的直接来源。

5. 关于作裙

(1)上衣下裳中的裳,其形制十分久远,可以上溯至先秦乃至更加遥远的上古代时期。周锡保先生认为裳源于"帗"。② 帗是蔽前的一块布,而裳由蔽前与蔽后的两块布组成。也就是说,裳实际上比帗多一幅后片,同时也说明早期的裳的左右两侧是不缝合的。清代至民国时期的马面裙也是由两片组成的,而且也不缝合,这与裳是一致的。但是,清代至民国时期的马面裙的两块布之间有一定的重合,这是它与裳的相异之处。

(2)清代与民国时期的马面裙有"马面",而作裙没有。另外,汉代以来,裙子的裙幅有四幅、六幅、八幅等,而作裙只有两幅,说明了作裙的单调,但更主要的是说明了作裙的渊源的古老。

(3)关于褶裥,李渔《闲情偶寄》卷三记:"近日吴门所尚'百裥裙',可谓尽美。"③从出土衣物中,可对褶的工艺稍作了解:湖南衡阳县何家皂北宋墓出土的黄色素纱百褶裙,"裙腰与裙身缝接时,裙身每隔1.5厘米向右方收褶一次,裙身伸进双层绢裙腰内约1.5厘米,用直径0.02厘米的黄色丝线缝合,针脚长0.5至0.7厘米"。④ 江苏无锡元墓位于无锡市南面约17千米的龙王和军嶂两山之间,与江南水乡的距离较近,出土的裙为"古黄色,腰部合缝处有束带一副,……前面中间开交缝,2件腰部两侧缝折裥,腰合缝处亦有束带残存。长88至61厘米,腰围1.40米",形制和大小均与作裙近似。⑤ 上海松江明墓亦有类似出土,"裙面上窄下宽,下摆全幅呈弧形,纵向打褶,褶子有疏有密,上边接腰",裙子的形制与打褶的方向也均与作裙近似。⑥

---

① 高春明:《中国古代的平民服装》,商务印书馆1997年版,第51页。
② 周锡保:《中国古代服饰史》,中国戏剧出版社1984年版,第3页。
③ [清]李渔:《闲情偶寄》,重庆出版社2008年版,第212页。
④ 陈国安:《浅谈衡阳县何家宅北宋墓纺织品》,《文物》1984年第12期。
⑤ 无锡市博物馆:《江苏无锡市元墓出土一批文物》,《文物》1964年第12期。
⑥ 何继英、宋建:《上海市松江区明墓发掘简报》,《文物》2003年第2期。

（4）先秦之裙为男女通用。汉代后，裙逐渐为女性所用。较短的作裙作为江南水乡妇女的专用服饰，体现了性别的对应。在江南水乡等地区，另有一种长度为70至80厘米的长作裙，它是男女通用的，但使用范围远不及较短的作裙广泛。

（5）古之裙、裤为固定搭配，缺一不可，决无可能如现代人一般着裤时可不着裙。作裙的使用也是如此，必须罩于拼裆裤外，不能单独使用。作裙穿时由前面绕至后面，在后面交叠、系结的方式也与古之两幅裙一脉相承。

6. 关于拼裆裤

（1）拼裆裤由棉麻织物制作，历来多为庶民与简朴之人使用，说明了其材质与古之劳力者是一脉相承的。

（2）兜裆是一种宽大而深的裤裆。这种裤裆的裤子在古代多为力士、武夫使用，便于运动。清文康《儿女英雄传》第六回："只见一个虎面行者……浑身上穿一件元青缎排扣子滚身短袄，下穿一条元青缎兜裆鸡腿裤。"江南水乡地区的拼裆裤采用的就是又宽又深的兜裆，说明了其形制与古之劳力者使用的裤子是一脉相承的。

（3）秦汉时期的"两股各跨""左右各一"的膝裤与江南水乡地区的卷膀的形制更接近，关系也更密切，但与拼裆裤并无直接关联。起初是开裆，也就是说裆部未缝合，从服装结构工艺来看，比合裆裤简单得多。而后演化为合裆，其中的深裆在技术上相对容易。拼裆裤在反映了服装结构工艺上"拼"的特点的同时，还反映了立裆上"深"的特点，而这个特点恰恰是悠久历史留下的印记。

7. 关于卷膀

（1）卷膀普遍应用于江南水乡地区的劳作之中，属于紧裹的窄衣型服饰。在总体上属于宽衣型的中国传统服饰中，此类服饰较为少见，亦常为社会中下层所用。古之行缠为劳动人民所用，功用是护腿、着力，这与卷膀的功能是一致的，所以徐珂认为"绑腿带为棉织物，紧束于胫，以助行路之便捷也。兵士及力作人恒用之"[1]。行缠呈条带状，由狭窄布条，以螺旋状反复缠绕于小腿而成，在形制上与卷膀相去甚远。但从功用和穿着对象来看，行缠确是卷膀之嫡亲。卷膀的形制不是带状而是块状，穿法不是缠裹而是系扎，搭配不是连裙而是连裤，这说明行缠与卷膀的功能虽然相同，但达到相同功能的手段却不尽相同。

（2）膝裤与卷膀的尺寸相近，穿法相近，部分墓葬的地点与时间相近，搭配也相近。《醒世姻缘传》中有"素姐起来梳洗完备，穿了一件白秋罗素裙，白洒线秋罗膝裤"[2]，宋杂剧中的人像也可见到膝裤缚扎于裤者，说明人们穿膝裤时多配裙，亦可配裤。卷膀亦可配裤，裤外罩裙。《醒世姻缘传》中又有"替他脱了衣裳，剥掉了裤子，解了膝裤子，换上睡鞋"[3]，从这个顺序来看，"膝裤子"系在裤内。《清稗类钞》中亦有"南方妇女之裤，至冬而虑其风侵入也，则以装棉之如筒而上下皆平者，系于胫，曰裹腿，外以裤罩之"[4]，这与卷膀一向系于裤外不同，形制上也有差异：膝裤须预先合拢成筒形，而卷膀不合拢，穿着时直接系扎于胫，且卷膀的主

---

[1] ［清］徐珂：《清稗类钞》，中华书局1981年版，第6204页。
[2] ［明］西周生：《醒世姻缘传》第六十八回，齐鲁书社1980年版，第895页。
[3] ［明］西周生：《醒世姻缘传》第五十八回，齐鲁书社1980年版，第756页。
[4] ［清］徐珂：《清稗类钞》，中华书局1981年版，第6205页。

要功能是防护。与卷膀的主要功能相反,宋、明时期的膝裤多是为了御寒(此时的膝裤大都填有棉絮)、装饰(所以复加镶滚如意)甚至炫耀。因此,膝裤只能被认为是卷膀之近亲。

(3)卷膀与古之吊腿、护腿、护膝一脉相承。古之护腿、护膝的形制、穿法、功能与卷膀十分相近。至此,依稀可辨秦汉之护腿、宋明之膝裤而至卷膀,再结合形制与用途遴选,可得出膝裤似为旁系,护腿才是直系。

(4)将卷膀与江南水乡民间服饰中的拼接衫、作腰和作裙相对照,可见前者没有丰富的拼接、纹样与色彩变化,显得尤为朴素单调,也可见其"用"的意义超越"美"的意义。

8. 关于绣鞋

(1)秦汉以前,鞋无男女之分,但鞋头喜弯曲上翘,以提醒穿着者行为谨慎,不能左顾右盼。汉代以后,鞋头有了平头圆口的式样。湖南衡阳县何家皂北宋墓出土了"一双翘尖头船形丝绵鞋,三双平头圆口鞋",前者长28厘米,宽7.5厘米,底厚0.5厘米,翘尖头高7厘米,后跟深6厘米,鞋两侧高8.5厘米,与江南水乡地区的扳趾头鞋的形制和尺寸相似;后者长27厘米,宽7厘米,后跟深5厘米,与江南水乡地区的猪拱头鞋的形制和尺寸相似。另外,"平头圆口鞋后跟钉有长4、宽6厘米的回纹绫鞋袢布",这与江南水乡地区绣鞋上的鞋叶拔一致。① 此例不孤,在内蒙古黑城市亦有类似考古发现:"绣花布鞋,式样有尖头和圆头两种,尖头鞋大约是妇女所用,鞋脸窄小,鞋口开得较大。尖头女鞋底长21.5厘米。圆头鞋鞋面较长,鞋口正中多见缝缀一个圆扣作装饰。"② 这实际上就是江南水乡地区的扳趾头绣鞋与猪拱头绣鞋的发端,亦可证明扳趾头绣鞋与猪拱头绣鞋的形制之古老。带有鞋翘的尖头与不带有鞋翘的圆头这两条线索,说明了江南水乡地区很好地继承了传统鞋型的双轨制,也进一步说明了江南水乡民间服饰的形成机理,其中既有出于稻作生产需要的主观创造,又有对于历史传统的沿袭和继承。

(2)江南水乡地区的扳趾头绣鞋的形制为单梁、尖头、微翘,这与历史上出现过的鞋子形制接近。在大多数情况下,无梁的圆头鞋面少见,这也说明了江南水乡地区的猪拱头绣鞋的地域性更强。

---

① 陈国安:《浅谈衡阳县何家宅北宋墓纺织品》,《文物》1984年第12期。
② 郭治中、李逸友:《内蒙古黑城考古发掘纪要》,《文物》1987年第7期。

第三章　服饰工艺、色彩与纹样

一、工艺

（一）拼

拼（或称为拼接）是指在服装制作工艺中将两块或两块以上的布片连缀成一个整体。在裁剪时，根据需要分解裁片，化整为零；在缝纫时，又有目的地通过连合的方式将裁片变零为整。

拼接工艺在江南水乡民间服饰中的应用十分普遍，常见于包头、拼接衫、作腰、作裙、拼裆裤和卷膀等品种。

表 3-1　江南水乡民间服饰中的拼接工艺应用

名称	拼接位置
包头	包头主体与两色拼角的拼接，两色拼角与边角的三色拼角、拼接
拼接衫	衣身主体布料（前襟、袖子）的拼接，领子与衣身的拼接
作腰	两层作腰主体的拼接
作裙	作裙四周的宽边；接裥作裙接裥块与裙片的拼接
拼裆裤	裤片与裤裆的拼接
卷膀	卷膀边缘的拼接

1. 包头的拼接工艺

包头的制作方式极好地体现了拼接工艺。先将近似长方形的主体部分与两边近似直角梯形的拼角部分拼接，再将布料正面相对，留出1厘米毛边，在布料反面缉直线缝合，缝头分开理平（图3-1）。

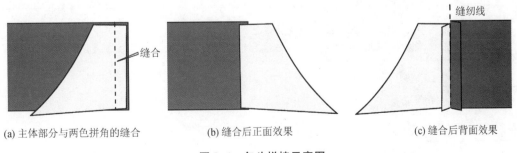

(a) 主体部分与两色拼角的缝合　　　(b) 缝合后正面效果　　　(c) 缝合后背面效果

图 3-1　包头拼接示意图

2．拼接衫的拼接工艺

就江南水乡地区上衣的主要品种——拼接衫而言,其拼接的部位主要在前襟、后背与衣身及袖子等。拼接方式根据走向一般分为竖拼与横拼两种:竖拼为垂直走向的拼接方式,如袖部拼接是在衣袖(当地方言称为"出手")处作垂直线破缝;横拼为水平走向的拼接方式,如前衣片在腰节线处作水平线破缝,上下两色相异(图3-2)。衣袖有两种拼法,可拼接一次形成两段,也可拼接两次形成三段。前者直接在衣袖的二分之一处作垂直线破缝;后者在前者的基础上,在破缝至袖口的这个区间内做垂直分割,即在接袖上拼接。

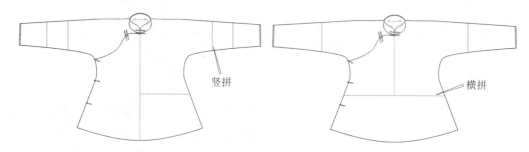

图3-2　大襟衫拼接示意图

3．拼裆裤的拼接工艺

拼裆裤的立裆很深,一般达到4厘米以上,同时腰围、臀围的放松量较大,用料较多,故通常在前后裤大片处进行拼接,有时使用两种颜色的布料以突出拼接效果。然后在裤裆处再进行拼接,即所谓的拼裆。

（二）滚

滚也称为滚边或包边。它的通常做法是将两块布料的正面相对,先用短针进行平缝,然后翻转,再用缲针进行缲缝。滚是处理衣片边缘部位常用的一种技法,同时也是一种常见的装饰工艺。

一般滚边可以用本色布,有时为了装饰,也可以用其他颜色的布或印花布。

在江南水乡民间服饰中,滚边同样是一种广泛采用的制作工艺,在包头、肚兜、拼接衫、卷膀等品种中较为常见(表3-2)。滚边工艺主要用于衣服的领口、领圈、门襟、下摆、袖口与裙边等边缘部位,既是装饰手段,也是加固手段(表3-3)。

表3-2　江南水乡民间服饰中的滚边工艺应用

名称	滚边位置	名称	滚边位置
包头	拼角的斜边与底边	作裙	裙摆底边
肚兜	肚兜主体一周	拼裆裤	裤脚口
拼接衫	领口、领圈、门襟、下摆与袖口边缘	卷膀	卷膀边缘(两边或三边)
穿腰作腰	穿腰边缘、作腰主体三边	绣鞋	鞋面(鞋帮)边缘

表 3-3　江南水乡民间服饰中的滚边工艺概况

名称	滚条宽度	工艺特征	成型外观
细香滚	宽 1.3 厘米	直接滚一次	如细细的香火
一边滚	宽 2 厘米	直接滚一次	一条窄边
一边一线香滚	宽 2.6 厘米	滚两次	共两条边,每条边都如细香滚
双边滚	宽 3.3 厘米	滚两次	两条窄边
宽边滚	宽 6 厘米	直接滚一次	一条宽边
花鼓滚	宽 8.9 厘米	直接滚一次	根据需要形成多条宽窄不一的边

　　在江南水乡民间服饰中,应用最广泛的是细香滚,亦称"滚线香"。包头的边缘及大襟衫的领口、领圈和下摆,一般都用细香滚。其他滚边的应用根据服装的布料及用途选择。

　　在上衣的制作工艺中,大襟边缘常用到花鼓滚工艺,分三步制作:首先将滚条裁好,做成一道由 0.4 厘米宽的窄边、3 厘米宽的宽边与 1.8 厘米宽的窄边组成的装饰边,并留出缝分;然后将装饰边的一头与领口相连,先滚出一条 0.4 厘米的细边,再依次折出 3 厘米宽与 1.8 厘米宽的边(每条边都需要通过手针固定);最后将留出的缝分以包缝的形式用手针固定。

(三) 镶滚结合

　　镶滚结合的加工方式分为两种:一是将需镶拼的布料连缀成一片,然后在其边部进行滚边处理;二是将需装饰的布料进行滚边处理,再与衣片整体进行镶拼。镶滚结合是当地的工艺特色之一,在江南水乡民间服饰上大量应用,可谓"有镶必有滚"(图 3-3)。

　　以作腰为例。作腰分上下两层,上层为翻盖部分,下层为作腰的本体,均为等腰梯形。无论是上层或下层,通常都要进行两次竖式镶拼形成一个完整的梯形,之后再在这个梯形的左右两边和下边进行滚边加工(图 3-4)。

图 3-3　胜浦民间服饰工艺传人黄金英在手工滚边

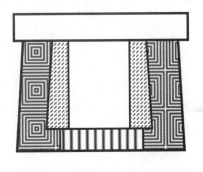

图 3-4　作腰上的镶滚结合

（四）裥

裥是指衣服上通过折叠形成的褶子，也称褶裥，在江南水乡民间服饰中主要应用在作裙上（表3-4）。

表3-4　不同褶裥形式的作裙尺寸数据　　　　　　　　　　　　　　单位：厘米

褶裥形式	名称	腰宽	腰长	裙片长	裙总长	单片裙摆长	平铺裙摆长	褶裥区域数据	镶边
直接褶裥	深蓝土布长作裙	11	132	57	68	133	218	宽30	无
	彩色镶边士林布作裙	6	106	37	43	112	194	上底10、下底12、高4.5	有
	深蓝士林布作裙	7	114	43	50	112	198	上底11、下底13、高6	有
接裥	白腰蓝夏布短作裙	6	102	38	44	128	196	宽8、高4	无

作裙分为褶裥（又称百裥）作裙与接裥作裙，两者的外观相似，按制作工艺的区别命名。百裥作裙上的褶裥为直接褶裥，即在裙片上直接打裥，这在各地裙装中较为普遍；接裥作裙上的褶裥是拼接在裙片上的，即先做好褶裥块，再将其与裙片拼接，这属于江南水乡民间服饰裙的工艺特色。

接裥作裙又分两种形制：一种是褶裥块与一块平面裙片拼接，见图3-5(a)；一种是褶裥块与已打褶的立体裙片拼接，见图3-5(b)。

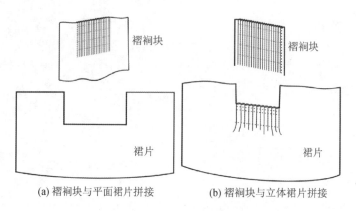

(a) 褶裥块与平面裙片拼接　　　　　(b) 褶裥块与立体裙片拼接

图3-5　接裥作裙的形制

作裙上的褶裥位置相当于在人体腰部两侧的部位。褶裥在制作过程中统一褶向，形成顺风褶。褶裥均是人工手捏形成的，每个褶裥宽度约0.8至1厘米。百裥作裙与接裥作裙的区别有两点：

一是在形制上，接裥作裙更加立体。从侧面看，接裥作裙比百裥作裙显得更加"鼓"起来，弧度更大。

二是在用料上，接裥作裙更节约。制作接裥作裙时，可以充分利用零料制作褶裥块，选择范围很广。对于百裥作裙，则要加放形成褶裥的量，即使采用多块裙片拼接，也需要整块布料。

（五）绣

绣（也称刺绣）是指用针牵引彩色丝线、绒线或棉线在布料上刺缀运针，通过绣迹形成纹样的技法。不要以为江南水乡一带距离苏州只有几十里，于是当地的刺绣顺理成章地属于苏绣。事实上，江南水乡民间服饰上的刺绣在技法与表现效果上都与苏绣有着很大的不同。相对于苏绣的纹样丰富、色彩高雅、绣工精细，江南水乡地区的刺绣的绣法简单，色彩鲜艳、跳跃，流露出质朴的乡土气息（表3-5）。

表3-5　江南水乡民间服饰中的刺绣工艺应用

类别	部位	纹样形式
包头	三色拼角	海棠、梅花、八结、昆虫
	三色与两色拼角的连接处	边缘锁边
肚兜	前胸宽镶边	海棠、梅花等花卉，昆虫
作裙	腰间褶裥	顺风吊栀子裥、几何纹
穿腰	穿腰正面	花卉、八结、藕、鱼、寿字，彩色花边
绣鞋	鞋面	蝶穿梅菊、小妹壮、三荷花、上山祝寿等
	鞋帮正中的合缝处	网状纹锁梁

1. 包头上的刺绣

包头上的拼角经常辅以刺绣纹样。包头的形制及布料决定了它的刺绣纹样相对简单，且多以线型的方式出现。线型纹样的刺绣方法以后退针绣、锁链绣为主，均为条纹绣。

江南水乡民间服饰的外缘饰边常使用后退针绣。普通的后退针绣的做法有三个步骤：第一步，从布料背面 a 点处进针，引出全线，然后向 a 点后侧的 b 点处落针；第二步，从 b 点处进针，顺势于布料背面 a 点前侧的 c 点处刺出，引出全线；第三步，向 c 点的后侧回针并落针于 a 点处。以此类推，针针相连，针脚越小越好。江南水乡妇女的做法略有不同，在进行第三步时，第二针向后回刺，在离 a 点一定距离时落针，针针之间相隔一定间隙，形成虚线状线迹（图3-6）。

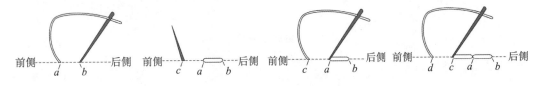

前侧 —— a b —— 后侧　　前侧 —— c a b —— 后侧　　前侧 —— c a b —— 后侧　　前侧 —— d c a b —— 后侧

图3-6　后退针绣步骤示意

锁链绣形成的是链状针线迹。锁链绣的具体做法：第一步，从面料背面 a 点处进针，引出全线，将线折成半圆环状，并落针于 b 点处；第二步，从 b 点处进针，再从线环中的 c 点处刺出；第三步，压住 ab 线并拉紧，即完成第一个链环，此为第一针。第二针在 c 点旁的 d 点处进针，折好线环后从 e 点处刺出，同样压住线环并拉紧，即完成第二个链环。以此类推（图3-7）。

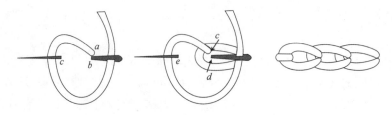

图 3-7　锁链绣步骤示意

2. 作裙上的刺绣

作裙上的刺绣主要位于褶裥部分,是江南水乡民间服饰的刺绣工艺中最具特色的,因为它打破了传统刺绣主要用于布料平面装饰的模式,而将刺绣用在裙片的褶裥上。由于作裙上的刺绣是装饰褶裥的,因此称为裥饰缝、饰缝褶裥,或者直白地称为裥上绣。饰缝褶裥在制作过程中主要包括两道工序,即叠缝褶裥和绣缝褶裥。

接裙作裙上的褶裥多为抽褶。褶裥部分抽褶后,要用直针斜线浅挑的刺绣手法加以固定,这道工序称为叠缝褶裥。叠缝褶裥的具体做法:首先,取出褶裥片,从褶裥片背面 a 点处进针,并穿过左侧一个褶裥到达 b 点处,再顺势将线由 b 点处拉到 c 点处,再从 c 点处向左侧褶裥进针,如此不断重复,固定褶裥(图 3-8)。由于相邻褶裥间有间隙,所有褶裥捏完后都排列整齐并垂直于布面。

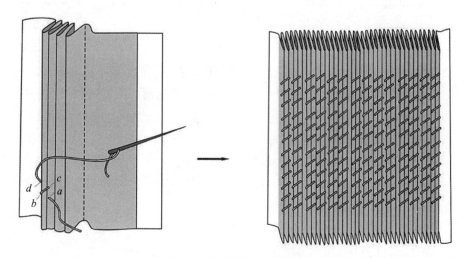

图 3-8　叠缝褶裥步骤示意

绣缝褶裥是指在已经完成叠缝的褶裥面上,采用不同的针法,使用针线在作裙褶裥上绣出几何图形纹样(图 3-9)、花卉植物纹样及符号化纹样。因江南水乡地区的作裙多采用顺风褶,所以在制作绣缝褶裥的过程中,首先要将褶裥熨平,并倒向一个方向,形成顺风褶裥;接着,从褶裥面右边边缘内侧的背面 a 点处进针,引出全线,然后穿过 a 点后侧的一个褶裥,并落针于 b 点处,再从 b 点处进针,顺势于褶裥面背面 a 点前侧的 c 点处刺出,引出全线,再向 c 点的后侧回针并落针于 a 点处,如此重复以上步骤;最后,在褶裥面上以后退针绣的方法绣成各种装饰图案,如直线、波浪、三角、菱形等几何图形纹样或万字、喜字等符号化纹样(图 3-10)。

正面　　　　　　　　　　　　　　反面

图 3-9　绣缝褶裥实物效果（几何图形纹样）

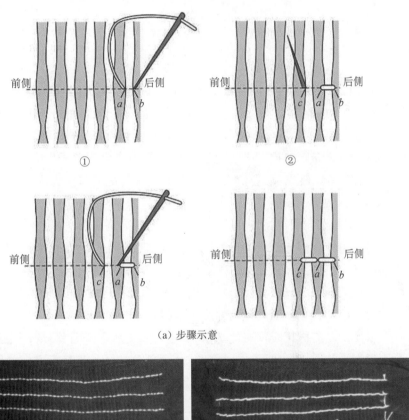

（a）步骤示意

正面　　　　　　　　　　　　　　反面

（b）实物效果

图 3-10　绣缝褶裥步骤示意与实物效果

3. 绣鞋上的刺绣

在江南水乡民间服饰中，绣鞋上的刺绣最多，也最重要，刺绣部分面积约为鞋面的二分之一。

绣鞋上的花瓣区域常用平针绣与抢针绣。平针绣常用来表现面积比较小的纹样,绣成后呈光洁平整的块面,绣线多用单色,不混色。具体做法是从纹样的边缘进出,依靠针脚的长短变化构成图案。如图3-11所示,针由布料背面 a 点处刺出,然后从 b 点处刺入,再从 c 点处刺出,之后从 d 点处刺入,如此不断重复,构成图案。

图3-11　平针绣步骤示意

抢针绣常用来表现纹样颜色渐变效果,绣面较有韵律感。通常采用短直针分批绣作,以后针继前针,一批一批"抢"在一起。一般来说,线迹的分批与纹样的结构色彩相结合,每批的色度都有变化,分批越多,色泽转换越柔和。江南水乡妇女在工作时,并不像传统做法那样以颜色渐变制作,而是将对比度强的色彩相结合使用,"抢"在一起,反而体现出一种独特的质朴美感。绣鞋上的花芯区域还使用打籽绣,它属于传统刺绣针法,要求每一针都要打一个结钉住,即绣一针就结一粒"子"。

叶片通常使用叶子针绣,它属于平针绣。叶子针绣的具体做法(图3-12):首先,沿叶片中心线绗绣一针,由叶尖即 a 点处刺出并引出全线,且落针于中心线右侧 b 点处;接着,从 b 点处进针,顺势在布料背面 c 点处刺出并引出全线,且落针于中心线左侧 d 点处;然后,从 d 点处进针,顺势在面料背面 e 点处刺出并引出全线,且落针于中心线右侧 f 点处;最后,从 f 点处进针,顺势在面料背面 g 点处刺出并引出全线,如此重复以上步骤。江南水乡妇女在绣叶片时,更多采用的是与绣花瓣相同的绣法,即平针绣。她们通常将叶片分为左、右两个部分,然后分别进行平针绣,也可以看作对左、右两个部分的叶片进行反方向的即以叶片中心为连接线的抢针绣。

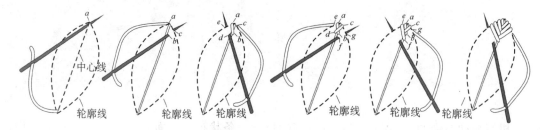

图3-12　叶子针绣步骤示意

小叶片通常使用苍蝇绣,因其线迹形态如苍蝇翅膀而得名。苍蝇绣的具体做法(图3-13):先沿着①线从面料背面 a 点处进针并引出全线,然后落针从 b 点处进针,顺势在面料背面②线的 c 点即 a、b 两点中心垂直处进针并将线拉出,a、b、c 三点形成等腰三角形,最后由 c 点处拉出的线压住 ab 线后垂直刺入 d 点，cd 线较长的为长针，较短的为短针。江南水乡地区的绣鞋上的苍蝇绣一般采用纵向两针、横向数针的形式。

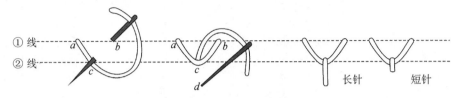

图 3-13　苍蝇绣步骤示意

（六）袢带制作

袢带，即长条形带状织物，它是将服饰构件进行系结的辅料，起固定的作用，同时亦有装饰性（表 3-6）。

表 3-6　袢带概况

服饰类别	袢带工艺	用途
包头	形制一：用布条缝制而成的带子，其中一端呈三角形（俗称"宝剑头"） 形制二：用绒线编织而成的带子，末梢留约 10 厘米长的绒穗	系结，固定，装饰
肚兜	颈项上的带子多用绒线制作，腰部的带子用布条缝制	系结
作裙	功能性长带子与装饰性长带子均用布条缝制	系结，固定，装饰
作腰	形制一：纽袢式带子 形制二：用布条缝制而成的带子，其中一端呈三角形（俗称"宝剑头"） 形制三：用绒线编织而成的带子，末梢留有约 10 厘米长的绒穗	系结，装饰
卷膀	用布条缝制成四根系带	系结，固定

江南水乡民间服饰中的袢带分布带与线带两种：布带是以布料通过缝纫加工制成的，线带是以线绳通过编织加工制成的。

1. 布带制作工艺

布带是指在服饰上起到连接、固定作用的长形条带，也是江南水乡民间服饰中不可或缺的重要组成部分。通常，条带的两端做成尖锐的凸起，即俗称的"宝剑头"，其区别在于宽度与长度。如系作裙的带子要求很长，在腰部绕一圈后，还要在腰后打结；肚兜的带子可以较短，能打结系上即可。布带的制作工艺按工具分为两种，一种是机器缝纫，另一种是手工缝纫。

机器缝纫布带的步骤：第一步，将裁好的长方形条状布料正面对折，反面在外；第二步，缉"宝剑头"边及长边共三条边；第三步，使用镊子将其翻过来。

手工缝纫布带的步骤（图 3-14）：第一步，裁剪一块长方形条状布料即布条，然后将其对折，正面在外；第二步，在其中的一端分别按照反折线 1、2 和反折线 3、4 向反面扣折；第三步，将布条经向两边按照反折线 5、6 向反面扣折，然后用手针缭缝。

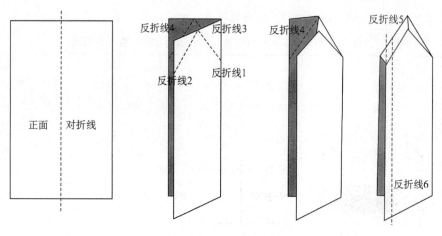

图 3-14　手工缝纫布带

2. 线带编织工艺

线带编织工艺主要利用打结、缠绕、反复交错等方法。江南水乡地区的线带编织,既有使用多根单色绒线的,也有使用不同颜色绒线的。线带有两种形式,一种是三股,另一种是四股,皆呈辫子状,其制作工艺大同小异,主要是线绕线、线压线,再经反复交错缠绕而成(图 3-15)。

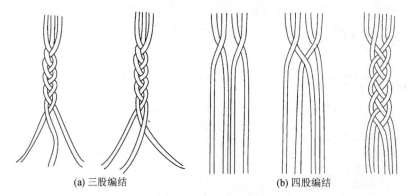

(a) 三股编结　　　　　　　(b) 四股编结

图 3-15　绒线编织袢带

(七) 技术分析

1. 综合性

对于江南水乡地区的妇女来说,镶、滚、纳、绣等服装制作工艺是展现她们聪明才智的一个舞台。她们会充分利用这个舞台,把种种制作工艺尽量铺陈开来,将拼、滚、纳、裥、绣等工艺广泛运用,如拼接衫中的领、襟、摆、衩、袖等部位,拼接裤中的裤裆、摆缝与脚口等部位,作裙中的摆缝、裙摆与裥缝等部位。同时,这些工艺应用之处往往是服装的醒目之处与主体之处,如拼接衫的拼掼肩处与作裙的裥上绣。也就是说,在江南水乡民间服饰中,这些工艺普遍应用于衣、裤、裙、包头与鞋子等品种,可以说是无处不装饰,无处不见工。

分析江南大学民间服饰传习馆馆藏包头 12 只(表 3-7),包括拼角包头 10 只、独幅包头 2 只,其中:至少运用滚与拼两项工艺的包头为 8 只,占 66%;运用三项工艺的包头为 3 只,占 25%；运用四项工艺的包头为 1 只，占 8%。

表 3-7附图

表 3-7　江南大学民间服饰传习馆馆藏的部分包头工艺概况

序号 名称	实物照片	馆藏标号	尺寸(厘米)			质地	工艺 名称 (次数)	应用部位
			上底	下底	高			
标本一		JN-B001	44	100	26	棉	滚(2) 拼(2) 绣(2)	底边/两侧 底边两角 底边两角
标本二		JN-B002	47	103	23.5	棉	滚(2) 拼(2) 绣(2)	底边/两侧 底边两角 底边两角
标本三		JN-B003	49.5	109	28	棉	滚(2) 拼(2) 绣(2)	底边 底边两角 底边两角
标本四		JN-B004	43	90	25	棉	滚(2) 拼(2)	底边 底边两角
标本五		JN-B005	43	94	22	棉	滚(2) 拼(2)	底边 底边两角
标本六		JN-B006	47	93	24	棉	滚(2) 拼(3)	两侧/底边 两侧/反面两 侧/反面底边
标本七		JN-B007	54	84.5	26	棉	滚(2) 拼(4)	两侧/底边 底边两角
标本八		JN-B008	47	105	25.5	棉	滚(2) 拼(3)	两侧/底边 两侧/ 上底边
标本九		JN-B009	58	81	21	棉	滚(2) 拼(4)	两侧/底边 两侧
标本十		JN-B010	71	109.5	25	棉	滚(2) 绣(2)	两侧/底边 两角
标本 十一		JN-B011	44.5	92	25	棉	滚(2) 拼(4) 绣(2) 贴(4)	两侧/底边 两侧 两侧背面 两侧(2次)/ 底边(2次)
标本 十二		JN-B012	61	94	27	棉	滚(2) 拼(1)	两侧/底边 反面

　　除独幅包头外，拼接工艺百分之百地运用于拼角包头上，主要是矩形主体与梯形拼接块、三角形拼接块之间的拼缝，应用次数为 3 至 4，这在面积不大的包头上显得极为突出。同

时包头上有滚边,滚边工艺集中在底边与两侧,应用次数均为2。也就是说,在包头这个方寸之间,充分采用了多种工艺进行装饰、美化。

其中角直、胜浦一带的包头大都有刺绣工艺,而且均位于拼角处。两个唯亭一带的包头只有拼、滚工艺而无刺绣工艺。

独幅包头正面均无拼缝,这是独幅包头与拼角包头的本质区别。但江南大学民间服饰传习馆藏有一只独幅包头,其背面有拼缝,这显然是出于充分利用零料的考虑,体现了无处不在的节俭意识。

2. 丰富性

丰富性指每一种工艺包含不同的处理方式,这在滚边工艺中表现得尤其显著。在江南水乡地区,不同宽度的滚边名称也不相同。如细香滚,通常宽1至1.3厘米,直接滚一次,成型后如极细的香火,故得此名,又称线香滚。再如花鼓滚,宽9厘米左右,需三道工序。此外,还有双边滚、一边滚、宽边滚等做法,还有镶滚结合的做法。

表3-8分析了江南大学民间服饰传习馆馆藏的12件拼接衫上的工艺,全部应用拼接与滚边两项工艺,其中,应用拼接或滚边工艺出现四次以上的有10件,占83%。这些数据表明江南水乡地区的拼接衫上应用拼接与滚边工艺的频率很高。拼接的位置集中在前襟、后背和肩袖区域,这是形成拼掼肩这一特色形制的工艺基础。滚边的位置集中在领、袖的边缘一带,具有装饰和加固的双重作用。在江南水乡民间服饰中,由于拼接和滚边工艺本身具备装饰意义,因此可以省略或少用刺绣等纯粹的装饰性工艺,仅仅一道滚边或一块镶拼就可以达到美用合一的双重效果,完全符合"工无淫巧""器完不饰"的传统造物思想与审美境界。

表3-8附图

表3-8　江南大学民间服饰传习馆馆藏的部分拼接衫工艺概况

序号名称	实物照片	馆藏标号	尺寸(厘米)					质地	工艺名称(次数)	应用部位
			衣长	通袖长	胸围/2	下摆/2	袖口宽/2			
标本一		JN-D001	64	131	48	54.5	12.5	棉	滚(4)	袖口/领圈(2次)/门襟
									拼(5)	袖口(2次)/领子/下摆/下摆侧缝
标本二		JN-D002	60	128.5	56	61.5	12	棉	滚(4)	袖口/领圈(2次)/门襟
									拼(5)	袖口(2次)/领圈/门襟(2次)/侧缝
标本三		JN-D003	66	126	48	57	13.5	棉	滚(1)	领圈
									拼(2)	领圈/下摆
标本四		JN-D004	59	133.5	49	58	13	棉	滚(1)	领圈
									拼(1)	袖口

序号名称	实物照片	馆藏标号	尺寸(厘米)					质地	工艺名称(次数)	应用部位
			衣长	通袖长	胸围/2	下摆/2	袖口宽/2			
标本五		JN-D005	67	144	55	61	11.5	棉	滚(4)	袖口/领子(2次)/门襟
									拼(5)	袖口(2次)/下摆/门襟/侧缝
标本六		JN-D006	63	141	49	59	11.5	棉	滚(4)	袖口/领圈(2次)/门襟
									拼(5)	袖口(2次)/领子/下摆/下摆侧缝
标本七		JN-D007	65	139.5	52	62	12	棉	滚(5)	袖口/领圈(2次)/门襟(2次)
									拼(5)	袖口(2次)/领圈/前片门襟/下摆侧缝
标本八		JN-D008	74.5	146	50	61	12.5	棉	滚(4)	袖口/领圈(2次)/门襟
									拼(5)	袖中(2次)/领圈/前片门襟/下摆侧缝
标本九		JN-D009	75.5	150	53	71	13	棉	滚(3)	领口/领围/门襟
									拼(4)	袖口/袖中/门襟/下摆
标本十		—	71	133.5	49	68	13	棉	滚(4)	门襟/领圈(2次)/领围
									拼(5)	袖中(2次)/领围/侧缝(2次)
									贴(6)	口袋/门襟/领围/袖口(2次)/侧缝(2次)
标本十一		—	81.5	129	53	76.5	14	棉	滚(4)	领圈(2次)/领围/门襟
									拼(6)	袖中(2次)/门襟(2次)/下摆(2次)
									贴(5)	袖口(2次)/侧缝(2次)/门襟
标本十二		—	85	150.5	51	74.5	19	棉	滚(4)	领圈(2次)/领围/门襟
									拼(4)	袖子(2次)/下摆(2次)
									贴(3)	门襟/侧缝(2次)

3. 即兴性

由于江南水乡一带主要采用家庭女红的制衣方式,所以在总体上保持一致的同时,具体的制衣工艺在各家各户甚至各人之间略有差异,表现为制作过程中所出现的因人而异的随意处理。此为江南水乡民间服饰的即兴性。

首先,在工艺尺寸的确定方面有一定的随意性。比如卷膀的贴边宽度,宽的是5厘米,窄的是3厘米;作裙与作腰的系带宽度也存在较大差异,各人各样。同时,卷膀的系带固定位置也很随意,有的在中间,有的在边缘。

其次,在具体的工艺做法方面有所不同。在拼裆裤与拼接衫的边缘处理上,有的加缝贴边,有的则直接卷边。在拼接衫的领子制作过程中,有人喜欢全部刮浆成型后再缝,有人采用一边点浆一边折缝的做法。从相关统计数据来看,同一个服饰品种的具体工艺亦不尽相同。比如包头,至少应用拼接和滚边两项工艺的占江南大学民间服饰传习馆馆藏包头总量的66%,说明大部分包头的制作工艺如此;但有些包头应用比较少见的贴边工艺,这很可能是制作时即兴所为。

再次,在工艺步骤顺序上因人而异。当然,总体上来看,工艺步骤顺序大致相同,只是在一些细节上存在不影响制作效果的个人习惯。比如拼接衫的大襟位置,可以先缝里襟贴边,再与衣身大片相拼;也可以先拼接,再做贴边。

二、色彩

(一) 色相

按颜色在江南水乡民间服饰中的分布面积,服装色彩一般可以分为主体色、拼接色和点缀色。

1. 主体色

主体色通常指服装整体的颜色。由于江南水乡民间服饰上拼接镶色的情况较为普遍,其主体色可定义为占据较大面积或占据醒目位置的颜色,比如拼接衫的前后衣片、拼裆裤的前后裤片、作腰的主幅布片等部件的颜色。主体色是确定江南水乡民间服饰整体色调的基础。

通过对江南水乡民间服饰上主体色的色相分析(表3-9),得出:

第一,各种纯度变化与各种明度变化的蓝色作为主体色在江南水乡地区得到普遍运用。事实上,在我国近代民间服饰中,蓝色也是频频出现的常用色。伊顿在《色彩艺术》中说道:"蓝色对西方人意味着信仰,以前对中国人则象征着不朽。"[1]江南大学民间服饰传习馆馆藏的近代服装中就有不少采用蓝色为主体色,据统计,约占35%,而且,所用的蓝色并非一成不变,有不少纯度和明度变化。江南水乡民间服饰亦如此,蓝色同样是其主体色,但更具有排他性,即除了蓝、青色调之外,几乎不见其他色调(图3-16~图3-18)。

---

① [瑞士]约翰内斯·伊顿:《色彩艺术》,上海人民美术出版社1985年版,第103页。

表 3-9　江南水乡民间服饰的主体色色相与对应季节

品种	颜色（中青年妇女服饰）			颜色（老年妇女服饰）		
	春秋	夏	冬	春秋	夏	冬
包头	月白，天蓝，翠蓝，深蓝，黑	月白，青，浅蓝，翠蓝，深蓝，黑	月白，青，天蓝，深蓝，黑	深蓝，黑，月白，天蓝，深灰，墨绿	深蓝，黑，月白，天蓝，深灰，墨绿	深蓝，黑，月白，天蓝，深灰，墨绿
拼接衫	雪青，天蓝，紫红（限于礼服），深蓝，蓝底白纹，白底蓝花，粉色，粉绿	白，月白，天蓝	天蓝，深蓝，青	深蓝，天蓝，月白	深蓝，天蓝，月白	深蓝，深绿，黑
穿腰作腰	黑，蓝，碎花	黑，蓝	黑，蓝	月白，蓝	月白，蓝	蓝，黑
作裙	天蓝，深蓝，绿，碎花，黑	天蓝，深蓝，青，绿，黑	黑，天蓝，深蓝，青	蓝，黑	蓝，黑	蓝，黑
拼裆裤	白，碎花，天蓝，深蓝，蓝印花（白底蓝花，蓝底白花），黑	白，天蓝，深蓝，蓝印花，黑	白，深蓝，上青，黑	蓝，黑	蓝，黑	蓝，黑
卷膀	青，碎花，深蓝，深绿，黑色	青，深蓝，深绿，黑	青，深蓝，深绿，黑	青，深蓝，黑	青，深蓝，黑	深蓝，黑
绣花鞋	青，藏蓝，紫红，黑	青，藏蓝	青，藏蓝	藏蓝	藏蓝，黑	藏蓝，黑

图 3-16　作为主体色的藏青色拼接衫

图 3-17　作为主体色的蓝色作腰

图 3-18　身上穿的和手里做的
都是蓝色系

我国古代服装的色彩有正色和间色之分,其中正色有红、黄和黑白等色,蓝色也是正色,是中原地区的常用色。传统的青色和蓝色因染色明度差异而常被混淆。《扬州画舫录》引《通志》载,"蓝有三种:'蓼蓝染绿,大蓝浅碧,槐蓝染青,谓之三蓝'"[①],详细说明了不同明度与不同纯度的蓝色名称。这些有着丰富变化的蓝色在江南水乡民间服饰中亦应用较多。

第二,黑、白无彩色作为主体色在江南水乡地区同样得到普遍运用。黑、白两色亦属于我国传统的"五行五色"。上衣下裳就是上玄下纁,即上黑下红;与之匹配的冕的延板的色彩同样采用上玄下纁。这些都是"周礼"中的尊贵礼服。黑色在江南水乡地区的包头、拼接衫与绣鞋中的使用较普遍,白色在江南水乡民间服饰中作为拼接色而有普遍运用。

第三,江南水乡民间服饰的主体色以青、蓝、黑三色为主,还有藏青、雪青等偏冷色相,又由于与本白、雪青搭配,服装的主体色调偏冷。

第四,在江南水乡地区,不同种类的服饰,其主体部分的色相不同。包头主体以黑色为主。拼接衫、拼裆裤及卷膀主体以青蓝色为主,但这些品种的青蓝色偏亮偏艳;作裙、穿腰作腰亦以青色、蓝色为主,但这些品种的青蓝色偏暗。绣鞋鞋面以藏青色和黑色为主。

2. 拼接色与点缀色

拼接色指服装局部的颜色,如在江南水乡民间服饰中拼接衫的袖口、大襟等部位及包头、作腰上进行镶拼的颜色。拼接色占据的面积介于主体色和点缀色之间,对服饰的整体色调的形成具有重要意义。

点缀色指服装细节的颜色,在江南水乡民间服饰中表现为占据面积较小的装饰色彩,如拼接衫上的滚边、嵌条及作腰上的小幅镶拼、包头上的拼角等,其占据面积虽小,但往往起到画龙点睛的作用。

通过对江南水乡民间服饰上的拼接色与点缀色分析(表3-10),得出:

表3-10　江南水乡民间服饰上的拼接色与点缀色概况

品种	名称	颜色(中青年妇女服饰)	颜色(老年妇女服饰)
包头	拼接色	月白	天蓝
	点缀色	粉红,月白,天蓝,翠蓝	月白,天蓝,深灰,深绿
拼接衫	拼接色	天蓝,月白,雪青	深蓝,雪青
	点缀色	青,粉紫	浅蓝
穿腰作腰	拼接色	天蓝,雪青,白	白,天蓝
	点缀色	月白,蓝,绿,红	月白,蓝
拼裆裤	拼接色	月白,天蓝	月白,青
	点缀色	青,黑,粉紫	白,青

---

① [清]李斗:《扬州画舫录》,广陵书社2010年版,第13页。

第一，色彩拼接的层次丰富，但色相单一。

与汉族其他地区的服饰拼接多采用同色布料，江南水乡民间服饰的拼接多采用异色布，故而形成了丰富的色彩层次，但这种色彩层次呈比较单一的色相形态。当地人是这样做到的：以一个属于蓝色系的色相为主体色，再以一个至两个蓝色系的类似色或无彩色作为拼接色。

以包头为例，作为主体的矩形部分常用湖蓝色、藏青色与黑色等深色，两边的梯形部分常用白色、天蓝色等浅色并与主体拼接，即所谓的两色拼角。一旦拼接完成，包头的色彩基调也已经确定。然后，在梯形部分的边缘镶嵌一小块三角形布料，完成作为点缀的第三次拼角。最后，在包头的边缘部分施以滚边。拼角和滚边形成点缀色，其色相的纯度一般较高，色相的选择也较为丰富，如粉紫、粉红等。拼角和滚条的布料、颜色各不相同，且各有主次，从而形成协调中的变化（图 3-19）。

图 3-19　作为点缀色的包头拼角

图 3-20　作为拼接色的拼接衫找袖

第二，拼接色的运用与拼、滚、贴等工艺紧密结合，融为一体，自然形成异色的块面和线条，镶的块面和滚的线条在江南水乡民间服饰整体偏暗的色调中起到了提亮的作用（图 3-20）。

一般而言，异色布镶拼比同色布更加容易使服装出彩；而从设计学的角度来看，这体现了比例的形式美法则——异色镶拼能加强面积的大与小、长度的长与短之间的比例关系。这种方式在包头、拼裆裤、作腰等江南水乡民间服饰上都有所体现。尤其是江南水乡地区的青年妇女，为了获得花俏的效果，巧妙地运用色彩的对比、衬托与交错的方法，使其服饰上处处都有"满工"的装饰——要么是刺绣纹样，要么是工艺装饰，要么是色彩装饰。江南水乡民间服饰上以拼代绣的效果得以实现，就是形与色相互作用的结果。

因此，在江南水乡民间服饰上，其滚边色彩常常根据已镶拼部分的色彩进行设计。可分两种情况：第一，采用本色布拼接时，滚边条也采用本色布，即主幅拼接、滚条为同色布（图 3-21）；第二，采用异色镶拼时，通常使用第三种色彩区别显著的布料，以强化对比装饰作用（图 3-22）。前者含蓄、低调，后者跳跃、俏丽，但都是由面与线的工艺装饰与色彩装饰结合形成的。此种色彩运用方式体现了江南水乡民间服饰的强烈个性：要么在实施拼接、镶滚工艺的同时，色彩不发生变化，构成元素简单，追求极致低调；要么工艺变化和色彩变化同时进行，设计元素复杂多样，外观效果俏丽，性格张扬。

同时，通过对江南水乡民间服饰上的点缀色色相分析，得出：

第一，与主体色的单调表现完全不同，江南水乡民间服饰上的点缀色色相十分丰富：首

图 3-21　同色布镶拼

图 3-22　异色布镶拼

先,所涉及的色相广泛、随意,而不像主体色那么单一、暗淡;其次,通常采用高纯度与高明度色,对比强烈,但由于所占面积很小,因此不影响整体色彩关系的和谐。由于主体色与拼接色常用藏青色、蓝色、天蓝色、白色或黑色,它们的占据面积较大,确定了整体色彩的基调。尽管点缀色活泼、变化且有层次,但被控制在整体色调之内。

第二,点缀色通常以线或点的形式出现。首先,线的形式表现于滚边与系带。在大襟衫的领子、门襟处,在卷膀、包头的边缘处,常用滚边,其用色与主幅布料之间反差很大,对比强烈。系带的颜色通常十分鲜艳,如大红、桃红、明黄、翠绿等色,有的甚至将几种颜色混合在一起。其次,点的形式主要表现为包头拼角、绣鞋锁梁、作裙裙裥等部位的刺绣纹样,使用的绣线颇为艳丽,绣成的图案具有装饰画般的浓艳效果。

第三,江南水乡民间服饰整体呈冷色调,由青、蓝、黑组成主色调。在点缀色的使用上则一反常态,将暖色调的装饰映衬在冷色调的主体上。也就是说,在深色、暗色的主体上以红色、绿色、黄色等进行点缀,既丰富了服饰的色彩层次,表现出色彩审美中灰暗与跃动兼备的意象,又表现出江南水乡人民性格中稳重与活泼共存的特点。

3. 江南水乡服色符号

一种色彩被社会公认为一种符号,需要一个漫长的过程。从对色彩的分类到社会的约定,大致需要经历这样一个过程:生活—习惯—规范—生活。此过程中,第一个"生活"是指人们对大自然的观察和大自然所决定的人类的生活方式;"习惯"是指民俗,是一代又一代的人类的生活方式的沉淀;"规范"是指群体的不成文的社会生活规定或在民俗的基础上所规定的群体生活法则;第二个"生活"是指在规则的指导与约束下的人类的生活方式。① 今天,江南水乡民间服饰的色彩实际上是第二个"生活"形态的反映。也就是说,服饰色彩作为一种具体可感的形象,往往表达着民间世俗生活的某种抽象观念与思想感情,这就是服饰色彩的象征性。这里的象征"是用有形的事物表达某些抽象意念的一种手法,也是民俗事象中常见的一种表现形式"②。如果套用符号学中的"能指"与"所指"原理,"能指"是指可以用来描述、表达和传递各种意义的服饰色彩,包括色彩的色相、明度、纯度与色调等;"所指"是指在"能指"层面进行表现和传达的内涵,像色彩所表述的历史、神话、祈求的愿望、宣泄的情感,以及所要传达的稻作文化信息等。

从色相来看,江南水乡民间服饰呈现出"不尚红"但"尚蓝"的特征,这就是一个客观存在

---

① 许嘉璐:《说"正色"——〈说文〉颜色词考察》,《中日典籍与文化》1995 年第 3 期。
② 叶大兵:《论象征在民俗中的表现及其意义》,《民俗研究》1994 年第 3 期。

的"能指",其"所指"的内涵是:

近代民间服色多为传统正色的延承,其中红色与蓝色都是传统正色的组成部分。传统的"五色论"规定"青、赤、黄、白、黑"这五种颜色为五大正色,其他颜色皆为间色。五色论源于自然界中的色散现象,古人将其归纳而形成,还进一步提出了"五德终始说",把五行五色与皇权道德联系起来,认为它和五行中的土黄、金白、木青(江南水乡地区继承了其中的青色,并发展成独具地方特色的青蓝色调)、火赤、水墨存在对应关系,并且五色中的每种颜色的个性品格由"五材"呈现出来:木以苍为盛,火以赤为熊,土以黄为宗,金以白为贵,水以黑为玄。这样,将五大正色引申为相生相克、互为制约及互为循环的色彩理论与神学体系:正色是事物相生相促进之结果,间色是相克相排斥之结果,于是产生了"正色贵、间色贱,正色尊、间色卑,正色正、间色邪"的文化内涵,于是传统的正色便成为尊贵、正义的象征,于是这些在近代民间服饰中所呈现的正色——黑色、红色、蓝(青)色便成为近代民间服饰的色彩符号,喻指人们向往尊贵、崇拜正义的思想感情。

从洛阳民俗博物馆、上海艺风堂博物馆、江南大学民间服饰传习馆等馆藏的近代民间妇女服饰的色彩来看,红色占据的比例极高。一个民族对某种颜色的特殊偏爱与崇尚,不单单出于视觉上的愉悦,更主要的是因为此种色彩承载着该民族的文化内涵、思想感情与历史积淀。汉民族的"喜红"心理在社会生活和民俗习惯中也是一种普遍而深刻的存在,可以说红色已经成为整个中华民族的文化表意符号。作为中华民族服装形制发端的上衣下裳中的裳即用红色,与上衣的黑色象征未明之天一样,下裳的红色象征黄昏之地,是传统观念中天地乾坤的基本宇宙结构的表征,可见红色地位之高。因而,与上衣下裳搭配的礼服之鞋也是"赤舄"。我国近代民间妇女服饰中的主要下装——马面裙,基本上也都采用红色(表3-11)。

表3-11　国内部分专业博物馆馆藏的近代马面裙色彩分析　　　　单位:件

颜色	江南大学民间服饰传习馆	洛阳民俗博物馆	上海纺织服饰博物馆	上海艺风堂博物馆
大红	57	8	15	32
粉红	12	3	3	5
黑	18	2	3	4
蓝	3	—	3	11
橘色	8	—	2	9
水绿	5	—	2	1
白	11	—	1	4
紫	2	—	—	—

然而,江南水乡民间服饰是一个例外。除了婚礼服之外,其余服饰均不尚红。红色只是作为与绿、黄、白、粉等颜色的点缀色而有少量运用,这说明:其一,江南水乡民间服饰中,红色的地位不凸显;其二,江南水乡民间服饰中,红色的使用面积很小,使用场合很少;其三,红

色作为中华民族的代表色彩,是一种提炼、概括出来的表意符号,但并非在所有地区都如此;其四,在江南水乡广泛存在的蓝白色调,表明我国服饰色彩选择的多样性(表3-12)。

表3-12 江南大学民间服饰传习馆馆藏江南水乡民间服饰上的色彩应用情况分析

颜色	品种											
	包头(总10件)		拼接衫(总9件)		作腰(总13件)		卷膀(总8件)		绣鞋(总30件)		作裙(总26件)	
	频次	百分比	频次	百分比	频次	百分比	频次	百分比	频次	百分比	频次	百分比
白	1	10%	2	22%	3	23%	2	25%	—	—	—	—
月白	—	—	—	—	1	7.7%	—	—	—	—	1	3.8%
粉	—	—	—	—	1	7.7%	—	—	3	10%	—	—
橘红	—	—	1	11%	1	7.7%	—	—	—	—	—	—
红	—	—	—	—	2	15.4%	—	—	2	6.7%	—	—
绿	—	—	1	11%	2	15.4%	—	—	—	—	—	—
青	—	—	2	22%	—	—	—	—	—	—	—	—
藏青	—	—	2	22%	6	46.2%	—	—	6	20%	9	34.6%
浅蓝	—	—	—	—	3	23%	—	—	—	—	2	7.7%
蓝	—	—	2	22%	6	46.2%	2	25%	2	6.7%	2	7.7%
湖蓝	2	20%	—	—	3	23%	—	—	2	6.7%	6	23.1%
深蓝	1	10%	1	11%	5	38.5%	1	12.5%	3	10%	—	—
紫	—	—	1	11%	—	—	—	—	—	—	—	—
褐	—	—	—	—	—	—	—	—	5	16.7%	—	—
黑	3	30%	1	11%	1	7.7%	3	37.5%	9	30%	7	26.9%

表3-12中:"频次"是指某种颜色在某个品种中的应用次数,如包头中,湖蓝色被应用2次,黑色被应用3次。由于包头一般经过拼接,一个包头上可能出现三种颜色,所以频次的数值会大于所统计包头的数值。"百分比"是指某个品种中某种颜色的频次所占的比例,即以江南大学民间服饰传习馆藏的某个品种的件数为分母,以频次为分子所计算的百分比。

表3-12所涉及的颜色总计15种,其中:频次在一个及以上品种中达到6以上的颜色有藏青色、蓝色、湖蓝色和黑色,如作腰、绣鞋和作裙;百分比达到25%及以上的颜色为白色、藏青色、蓝色、深蓝色和黑色。由此表明,蓝色系是江南水乡民间服饰的常用色,是服装色相的基调。

由此可见,江南水乡民间服饰基本上以蓝色、青色为主体色,鞋子则以黑色、藏青色为主要色彩,而在拼接色中,黑色、粉色、雪青色、绿色及水蓝色、天蓝色等不同明度与纯度的种种蓝色占据了非常重要的地位,远远看去,就是一种"青莲衫子藕荷裳"的总体色相感觉。为了满足这种需要,在江南水乡附近的松江的染坊中,专门染天青、淡青与月下白的"蓝坊"列四坊之首。点缀色以大红、粉绿及粉红等色为主。

色彩感知是建立在人们色彩经验的基础之上的,而"人类的符号系统,尤其是词汇,就是名副其实的经验分类。例如用一种范畴'狗'将一类对象与另一类对象'猫'相区分"①,即人们有足够的智力与能力将感受到的现象中具有共同特性的部分归并为一类,并且将其余的部分分离出去。色彩尤其是色相是人们长期以来积累的主要视觉感受之一,色相与色相之间的差别,或者某个色相所引起的某种心理反映,正是人们对其进行分类的依据。这种依据是那样清晰,套用墨菲的句式,就是用一种范畴"蓝"将一类对象与另一种对象"红"相区分。

根据色彩心理学原理,蓝色能够带给人们宁静、忧郁和深沉的感觉;而从色彩的象征性来看,蓝色是忠诚与纯洁的象征。结合民间百姓奉蓝色为经典的心理特征,对江南水乡民间服饰善用蓝色这一现象,可以解析出以下符号语言:一是蓝色迎合了中华民族一贯的含蓄、素雅、质朴的气质,并由此表现出江南水乡人民"趋于平淡"的性格特征;二是蓝色使得肤色偏黄的中国人显得更加高雅、清淡且与自身的肤色十分协调,说明了江南水乡人民很有审美眼光,也说明了色彩能够在长期的历史活动中影响并促成某个地域居民的审美观,以及属于这个地域的人民特有的性格特征与精神气质。

事实上,蓝色系的运用具有久远的历史渊源。山西闻喜县下阳村金墓内所绘壁画中"女主人头梳发髻,身穿对襟赭衫,内系蓝裙",女侍童也是"服红衫蓝裙"。② 另外有"侍女……右侧第一人的上衣为蓝色,第二人的罩衣为蓝色"③。江南大学民间服饰传习馆及若干博物馆亦藏有近代蓝色马面裙。这至少说明了尽管蓝色运用在裙装上相对于红色较少,但并非没有。这也证明了江南水乡妇女着蓝裙的渊源并非是空穴来风。在技术条件的满足上,制作江南水乡民间服饰所用的布料一般送到角直镇上的染坊进行染色。事实上,如果换作其他颜色,也绝无技术问题,所以采用蓝色的根本原因还是精神原因。

总体上,我国近代民间服饰色彩传承了传统的"五行五色"的色彩观,表现出汉民族"尚红"和"喜蓝"的审美心理。然而,江南水乡地区不"尚红"但"喜蓝",体现了与以中原地区为代表的中轴地区的明显区别。

(二)色调

1. 色调的形成

第一,从色相看色调的形成。在江南水乡民间服饰中,青蓝色系在使用面积、涉及品种等方面都处于绝对主体地位,同时与用作拼接色的本白色、雪青色等高明度色组合,形成了统一的蓝白色调。在这个色调体系中,沉稳的蓝色系被用作主体色,相对活跃的浅色系被用作拼接色,形成了在稳定基调上的凸显与变化。蓝色作为一种有彩色,具有较强的色彩属性;与之相配合的黑色与白色则属于无彩色,其自身的色相属性较弱。因此,这些搭配符合色彩设计理论中"有彩色与无彩色"的组合法则,完全没有色彩冲突,在充满野趣的同时,还十分淡雅和谐。

第二,从明度看色调的形成。在江南水乡民间服饰中,低明度的主体色和拼接色与中高明度的点缀色共同构成明度的骤变色调(图3-23)。

① [美]罗伯特·F.墨菲:《文化与社会人类学引论》,商务印书馆2009年版,第30～31页。
② 杨富斗:《山西省闻喜县近代砖雕壁画墓》,《文物》1986年第12期。
③ 冯永谦、韩宝兴:《凌源富家屯元墓》,《文物》1985年第6期。

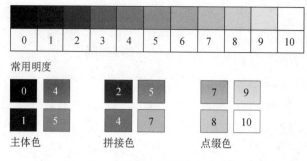

常用明度

主体色   拼接色   点缀色

图 3-23   江南水乡民间服饰常用明度色阶示意

在近代民间服饰中,许多令人眼花缭乱的色彩变化其实都来源于同一色彩的明度渐变。江南水乡民间服饰也是如此:一是色调的统一与渐变——主体色与主体色之间的协调关系通过明度与纯度变化实现,主体色与点缀色之间的对比关系通过色相变化实现;二是为保持色调的统一而擅长采用黑白两种无彩色进行调和。由于主体色之间仅保持明度、纯度的变化,色相变化在拼接色和点缀色上较多,加上无彩色的调和,江南水乡民间服饰的总体色调十分平稳、宁静(图 3-24)。

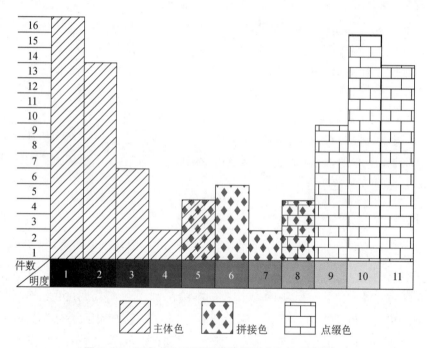

主体色   拼接色   点缀色

图 3-24   江南水乡民间服饰常用明度色阶分布情况

第三,从纯度看色调的形成。在江南水乡民间服饰中,饱满鲜艳的中高纯度的主体色、拼接色与点缀色较为丰富,且在纯度色阶中分布均匀。

色彩的纯度色阶也定为十一级。将江南大学民间服饰传习馆馆藏的与胜浦居民自己保藏的服饰色彩纯度与标准色阶进行比对、分析与统计,可以得出:在江南水乡民间服饰中,主体色、拼接色与点缀色在纯度色阶的高、中、低段均有分布,其中群青、天蓝等拼接色多位于色阶中段,黑白等主体色与拼接色多位于色阶高段,而各种点缀色则集中于色阶高段且其明度较高,真正发挥了提亮、点缀的作用。但总体来说,江南水乡民间服饰的色彩纯度分布比较均匀、适中,没有明显的起伏(图3-25、图3-26)。

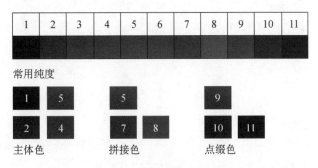

图 3-25　江南水乡民间服饰常用纯度色阶示意

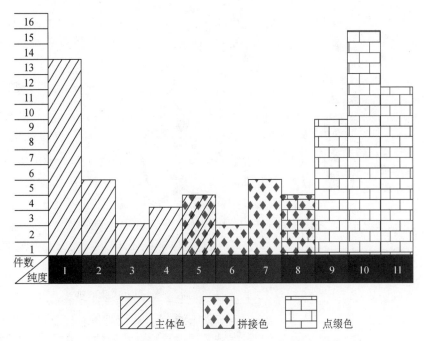

图 3-26　江南水乡民间服饰常用纯度色阶分布情况

　　从最终形成的江南水乡民间服饰的色调来看,点缀色的明度和纯度通常都比较高,并且常采用对比色和邻近色搭配的方式,即常采用红色与绿色、玫红色与蓝色的组合,体现出较强烈的装饰感;同样,形成点缀色的刺绣纹样采用的是底色与线色的对比色或者其邻近色,依然通过色彩纯度和明度上的鲜明对比来达到突出纹样的目的。然后,从点缀色到拼接色再到主体色,随着其占据面积越来越大,色彩的纯度与明度渐次降低,从活泼渐趋平稳,从而促成江南水乡民间服饰的统一色调。在这个色调中,色相比较单一(以蓝色为主),纯度较高,但蓝色的明度并不高。在明度与纯度方面,低明度色的分布较为广泛,通常占据主体色的位置,而高明度色在拼接色与点缀色中运用较多。纯度的分布则更均匀,显现出高纯度或零纯度(黑与白无彩色)的方式。

2. 构成方式

江南水乡民间服饰包含两种色调构成方式：

第一，主体协调式。主体是指江南水乡民间服饰的衣片、裤片、包头主幅等占据较大面积的部分，一般采用黑色、蓝色等低明度的单一色相，以此奠定基调。其表现为服饰上面积较大的形或基本形；呈单一的色相、较低的明度与中等的纯度，其组成的色调较为和谐、低调。

另一方面，我国近代民间服饰精于运用色调的渐变。江南水乡民间服饰延续并升华了这种经典设计，表现为同一色相从明度与纯度进行渐变，所以呈现出天蓝、湖蓝、藏青与群青等多种蓝色，其构成主体色。

图 3-27 衣裙的主体协调与穗带的局部对比

第二，局部对比式。局部是指江南水乡民间服饰上面积较小的配件与穗带等部分。作腰的拼缀、包头的穗带、衣裙的滚边和贴边等部分常采用高明度、高纯度的色彩，色相的选择更丰富，尤其是暖色调常在局部出现，与大面积的冷色调的主体色形成对比（图 3-27）。

江南水乡民间服饰上主体色与点缀色的色相大都呈现出对比关系，虽然点缀色的面积较小，但它大大地提升了色彩对比的反衬强度，在调配主体色与拼接色之间的关系上起到了非常重要的作用；或者说，大面积的主体色的低调反衬出点缀色的高调，但主体色决定了江南水乡民间服饰的色彩基调，整体呈现出"大统一、小对比"的关系。这个关系决定了江南水乡民间服饰的主体色、拼接色与点缀色的选择在宏观上具有共性，使当地居民在整体上十分鲜明地区别于其他地区的居民，这也是"族徽意识"在服饰色彩上的集中反映。

三、纹样

服饰纹样是人们用以记录历史、民族情感、生活经验，以及表达审美意识的特殊语言，同时也是传承文明的重要载体。不仅如此，江南水乡民间服饰的纹样还是丰富服装布料、色彩和形制的主要形式，其题材通常来源于人们对自然形状的拟形，也来源于人们对生活与精神的写意。江南水乡民间服饰上纹样的内容与构图从整体上看与古代一脉相承，具有传统纹样的典型特征与精神寓意，通常为单独纹样或连续纹样，大部分为刺绣纹样。同时，江南水乡人民进行了改良和创造，他们对纹样的精神寓意有着自己的解读，形成了"以拼代绣""以纳代绣"等地域性的装饰工艺。

另外，从传承关系来看，当地的服饰纹样主要依靠家庭的血缘关系与邻里交往，一代一代地传承下来，因此其蕴含的精神与审美意识主要依靠共同的生活、共同的文化背景得到传递。于是，就江南水乡民间服饰纹样而言，在装饰手法、图案布局、组织形式、装饰风格与蕴含寓意等方面，均表达出当地特有的地域与人文特征。

对江南大学民间服饰传习馆馆藏的江南水乡民间服饰的纹样加工方式进行分析,结果见表3-13。

表 3-13　江南水乡民间服饰的纹样加工方式　　　　　　　　单位:件数

加工方式	包头		拼接衫		作腰		作裙		卷膀		绣鞋	
	数量	百分比	数量	百分比	数量	百分比	数量	百分比	数量	百分比	数量	百分比
刺绣	8	67%	—	—	2	15%	12	67%	—	—	26	76%
印染织造	4	33%	12	80%	8	62%	6	33%	6	60%	8	24%
无纹样	—	—	3	20%	3	23%	—	—	4	40%	—	—
总计	12	100%	15	100%	13	100%	18	100%	10	100%	34	100%

上表中的数据表明,江南水乡民间服饰的纹样加工方式主要有两种,一是在服装布料上由织造或印染形成,二是在服装制作过程中由刺绣形成。这两种情况的总和,也就是说具有一定形式的纹样的服饰占据90%以上。再进一步地说,由印染形成的花型或织造形成的暗花作为纹样,分布于包头、拼接衫、作腰、作裙、卷膀与绣鞋,比例大致为2:6:4:3:3:4;由刺绣形成的纹样分布于包头、作腰、作裙与绣鞋,比例大致为4:1:6:13。这说明在江南水乡民间服饰中,纹样比较集中地分布于包头、作裙与绣鞋等品种中,同时刺绣纹样和印花纹样几乎各占半壁江山,没有纹样的情况比较少见。

(一) 题材

近代民间服饰的纹样题材多种多样(表3-14)。江南大学民间服饰传习馆馆藏的服饰中,纹样题材十分丰富,而且在各种服饰中的分布也较为均匀。相比较而言,江南水乡民间服饰中的纹样集中分布于包头、绣鞋等少数品种中,而且题材的种类略少。由于一件衣物上同时会出现若干纹样,或一个纹样在同一件衣物上重复出现,所以在某些品种中,纹样出现的次数总是大于衣物的件数。

基于江南大学民间服饰传习馆馆藏的传世实物,笔者对江南水乡民间服饰的纹样题材的运用情况进行分析(表3-15)。需要说明的是,由于江南水乡民间服饰上拼接工艺的运用较多,所以同一种类型的纹样可能重复出现,这会导致十五件拼接衫有十八个纹样的现象。同样,百分比也会出现类似情况,但并不影响对整体状况的判断。结果表明,除了绣鞋之外,江南水乡民间服饰上的纹样题材类型较为单一,主要是各种花卉形态的组合与一些花鸟兽纹的组合,其次是由印染加工得到的几何纹样,作裙两侧的裥上绣也以几何纹样居多。绣鞋上的纹样题材较为丰富、广泛,几乎涉及我国近代民间服饰中常见的纹样题材。

江南水乡民间服饰中的纹样是当地生活的真实写照,一般取材于生产与生活中的常景、常事及常人。由于创作者们没有经过专门的训练,只是把平时看到的或者感受到的对象通过自己的头脑与双手表现在民间服饰上,故带有原始的认知与古朴的纯真,并在模仿中进行变化与发展。在这些看似稚朴的作品中,却蕴藏着十分丰富的内涵。

表 3-14　近代民间服饰的纹样题材　　　　　　　　　　　　　　　单位：件数

品种	数量	牡丹纹	花开富贵	几何纹	蝶恋花	菊花纹	凤戏牡丹	梅兰竹菊	三多纹	瓜瓞绵绵	万字纹	寿纹	暗八仙	如意纹	因荷得藕	鸳鸯戏水	喜上眉梢	戏文	五毒
袄衫	268	77	20	38	24	37	15	8	7	5	12	13	10	6	0	1	0	2	1
裙裤	119	9	38	12	16	3	11	6	13	3	2	0	0	0	7	3	3	1	0
鞋	50	2	9	3	5	2	6	1	2	9	1	1	0	2	0	1	0	0	0

表 3-15　江南水乡民间服饰的纹样题材

纹样	拼接衫（15 件）	穿腰（13 件）	作裙（18 件）	卷膀（10 件）	包头（12 件）	绣花鞋（34 件）
几何纹	18 50%	12 30%	10 23%	2 25%	2 25%	4 7.4%
小花纹	3 33%	8 25%	2 45%	4 50%	8 60%	—
菊花	—	—	—	—	—	2 3.7%
牡丹（凤穿牡丹）	—	—	2 4.5%	—	—	22 30.7%
盘长纹	—	2 5%	—	—	2 25%	—
寿字纹	—	—	—	—	—	4 7.4%
万字纹	—	2 5%	2 4.5%	—	—	—
梅花（小妹壮）	1 11%	—	—	—	—	4 7.4%
蝙蝠（福寿齐眉）	—	—	—	—	—	8 15%
双钱	—	—	—	—	—	6 11%
石榴	—	—	—	—	—	2 3.7%
蝴蝶（蝶恋花）	—	—	—	—	2 2.5%	5 10%
荷花（上山祝寿、三荷花）	—	—	—	—	—	5 10%
芙蓉（荣华富贵）	—	—	—	—	—	4 7.4%
五星	—	—	—	—	2 25%	—

由于江南水乡的生产生活方式是农耕,所以植物纹样是江南水乡民间服饰中喜闻乐见的题材。按照当地人民的生活经验与主观感知,可以分为直观的植物和想象的植物。前者如稻田中随处可见且随四季更迭变化的小花,或因水网密布而常见的荷花,人们通过描摹、组合、夸张等手法将其形成服饰纹样;后者如"上山祝寿"中的千年叶,人们通过想象、夸张、摹仿等手段将其表现为服饰纹样。

下面对江南水乡民间服饰中的典型纹样进行简单讨论:

第一,小花纹样。一些不知名的花卉形象在服饰上小面积地使用,这种情况在江南水乡民间服饰中的包头、作腰上较为常见。由于包头的拼角面积本来就小,所以小花纹样真的是一种"适合"的纹样,一般通过刺绣工艺表达。作腰上的小花纹样则以印染工艺居多,常利用大小的穿插、面积的对比,进一步塑造美感。小花纹样没有特别明显的精神指向,一般普通意义的审美价值应当是它的基本内涵。

第二,牡丹纹样。牡丹是传统艺术视觉表现的重要形态之一,也是近代民间服饰常用的吉祥纹样。但是,作为观赏型花木,牡丹在江南一带的乡村分布极少,所以江南水乡所用的牡丹纹样,取自于想象,取自于文本,或者说多来自"纸花样"的传播。

从江南大学民间服饰传习馆、上海纺织服饰博物馆的藏品分析,笔者注意到:牡丹纹样在衫、袄、马面裙、旗袍、肚兜、云肩等我国近代服饰上的运用相当频繁,但是在江南水乡民间服饰中主要运用绣鞋上,主要分布于鞋帮等部位。从加工手法来看,既有写实造型的牡丹纹样,也有高度概括的牡丹纹样;既有单独运用牡丹纹样的,也有将牡丹与其他题材组合形成"荣华富贵""凤穿牡丹"等纹样的综合运用。

从表3-16可以看出,胜浦园东新村周杏妹保藏的绣有牡丹纹样的衣裙均为婚礼服,裁剪结构为大襟右衽,但没有掼肩头,说明了礼服和日常服之间的明显区别,也说明了牡丹纹样在江南水乡妇女心目中特别高贵的地位。

表3-16　胜浦园东新村周杏妹保藏的绣有牡丹纹样的衣裙概况

名称	制作时间	题材	工艺分布	尺寸(厘米)	场合
大襟花衣	20世纪40年代	凤穿牡丹	前后衣片、两袖用彩色丝线施绣,五彩花纹镶边,并以散花点缀	衣长68,袖长58,胸围100,袖口围36	新娘上轿、拜堂时穿
花裙	20世纪40年代	凤穿牡丹	前后裙片用彩色丝线施绣,并以散花点缀	腰围96,腰宽10,裙长82,下摆130	
大襟花衣	20世纪50年代	牡丹	前后衣片、两袖用彩色丝线施绣,五彩花纹镶边	衣长75,袖长63,胸围120,袖口围36	

第三,荷花纹样。江南一带荷池密布,荷花十分常见,采莲藕也是妇女们的主要副业之一。于是,江南水乡妇女们信手拈来,将荷花形象广泛应用于绣鞋等服饰中。这就是取自于生活,取自于直观,即以荷花自然形态为基本依据,取其花瓣正面俯视的角度进行刻画,从而与其他地区取其侧面的角度构图有所区别。同时,还将荷花的花头、花枝、叶子、梗与相关的水草进行组合,形成了颇具水乡特色的整体效果。或者将荷花纹样与其他花鸟兽纹组合在一起,形成民间十分喜闻乐见的"莲生贵子""鱼戏莲"等纹样;也可以将荷花纹样与想象中的"仙桥"组合在一起,形成老年妇女绣鞋上常用的"仙桥荷花"等纹样。

第四，梅花纹样。梅花又称报春花，盛开于岁末年初，在迎春接福、合家团聚之时开放，故被民间作为祥瑞洪福的象征；梅花子多，民间常喻为多子多福；又因梅花不畏严寒、经冬不凋，故与松、竹共同喻为"岁寒三友"。但在江南一带，杨花作为"岁寒三友"的含义较少提及，而是以"梅"的谐音"妹"暗喻少女，这就是将梅花与茉莉、芙蓉共同组成"小梅妆"或称"小妹壮"纹样，或者将梅花与兰花、荷花共同组成"兰彩荷"纹，还可以将梅花与蝙蝠等组成"年年增福寿"纹。这三种组合纹样分别对应少女、青年妇女与中老年妇女的服饰需要，可见这些纹样对于江南水乡妇女的年龄身份具有表征作用，是承载某种象征意义的符号。

图 3-28　作裙两侧的几何纹和万字纹

第五，几何纹样。几何纹样是江南水乡民间服饰中的一个重要纹样题材。裥上绣是作裙的重要工艺，而在褶裥上施绣的技术要求较高，故多采用线条直来直去的规则的几何纹或万字纹（图 3-28）。但是另一方面，聪明的江南水乡妇女对此并不满足，她们常常采用裥上绣的几何形，试图表达具象的花卉——看上去像一朵田间小花，实际上是抽裥纳制形成的几何块面（图 3-29）。

江南水乡民间服饰中的纹样题材，一方面，具有传统民间服饰纹样题材的一些基本特征，而另一方面，其自身的地域特色十分清晰、显著：

第一，作为一种地域服饰，其纹样题材相对集中，没有中原地区等近代民间服饰的纹样题材那样丰富。在拼接衫与作腰上，几何纹与碎花纹（小花纹）的应用最为广泛，一般以机织、印染工艺完成。但几何纹与小花纹在绣鞋上使用较少。

第二，刺绣纹样集中出现在绣鞋、作裙与包头等少数品种中，其应用范围不及其他地区广泛。但是，拼接、镶滚工艺的应用较其他地区更加普遍，因此佐证了当地"以拼代绣"的装饰特征。

第三，某些纹样题材具有独特的地域色彩与含义。"三梅花""兰彩荷"等梅花纹样的寓意与其他地区有区别，不同于傲雪寒梅之类的象征意义，譬如"小妹壮"纹样的寓意更接近老虎纹样、五毒纹样所具有的祈福庇佑的意义。

图 3-29　适合矩形裥上绣的纹样

（二）组织

江南水乡民间服饰纹样的组织结构主要分为两大类，一类是受服装结构基本形约束的单独组织，另一类是约束较少的连续组织。

1. 单独组织

从服饰的装饰部位和组织结构分析，单独组织一般又包括两种类型，即适合纹样与角隅纹样。这两种纹样都以独立成型、平面化与完整性为主要特点，且具有独立的审美特征。

（1）适合纹样：在某个特定的范围内安置与其外轮廓形状相吻合、相适应的图案。适合纹样在具体运用中有一定的外形限制，如绣鞋鞋面的纹样与鞋帮形状密切相关。对于有鞋梁的扳趾头绣鞋,纹样应以鞋梁为中轴,适合半片鞋帮的形状;对于没有鞋梁的猪拱头绣鞋与一字横袢式布鞋,纹样应以鞋头为中心,适合整片鞋帮的形状。也就是说,纹样的构图与装饰部位的外形必须契合,这就是适合纹样最本质的特征。

图形分析:

例一:作裙。如图 3-30 所示,作裙两侧的裥上绣部位呈矩形,施绣者利用此矩形规划一个纹样边框,这时作为工艺结构的边缘与作为纹样图形的边缘合二为一,形成所谓的"公共轮廓"①,同时完全适合褶裥部位的矩形。其纹样细节在这个矩形框架内展开铺陈,完全符合此图形适合抽褶形状的需要。

图 3-30　作裙两侧的裥上绣纹样　　　图 3-31　适合猪拱头式绣鞋的纹样

例二:绣鞋。猪拱头式绣鞋的前端无梁,所以整个鞋帮呈 U 形,于是刺绣纹样必须依据这样一个非常规的图形展开。江南水乡人民利用鞋梁消失后相对平整的区域,设计了一个硕大的芙蓉纹,再向左右两侧分别延展出一个双钱纹,寓意富贵。然后在芙蓉纹、双钱纹及荷花纹之间,以月白色与橘黄色丝线绣成的枝条进行连接,构成一幅完整的适合纹样,让人们仿佛忘记了鞋帮的不规则形状(图 3-31)。

(2)角隅纹样:装饰在边角的适合纹样,常用于服饰的一角、对角或四角处。在江南水乡民间服饰中,角隅纹样常装饰于衣裙的摆角、包头的拼角等部位。角隅纹样表现为某种稳定的

形状,也受到摆角区域位置的限制,但又不像适合纹样那样拘束,有相对自由的发挥空间。

图形分析:

例三:包头。三拼包头的两端拼角处常可见到刺绣纹样。由于此处是一个不大的三角形区域,所以纹样必须控制在这个区域内。由于靠近拼角处的面积太小,江南水乡人民便将这个三角形用红色绣线一分为二,形成一个相对较大的梯形,然后安置一个荷花纹,显得不那么拥挤。梯形以下的小面积三角形部分也没有空着,由三针蓝线、两针黄线和一针红线组成的山形纹经过此处,加上外围的蓝色滚边与尖角处的红色锁结,在狭小的范围内填满了充实的内容(图 3-32)。

图 3-32　包头拼角处的角隅纹样

① ［美］鲁道夫·阿恩海姆:《艺术与视知觉》,中国社会科学出版社 1984 年版,第 301 页。

2. 连续组织

(1) 二方连续：二方连续纹样是由一个或几个基本纹样组成单位纹样，再进行上下或左右两个方向有规律的重复排列而构成的。二方连续纹样常用于江南水乡民间服饰的裙摆、裤口、卷膀贴边等边缘部位。这种情况也可以称为边缘纹样或缘饰，即纹样沿特定外形的边缘进行适合处理，随外形轮廓进行布局和变化。边缘纹样的特点是变化丰富，可以自由叠加或简化，美感强烈。尤其是边缘植物纹样，常常具有首尾相接的连续性，从而具有浓郁的装饰趣味。江南水乡民间服饰中的边缘纹样一般不采用刺绣加工，而是采用印染的花布，将其裁剪成窄边进行镶滚加工。

图形分析：

例四：作裙。如图 3-33 所示，此作裙上二方连续纹样的运用有三处：一是在其两侧的裥上绣部位，有三角形与波纹形单元的重复，表面上是块面与线条，实则暗喻山水；二是在两侧的裥上绣部位之间，有一段红色与粉绿色丝线绣成的二方连续纹样，将分别位于两幅裙片上的裥上绣在视觉上连接起来（这种情况较少见，可视作当地妇女制作技艺中即兴性的表现）；三是在裙片侧缝与底摆部位有红底绿花的花布贴边，此为印染形成的二方连续纹样。

图 3-33　作裙上的二方连续纹样　　　　图 3-34　穿腰上的二方连续纹样

例五：穿腰。如图 3-34 所示，此穿腰上的纹样貌似由花卉纹组成的二方连续纹样，但各个单元的花形并不相同，最右侧的单元甚至不是花卉纹而是蝴蝶纹，只是共同的抽象化处理使这些单元图形看上去相似。但正是因为这不是一个相同纹样的重复，所以可以将其看成一种二方连续纹样的变异，是江南水乡人民的创造。

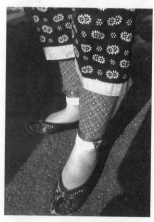

图 3-35　拼裆裤上的四方连续纹样

(2) 四方连续：四方连续纹样是由一个单独纹样在上下与左右四个方向进行有规律的重复排列而构成的。在民间服饰中，大多数印花纹样采用四方连续的组织结构。在江南水乡民间服饰中，前后衣片、裙片与裤片等大幅衣片采用的蓝印花布、小碎花布亦是如此。也有部分表现为拼接形态的花布，比如拼裆裤的拼裆、唯亭一带的包头的拼角。

图形分析：

例六：拼裆裤。拼裆裤有时采用蓝印花布制作。蓝印花布的纹样一般呈四方连续排列，如图 3-35 所示，这条拼裆裤上是田间常见的小花纹，两朵左右重叠组成一个单元，沿上下、左右各个方向重复排列。

（三）布局

布局是指纹样在服装各个部件上的分布位置与分布规律。纹样分布是服装整体结构的重要组成部分——当我们欣赏或关注它的时候，重点不是在欣赏或关注纹样的轮廓、线迹、色彩本身，而是在欣赏或关注纹样的轮廓、线迹、色彩所构成的特定而虚幻的空间、时间与寓意。这种结构在苏珊·朗格那里是"表现性的形式"①，在克莱夫·贝尔那里是"有意味的形式"②。也就是说，整体布局的"意味"大于组成它的各个局部。布局常常根据服饰品种与装饰部位发生变化。

1. 主宾式布局

主宾式布局是指主题图案被明显地区分出大小或表现为疏密关系，其中大的、密集的往往作为"主"，小的、稀疏的往往作为"宾"。古人很早就发现了这个道理，认为在布局时要"先立宾主之位，次定远近之形"③，而且在具体的操作中要做到"主山正者客山低，主山侧者客山远"④。江南水乡地区的劳动人民虽然没有念过多少书，但他们的美学原理具有普遍意义，他们对此是无师自通的。

图形分析：

图 3-36　主体形象十分突出的裥上绣

例一：作裙。如图 3-36 所示，这条作裙两侧有裥上绣工艺形成的纹样，其中间偏上方位置通过相对密集的线迹塑造出花瓣与花蕊，它们占据了纹样的中心位置与较大面积，而且比较具象。花瓣与芯蕊周边的线条呈发散状，显然是作为陪衬而存在的。纹样下部的支撑较为丰富有力，符合"一个视觉式样的底部应'重'一些"⑤的常理。

图 3-37　一主二次的"三荷花"纹样

例二：绣鞋。如图 3-37 所示，这双绣鞋的鞋帮上有

---

① ［美］苏珊·朗格：《艺术问题》，中国社会科学出版社 1984 年版，第 24 页。
② ［美］克莱夫·贝尔：《艺术》，中国文艺联合出版公司 1984 年版，第 36 页。
③ ［宋］李成：《山水诀》，《中国画论辑要》，江苏美术出版社 1985 年版，第 421 页。
④ ［清］笪重光：《画筌》，《中国画论辑要》，江苏美术出版社 1985 年版，第 421 页。
⑤ ［美］鲁道夫·阿恩海姆：《艺术与视知觉》，中国社会科学出版社 1984 年版，第 28 页。

"三荷花"纹样,最接近鞋梁的那朵荷花显然是浓墨重彩的主体,其占据面积较大,用色丰富且色调偏暖,有较强的扩张感,刻画上也更细致;另外两朵荷花的面积较小,用色偏冷,刻画上较概括,显然偏于次席。总体来看,尽管是"三荷花",但存在一主二次的红花绿叶式的衬托关系。

2. 并列式布局

并列式布局是指服饰上纹样中的主要形象不止一个,且这些形象一般都呈平均用力的并列关系,没有明显的大与小、主与次的衬托关系,与主宾式布局相对。

图形分析:

例:绣鞋。如图3-38所示,这双绣鞋是一双扳趾头鞋,鞋梁两侧分布着凤戏牡丹纹,其中凤的形象与牡丹的形象在大小、虚实、构图等方面的关系均等,只是它们的用色一个偏冷而一个偏暖,但这不足以形成两者的主次关系,因此属于双主体的并列式布局。

3. 对称式布局

对称式布局是指在服饰的中轴线两侧或上下分布的纹样完全一致,包括形状、数量与构成方式。对称式布局常常表现为一左一右的两幅纹样完全相同,所以人们也将其称为镜式分布,意思是两边图形的相似程度就像照镜子一样。由于人体自身呈对称状(从视觉的角度而非生理的角度),所以对称是服装造型结构的基本形态。江南水乡民间服饰中的纹样分布也是如此。

图 3-38 并列式布局示例

图形分析:

例:绣鞋。图3-39所示的绣鞋也是扳趾头鞋,鞋头中央有一道鞋梁,并以丝线锁缉。如果认定鞋梁为中轴,那么其两侧鞋帮上纹样的形状、数量、配色都完全一致,此为对称式布局。如果仅看一侧鞋帮上的纹样,则呈现出前满后空、前繁后简的形态,从视觉的角度分析,不能达到物理意义上的平衡。但是,江南水乡妇女认为鞋的正前方是最主要的表现区域,于是她们得到了心理意义上的平衡。

综上所述,江南水乡民间服饰的纹样布局具有以下特点:

第一,我国近代民间服饰的纹样布局常常具有对称性和均衡性,追求物象的对偶与完整。"花开富贵""梅兰竹菊"等纹样,给人的感觉是完整的,即使不对称,也能给人一种均衡感,并且

图 3-39 对称式布局示例

服饰纹样中每一个意象都要尽可能地保持完整,忌讳残缺不全,人要画全身,物要绘全貌,由此升华为对生命完整与幸福的祈愿。江南水乡民间服饰的纹样布局依然采用均衡、完整、对偶的原则,在绣鞋与包头等品种中均有充分体现。

第二,我国近代民间服饰的纹样布局常有"留白"现象。留白的原意是指国画上笔墨未到之处会或多或少地留下一些空白,这些空白并非是真的没有内容或者内容空洞,而是以"无"衬"有",将"实"与"虚"完美地结合在一起。江南水乡民间服饰的留白方式分为两种。

一种是装饰部位集中在服装的某一部分，比如包头的拼角处，即只在包头的拼角处施以刺绣，包头的主幅与拼幅均无绣纹，形成面积较大的留白。第二种是满绣中的留白。所谓满绣，并不是将纹样绣得密不透风，而是在纹样与纹样之间留有适当的空隙，这也是一种留白。江南水乡地区的绣鞋上，绣纹极为密集，但并非完全没有透气之处，从鞋帮侧面看，从鞋头到鞋跟，纹样安排一般是由密到疏，再以黄金分割的节点收拢，收拢的后方即留白处。这是一种"言尽意不尽"的表达方式，既省事又有意境，一举两得。

第三，江南水乡民间服饰上的纹样都是在传承祖先服饰纹样的基础上，根据自身的生活环境与地方习俗进行再创造，发挥当地人民丰富的想象力与创造性，融入他们的情感与智慧，凭借其对自然、社会及美的认识，通过双手缝制、刺绣、印染而形成的一幅幅精美的纹样，虽然，并非有意识地根据美学法则与审美原理进行设计，但往往与美学理论中的造型规律、色彩搭配规律不谋而合。

（四）通感

通感是指利用人们不同感觉器官的感觉可以发生"感觉挪移"的心理现象。将视觉、听觉、触觉等各种感觉相互打通、连接和转化，依靠联想，引起感觉挪移，达到表象与抒情的目的。江南水乡民间服饰上的纹样在表意方面具有含蓄与隐喻的特点，因此借喻和隐喻成为常用的方法——借自然物象的谐音及其生态特点，含而不露地表达吉祥寓意。因此，各种通感联想造型在江南水乡民间服饰的纹样中运用得十分普遍。

1. 形象通感

形象通感首先需要在外形上具有"能指"与"所指"对象的相似性，然后在相似性的基础上达成象征性，即所谓象形。"鱼戏莲"纹样就是"以形写神"的经典，其中的莲花象征女阴，故此纹样具有隐喻男女性爱的含义。

在江南水乡地区，扳趾头绣鞋与猪拱头绣鞋都采用象形的设计方法，从而具有极具地域特征的民俗寓意。江南一带的小舢板是人们主要的交通工具与渔猎工具，它们与人的关系非常紧密，故扳趾头绣鞋的鞋头形似舢板，意为出门"路路通"与"一帆风顺"；而猪则是当地人民最熟悉且与生活密切相关的家畜，代表着"富裕"。这两种生活中常见的形态都被巧妙地融入服饰设计，一方面可以证明民间艺术创作的来源大多是自然和生活，另一方面也表现出当地劳动人民对于形象通感的理解与巧妙运用的手段。

2. 意义通感

江南水乡地区的人们认为他们的寿衣要在有闰月的年份缝制，因为闰年的时间相对较长，故有长寿吉祥的寓意。另外，当地妇女头上用于系扎的绒线带颜色也有特定的习俗，粉色与红色在一般情况下都可使用，但使用黄色即表示其丈夫亡故，白色与青色视其丈夫亡故时间长短而更换使用。

在江南水乡地区，年长妇女所穿的鞋子常用"仙桥荷花"与"扶梯"纹样，其中"仙桥荷花"纹样由桥与荷组成，由于此桥为仙桥，所以具备"登入仙境"的含义，进一步引申就具备"不入地狱，来世称心美满"的寓意（图3-40、图3-41）。

图 3-40　"仙桥荷花"纹样示例一　　　　　图 3-41　"仙桥荷花"纹样示例二

3. 谐音通感

谐音通感主要利用汉字语言发声过程中出现相同或相近的音调来完成借喻。汉字语言自身的特性,为纹样的谐音、双关处理提供了广阔的天地。一个字的发音往往可对应好几个汉字,因此,利用读音的相同或相近便可取得多种表达寓意的效果。比如:"瓶"谐音"平",可表达"平安"之意;蝙蝠的"蝠"与佛手的"佛"均谐音"福",可表达"祈福"之意;桂圆、桂花的"桂"谐音"贵",可表达"富贵"之意。

在近代中国,因医疗水平低下,婴幼儿的成活率不高,年龄越小越危险。20世纪30年代,费孝通在苏州吴江震泽(离本书讨论的小江南地区很近)一带做社会调查的数据表明:"年龄组0~5岁与6~10岁相比较,会发现人数有很大的下降,两组数字相差为73人,占这

图 3-42　"小妹壮"纹样示例

个组总数的33%。"[1]当人们遇到难以克服的技术问题时,包括服装纹样在内的精神寓意,就会被用来作为弥补。江南水乡地区有"小妹壮"纹样,以"梅"取"妹"的谐音——"小妹"是当地对未出嫁女子的通称,具有祈望女童健康成长、幸福美满的吉祥寓意(图3-42)。老年妇女多用藕、三荷花和"上山祝寿"纹样。"上山祝寿"纹样通常由荷花、山峰、竹笋、竹子、双桃与千年叶组成,其中"竹"是吴语中"祝"的谐音,也就是含有祝寿的意思。另外,江南水乡地区的绣鞋上一个十分常用的"福寿齐眉"纹样中,梅花、蝙蝠、寿桃、牡丹一起构成型象的主体与意义的主体,这里梅花的"梅"谐音"眉",蝙蝠的"蝠"谐音"福",是当地运用谐音通感的一个典型纹样。

(五) 特征

1. 从制作工艺的角度看

第一,以拼代绣。

无论从技术还是从效果来看,江南水乡民间服饰中的拼接工艺都可以看作是一种不是

---

[1] 费孝通:《江村经济——中国农民的生活》,商务印书馆2001年版,第48页。

纹样的纹样。理由是，拼接之后产生了复杂多变的几何线条，其外观接近几何纹样。这就是一种抽象的纹样，也是当地服饰重要的装饰特征之一。

为什么江南水乡民间服饰相对于我国近代民间服饰而言，其刺绣装饰如此之少？事实上，江南水乡民间服饰上的装饰并不少，只是其装饰方式少用刺绣而多用拼接。拼接衫、拼裆裤、包头与作腰在拼接后，其装饰已比较饱满，留给刺绣的空余面积并不大。另外，江南水乡民间服饰主要采用的布料是棉布，它不适合施绣，在一些需要耐磨损的区域，通过拼接形成装饰显然比刺绣更加合适（图3-43）。这一点体现了劳动人民的本色，也体现了当地的地域特色。江南水乡地区的包头、绣鞋或新娘礼服上采用刺绣，在一般的上衣下裙与上衣下裤上则很少用刺绣。

图 3-43　以拼代绣

第二，以纳代绣。

江南水乡民间服饰中的穿腰上分布着精细的纳缝工艺，其针脚十分细密、讲究，装饰效果胜似刺绣。具有"秩序感"的针脚形成抽象的几何形态，在具备支托腰力的实用性的同时，具备秩序感、肌理感、装饰感等只有纹样才具备的视觉属性。这就是所谓的以纳代绣。穿腰在人们需要反复弯腰的插秧、拔草等劳作中发挥着重要的辅助作用，而这个辅助作用主要是因为纳制形成的硬度而获得的，所以以纳代绣的装饰性既来自外观，也来自"由用而美"所产生的心理愉悦。但这样的装饰性完全不同于刺绣的装饰性，它出于劳动，出于实用，体现了穿腰及其纳的工艺与稻作生产之间的密切关系，并非是一种为了装饰而装饰的纯粹的美化手段。

2. 从艺术形象的角度看

第一，从写实到夸张。

写实很简单，就是对客观事物进行描摹和相对准确地进行表现；而夸张是服装纹样设计中常用的方法，它抓住对象的某种特点，如大小、长短、肥瘦、粗细、方圆、曲直等，加以强调或夸张，以突出其形态与本质特征，使原有特征更加鲜明、生动与典型。荷花是江南水乡地区的包头、绣鞋等服饰品中常用的纹样，在运用过程中，常抓住荷叶宽大的弧形特征进行强化，用平绣对其侧面形状进行铺开。再如将菊花原先细长的花瓣表现得更加细长，或将花瓣归纳为一根根概括性的粗线条。这些处理方式与独特视角在体现出艺术夸张的同时，还体现出江南水乡地区鲜明的地域特色。

第二，从具象到意象。

具象同样较为简单，一般指未经主观意识处理的物的真实形态；而意象要复杂一些，一般是指由记忆表象或现有知觉形象改造而成的想象性表象，或者说是客观物象经过创作主体独特的情感活动而产生的一种艺术形象，即寓"意"之"象"，借"物"抒"情"。韦勒克与沃伦认为，意象是"感觉的'遗孀'和'重视'"，这道出了从具象到意象的先后关系。[1]

---

[1] ［美］勒内·韦勒克、奥斯汀·沃伦：《文学理论》，生活·读书·新知三联书店 1984 年版，第 202 页。

《周易》中有"观物取象"之说。① 原本是指卦象产生的方式,然而由于卦象的产生包含"在认识中创造"的含义,便与意象主义的"在理解中再现"对接上了。这是一个人与自然、主观与客观沟通联系的文化密码。庞德也认为"意象是一刹那间思想和感情的复合体"②,也就是说,意象是一个将主观认知与情感寓于客观形象的中介物,将表示内在的抽象心意的"意"与表示外在的具体物象的"象"结合在一起。那么在具体的纹样设计中,需要作为主体的人的想象力和概括力对作为客体的实际生活材料进行处理和加工,或者说"甲事物暗示了乙事物,但甲事物本身作为一种表现手段,也要求给予充分的注意"③。张道一先生则直白地将其解释为"借具体的事物,以其外形的特点和性质,表示某种抽象的概念和思想感情"④。

江南水乡地区的包头与绣鞋上常采用牡丹、梅花、荷花、小花等造型写实却又概括、变形的刺绣纹样,人们甚至在作腰两侧的裥上绣部分以几何线条表现花卉,或者在包头的拼角处以几何线条表现山水,这些纹样均具备"意象"的性质。

纹样对于服装精神寓意的表达比形制、色彩、工艺等其他因素要直接得多。江南水乡民间服饰中的纹样亦是如此。一个纹样就是一个包含着某种固定寓意的符号。由于精神属性的表达也是民间服饰的重要组成部分,所以服装上的纹样形态与表现方式也是常态化及普遍存在的。另外,由于纹样符号的精神属性与物象之间几乎是对应、固定的关系,所以人们一看到某种纹样,就知道其象征什么含义,表明了服装纹样具有可概括的意象性的同时,还具有明确的直接的指向性。

3. 从构思的角度看

第一,意在笔先。

"意"在大多数情况下都是"吉祥如意"。这是我国传统社会的基本理想表达,江南水乡也不例外。当地人民同样将福、禄、寿作为最主要的理想诉求,通过服饰纹样进行表达。吉祥如意的"意"已经积淀成一种集体意识,并植根于每一个个体,所以这已成为人们的一种本能,一旦开启设计构思,便自行涌动而出。当地妇女进行刺绣时,似乎总是"胸有成竹",这里的"竹"就等于"意",故可将这种意在笔先的设计模式与流程概括为"意"→"物"→"意"的程序,即:构思在先,无需草图,先想后画,想到哪里,画到哪里,绣到哪里,装饰到哪里。

第二,无法而法。

艺术家们进行创作都讲究方法,而农妇们的设计构思往往少见方法,直抒胸臆,也许这就是专业与业余之间的区别。但是,淡化方法,削弱模式,这本身就是一种方法。郑绩云:"不可有法也,不可无法也,只可无有一定之法。"⑤这就是范式与即兴创作的矛盾在纹样绘制与绣制过程中的反映。江南水乡民间服饰的纹样要么依据"纸花样"刺绣而成,这种简单的描摹显然难以上升到"法"的层面;要么在此基础上随意配色,这也不是严格意义上的"法"。因此,无法而法成为江南水乡民间服饰中纹样构想的常见形态。相对而言,江南水乡

① [先秦]佚名:《周易》,《系辞传》,辽海出版社1998年版,第162页。
② [美]埃兹拉·庞德:《庞德诗选——比萨诗章》,漓江出版社1998年版,第222~223页。
③ [美]勒内·韦勒克、奥斯汀·沃伦:《文学理论》,生活·读书·新知三联书店1984年版,第204页。
④ 张道一:《张道一论民艺》,山东美术出版社2008年版,第247页。
⑤ [清]郑绩:《梦幻居画学简明》,《中国画论辑要》,江苏美术出版社1985年版,第114页。

地区存在的这种民艺创作显现出天高皇帝远式的松散与自由。

4. 从精神象征的角度看

吉祥纹样始终是我国近代民间染织纹样的基本主题。江南水乡民间服饰也是如此,都讲究"图必有意,意必吉祥",而且这些吉祥纹样总是用感性表现抽象,用物象体现义理,用表象显示本质,带有强烈的象征主义色彩。它们各自有着不同的寓意,能够折射出江南水乡地区的风土人情与生活感受,吉祥纹样所表征的符号语言主要体现在以下两个方面:

第一,吉祥纹样是表征人们美好生活愿望的符号。江南水乡民间服饰纹样大多以花卉作为基本形,其主题是表现美丽和富贵,比如牡丹与芙蓉被喻为富贵之花,常用的荷花、梅花与小花等也都具有十分美好的形态。从这些花卉题材中可以看出,无论是其色彩还是造型形态,都来源于生活和自然,作为符号的它们寓意着人们对美好生活的向往,也反映了民间的审美情趣。

第二,吉祥纹样是营造喜庆氛围并表达吉祥祝福的符号。江南水乡民间服饰纹样多以表现喜庆欢乐和祝福为主旨,基于长期农耕活动对自然界中各种动植物的认识,采用谐音和拟人等象征的手法来营造喜庆和吉祥的氛围,比如以"蝙蝠"喻"多福"、以"石榴"喻"多子"等。在江南水乡地区,传宗接代是结成男女姻缘的主要动机之一,妇女的家庭地位需待其生育出子嗣(尤其是男孩)之后才能确认。即使所生育的第一胎不是男孩,但若是生育出"多子",其中男孩的概率必然会增大。另外,香火的延续,即有人连绵不断祀奉祖先的工作也需要后代,尤其需要男性后代去完成,所以纹样中的"多子"就意味着"多福"。

第四章 稻作文化与服饰符号

一、稻作文化的符号编码

（一）符号编码

这里的符号编码是指人们利用生产与生活经验中的介质、规则、公式等对于民间服饰形制与制作技艺的集中表达，或者说种种服饰形制与制作技艺可以在各自的符号编码中找到相应的表达。

1. 介质

介质是指工艺、材料等组成服饰符号的基本元素。介质具有双重含义：一是它本身作为一种符号的基本元素，具有特定的文化信息。在江南水乡地区，其民间服饰的材料多使用当地生产的土织布，而这种以棉花为原料的织物承载着当地作为"稻棉区"的文化信息；另外，制作方式上多使用掼肩头、裥上绣等当地特色工艺，它们同样蕴含着稻作、农耕、节用等文化信息。二是介质可以负载并传播文化信息。"介质元素如果不在人的操控下是无序排列、纯自然状态体现"，也就是说，介质肯定是无序的，而符号肯定处于有序状态，即"按一定的规则排列与组合，是秩序感的体现"，是按照一定的物质属性与精神属性生成的，同时在编码的过程中还会融入情感、话语、思想、记忆等个人与集体意识。①

经过人们编排的介质仿佛是一个"格式塔"——"虽说由各种要素或成分组成，但它决不等于构成它的所有成分之和"。② 一个常用的比喻就是：有三根线条就可以组成一个三角形，也可以成为另一种散乱的状态，关键在于它们之间是否经过首尾相连的有序排列。这就是说，那些简单的元素经过秩序化后，形成了其原先散乱状态下所不具备的特征。相反，在无人控制的情况下，工艺、材料等介质的符号意义并不大。比如江南水乡民间服饰中最具特色的拼接工艺，如果不是人们的节约观使然，也不是人们的造物观使然，它们未必会形成，或者说很难达到现在的高度。只有一定的需求（包括物理的需求与心理的需求）与秩序，才能激发人们的创造力并组织实施，实现意义的生成。

2. 规则

在江南水乡地区，规则就是按照稻作文化的生产秩序和生产需要进行安排，从表面上

---

① 杨南鸥：《少数民族服饰符号与介质元素编码》，《国际人类学与民族学联合会第十六届世界大会民族服饰与文化遗产保护专题会议论文集》，艺术与设计出版有限公司 2009 年版，第 205 页。

② ［美］鲁道夫·阿恩海姆：《视觉思维》，光明日报出版社 1986 年版，第 3 页。

看,就是一位水乡妇女选取某种材料,按照某种样式,运用某种工艺,体现某种理念,进而制作服装的过程。虽然这是一个人的操作过程,但由于此过程中材料、技艺与理念的选择都依赖纵向传承而做出,所以隐喻了这是一个具有"集体意识"的过程,也就是一个符号编码的过程。在这个过程中,一系列复杂的基于稻作生产而产生的物质与精神需求被纯化、形式化,最终得到江南水乡民间服饰这个结果。比如基于水田劳作的特点,人们的下装采用裙子、裤子、卷膀三结合的套装:裤子较短,适用于进入水田,需要遮护小腿时,则以卷膀作为补充,同时裙子的两侧宽度通过褶裥得到保证,裤子的活动功能通过立裆深度得到保证,因此人们可以无障碍地完成弯腰、下蹲等插秧与耘稻时的常规动作。在这一系列选择和积累的过程,即人们选用、适应、修改、再选用的过程中,都依据稻作生产这一条规则进行。由于水稻的生产过程是按部就班的,人们通常只能听其自然,同时水稻的生产技术要求较为精细,因此人们对水稻生长的具体环节的关注,极易养成"精耕细作"的农耕形态,也极易养成稻作文化生产者不急不躁的平和心态。这种形态与心态折射到当地服装中,则呈现出相对敏感、纤细的面貌。

《周礼·考工记》中有"天有时,地有气,材有美,工有巧"①。稻作生产的季节、节令就是"天时"的反映,稻作生产的土壤、水利就是"地气"的反映,当地的土织布就是"材美"的反映,最终汇合成"工巧"即形成符合稻作生产条件、反映稻作生产需要的服饰形制与制作工艺。

3. 公式

恩斯特·卡西尔归纳出"人—利用符号—创造文化"②这一公式。由符号构筑起来的文化世界,并非是人们主观、偶然地创造出来的,"符号的发生、形成是人类物质实践长期发展的结果,是物质实践的结构功能和主体性在人精神上的内化和积淀"③。按照卡西尔的观点,一切人类的文化现象和精神活动,如语言、神话、艺术与科学,都是运用符号的方式来表达种种经验的。人们会把各种经验提取、作为符号,而符号一旦形成,即可统领、标识相应的文化内涵。服饰符号中的"能指"是指形制、色彩、材质、纹样及工艺等方面可用语言直观表述的品质、价值、功能用途等,这些元素具有物质和精神两方面的意义:首先它们由物质材料组成并受众多物质因素的限制,表现出某种使用功能意义的"物质形式",同时又是"浸透着情感的"表现出某种精神意义的"有意味的形式"。作为稻作生产的文化符号,江南水乡民间服饰的"有意味的形式"体现在哪里?有哪些"意味"?又有哪些"形式"?

我们以为形式可以与习俗相连,意味可以与习俗的内涵相连,而习俗的最终指向与稻作生产的规律有关:在时间上反映为农耕社会特有的靠天吃饭的时节、节令,在造物观念上反映为因稻作生产的精耕细作而形成的节用、敏感与细腻,在服装上反映为对稻作生产中劳作动作的适应性(如拼接工艺对服装上需要耐磨损部位的适应性)与防护性(如包头对人们在风吹日晒天气条件下的防护)。由此可见,稻作文化是江南水乡地区最有意味的形式,它紧紧围绕稻作生产的劳作方式和日常生活方式展开。除了服装这种物质意义与精神意义兼备的实用品之外,江南水乡地区还有山歌、宣卷等精神产品,服装、山歌、宣卷中均含有稻作文化的"意味"。同样,服饰符号中的"所指"是指服饰在穿用时被人们认可的性格、性别标识及

---

① [先秦]佚名:《周礼·考工记》,大连出版社1998年版,第260页。
② [德]恩斯特·卡西尔:《人论》,上海译文出版社1985年版,第34页。
③ 帖兰:《符号及人的本质意蕴》,《西安社会科学》2008年第4期。

信仰、嗜好表现等,折射出更多的精神象征寓意。

在江南水乡地区,"能指"与"所指"的共同基础是稻作生产,或者说稻作生产跨越了"能指"与"所指"的学术界限,既体现了服装的功能性、防护性等物质属性,又体现了服装的族徽、仪式、标识等精神属性。

在编码过程中,物质属性很容易被观测,而情感因素可能容易被忽视。苏珊·朗格认为人的生命形式与艺术形式具有同构性,在她的《艺术问题》一书中曾有这样的论述:"艺术品在本质上就是一种表现情感的形式,它们所表现的正是人类情感的本质。"①在稻作生产的过程中,人们累积了对于稻作生产的情感与感激,在其服装形态的表现中确实有物质的、生理的原因,但是这些原因被夸大了,甚至被仪式化了。归根到底,还有一种情感的原因在发挥作用。事实上,有些功能完全可以用另外的形式满足,我们在工艺研究与复原中也不止一次地发现了这一点,但当地稻作生产的习俗及其服饰的体现却始终如此。这表明情感因素也是一个重要的因素,至少与功能因素一起在江南水乡民间服饰的形成过程中发挥着作用。

同时,情感存在于人们的内心世界,是看不见摸不着的心理活动,它的表达肯定需要载体。艺术是"将情感转化成可见的或可听的形式,它是运用符号的方式将情感转变成诉诸人的知觉的东西"②。艺术品当然可以作为载体,而那些物质意义与精神意义兼备的实用品并非不能作为载体。按此理解,江南水乡民间服饰就是人们利用其可见的造型、色彩、图案、材质及工艺等构成元素来表达情感的一种艺术形式。此种内心情感主要表现为人们对美好生活的向往之情,表达着求美、求富、求子等吉祥幸福的象征意义。因为"在这里艺术和生活是密切结合着的"③,所以江南水乡民间服饰既是实用品又是艺术品,或者说是沾染了艺术气质的实用品。

于是,形制、色彩、纹样、材质及工艺等构成元素,这些原本相对独立的物质形态在稻作文化这只"手"的牵引下完成了组合与编码,交织成一个整体。由于"文化"在某种意义上是"人化",所以这个整体反映了一种自我认同的物化标识——江南水乡地区的人民在稻作生产的生活状态下,从逻辑上说他们一生只能穿一套服装,即八件套。这种统一的模式,或者说服装形制的趋同、单一,恰恰表明这些款式凝结了他们的遗传血统、习俗、信念与历史的积淀,也凝结了特定的气候、地理环境与劳作方式的适应性,概括地说,就是凝结了人的社会属性与自然属性,是其固定的社会角色的最佳选择。

也就是说,在稻作生产的规则下所进行的符号编码具有鲜明的地域性与独特性,由此得到的结果与不在此条规则下进行的编码完全不同。于是,我们不仅需要关注地域环境本身,更需要关注地域环境带给人们的生活状态与意义。既然存在稻作生产的地域环境与从事稻作生产的人们这个双重编码的现象,所以我们的解码也需要从这两个方面进行。首先,就服装的基本结构而言,通常意义解释的中国传统服饰为宽袖松身结构,但实际上此种服饰多供具有一定身份地位的人穿着,由服装的裁剪结构与放松量即可判断其不适宜体力劳动。在中国古代服装逐步发展完善的过程中,"非其人不得服其服"④的冠服制度是随着统治阶层

---

① [美]苏珊·朗格:《艺术问题》,中国社会科学出版社1983年版,第7页。
② 徐恒醇:《设计符号学》,清华大学出版社2008年版,第77页。
③ 郭沫若:《中国古代服饰研究·序》,上海书店出版社1997年版,第1页。
④ [南朝]范晔:《后汉书·舆服志》,大众文艺出版社1998年版,第761页。

的意愿而逐步确立的,这种宽大阔绰的服装形制可以说是其穿着阶层刻意而为的,因为这种不适宜体力劳动的服饰可以从外观上十分鲜明地将其使用者与劳动者区分开。从另一个层面来看,劳动者的身份决定了他们在日常生活中必须要劳作,宽袖松身的服装显然不适宜在劳作中穿着。劳动者对服装的基本要求就是实用,即穿着舒适、便于劳作、耐脏。在面临宽松与紧体服装的符号编码选择时,劳动阶层与非劳动阶层的集体意识都会导致针对性编码,而劳动阶层的符号编码过程的侧重点显然在于劳作的便利性。对于江南水乡地区,当地的劳作以水稻种植为主,因此符号编码的针对性更强更细致。将形制、结构、工艺、材料等介质,围绕稻作生产的规则和秩序,不断地进行排列组合,形成掼肩头、裉上绣等地方特色工艺。

掼肩头等拼接工艺完全是江南水乡地区的独创。事实上,除去布料宽度制约而采用的被动拼接以外,我国传统服装上主动拼接并不多见。春秋战国时期的深衣是一个例外,当它后来逐渐演化为袍时,原先的大部分接缝已经消失。我国近代民间服饰中,除了布幅原因产生的"找袖"之外,其他服装上的接缝同样很少。江南水乡民间服饰的符号编码是在稻作生产的规则下进行的,对于肩、肘、腹部等易磨损部位的考量是人们在实践中需要面对的现实问题。人们通过"拼接→磨损→替换"这一做法,解决了不打补丁进行修补的难题,达到了美观和实用双收的目的。另一方面,毋须讳言,人们在心理上非常乐意对社会上层服饰进行摹仿,或将其某些元素应用于自己的服饰中,比如将宫中的"凤头鞋"演化为民间的"鸡公鞋",这种变异甚至表现出劳动人民的某种机灵。还有,出于功能方面的动机,将上衣的大襟宽袖松身结构转化为大襟窄袖适体结构,因此只能省略满绣,而此时拼接形成的线条与面的形式就成为满绣的替代品,这是我国近代民间服饰的固有元素在江南水乡地区的另一个重新编码。个中差异,从历史上看,是官民之差的延续;从现实上看,又是城乡之别的反映。

就服装的裉上绣等刺绣纹样而言,因为我国传统服装都是平面体,加上彩印技术不甚发达,所以刺绣成为装饰服装的最好途径。在江南水乡地区,人们的主要时间都是在劳作,清代徐珂《清稗类钞·风俗类》中载苏乡妇女之俭勤:"世以苏俗为奢情,实仅指市言之耳。若其四乡,则甚俭且勤,妇女皆天足,从事田耕地,亲男子力作……凡男子所有事,皆优为之。"[1]另外,《唯亭杂咏四首》中多处有"村庄织妇""机女辛勤"等描述。[2] 这些足以证明江南水乡妇女的劳动量之大。大部分时间都在劳作的江南水乡妇女,其服饰上的刺绣纹样不可能十分精致,一是没有足够的时间进行刺绣,二是没有多少适宜穿着的场合。但她们仍然追求美,于是,她们服饰上的刺绣纹样呈现出简洁抽象、色彩鲜艳、绣法简单、图案质朴的特征。同时,她们充分发挥聪明才智,与当地的其他制作工艺密切配合,发展成在褶裥上施绣或边纳边绣等做法。也就是说,在服装符号编码的过程中,对装饰成分的形式与记忆组合进行调整,使相关制作工艺得以美化、简化,在使纹样抽象化的同时,使纹样制作工艺的门槛降低,从而更加适应江南水乡妇女在田间劳作中投入时间长且强度大的特点。

同时,江南水乡民间服饰上丰富多彩的装饰工艺,表明穿着者不只是劳动者,他们不仅有物质追求,更加有精神追求;他们也是自己所界定的幸福生活标准下的享受者。

---

① [清]徐珂:《清稗类钞·风俗类》,中华书局 1984 年版,第 2202 页。
② [清]周宾:《唯亭杂咏四首》,《元和唯亭志》,方志出版社 2011 年版,第 3 页。

(二) 稻作生产

水稻是我国农业生产的主要粮食作物之一。从历史上看,截至 2010 年,已发现长江中下游地区的稻作生产遗址 123 处,其年代距今四千年至一万年;已知黄河流域地区的稻作生产遗址 20 处,其年代距今四千年至七千年。[①] 经过长期发展,我国水稻种植技术已十分成熟,产量高,分布也很广泛(表 4-1)。

表 4-1　我国水稻种植情况

稻作区划分	地理位置	亚区划分	生长季降水量	土壤	气候
华南双季稻稻作区	位于南岭以南,包括闽、粤、滇三个省和桂一个自治区的南部及台湾省、海南省和南海诸岛全部	闽粤桂台平原丘陵双季稻亚区	1000~2000 毫米	多为红壤和黄壤。琼中山地梯田、坑田较多,土壤缺钾少磷	南亚热带和边缘热带的湿热季风气候
		滇南河谷盆地单季稻亚区	700~1600 毫米		热带、亚热带温暖季风气候
		琼雷台地平原双季稻多熟亚区	800~1600 毫米		边缘热带气候
华中双单季稻稻作区	北邻秦岭、淮河,包括苏、沪、浙、皖、赣、湘、鄂、川八个省/市的全部或大部分及陕、豫两省的南部	长江中下游平原双单季稻亚区	700~1300 毫米	平原地区多为冲积土、沉积土和鳝血土,丘陵山地多为红壤、黄壤和棕壤	日照条件好,日照时间 1300~1500 小时
		川陕盆地单季稻两熟亚区	800~1600 毫米		日照时间 700~1000 小时
		江南丘陵平原双季稻亚区	900~1500 毫米	黄泥土为主	气候温暖,日照时间 1200~1400 小时
西南高原单双季稻稻作区	地处云贵高原和青藏高原,包括湘、黔、滇、川、青五个省和藏、桂两个自治区的部分和大部分	黔东湘西高原山地单双季稻亚区	800~1100 毫米	红壤、红棕壤、黄壤和黄棕壤等	中亚热带温湿季风高原气候,日照时间 800~1100 小时
		滇川高原岭谷单季稻两熟亚区	530~1000 毫米		西北部属于寒带型气候,东部属于温带型气候,南部属于亚热带型气候
		青藏高寒河谷单季稻亚区			
华北单季稻稻作区	位于秦岭、淮河以北,包括京、津、鲁、冀、豫、晋、陕、苏、皖九个省/市的全部和部分	华北北部平原中早熟亚区	580~630 毫米	多为肥沃、深厚的黑泥土、草甸土、棕壤及盐碱土	年日照时间 2400~3000 小时
		黄淮平原丘陵中晚熟亚区	600~1000 毫米		温带半湿润季风气候,日照时间 2000~2600 小时
东北早熟单季稻稻作区	位于辽东半岛和长城以北,包括黑、吉的全部,辽的大部分及内蒙古自治区的大兴安岭地区和西辽河灌区	黑吉平原河谷特早熟亚区	400~1000 毫米		昼夜温差大,日照时间 2200~3100 小时
		辽河沿海平原早熟亚区	350~1100 毫米		日照时间 1010~1270 小时

[①] 游修龄、曾雄生:《中国稻作文化史》,上海人民出版社 2010 年版,第 431 页。

稻作区划分	地理位置	亚区划分	生长季降水量	土壤	气候
西北干燥区单季稻稻作区	位于大兴安岭以西,长城、祁连山与青藏高原以北,包括新、宁的全部,甘、蒙、晋的大部分,青、陕、冀、辽的大部分	北疆盆地早熟亚区	150～220毫米,靠高山冰雪融化灌溉	多为灰漠土、草甸土、粉沙土、灌淤土及盐碱土	属于温带大陆性干旱、半干旱气候,日照时间2600～3300小时
		南疆盆地中熟亚区	仅50毫米左右,引用河水或泉水灌溉		属于暖温带大陆性干旱气候,日照时间2800～3300小时
		甘宁晋蒙高原早中熟亚区	200～600毫米		日照时间2500～3400小时

如表4-1所示,根据水稻种植区域的自然生态因素与社会、经济、技术条件,可将我国划分为六个稻作区和十六个亚区。南方三个稻作区的水稻播种面积占全国播种面积的93.6%,具有明显的地域性差异,又可分为九个亚区;北方三个稻作区的水稻播种面积仅占全国播种面积的6%左右,但稻作区的跨度很大,包括七个明显不同的亚区。江南水乡地区属于"华中双单季稻稻作区"中的"江南丘陵平原双季稻亚区",具有优越的水土自然条件,其总产量与亩产量均居全国前列,其碾米、贮藏与酿酒的技艺也比较高超,是我国十分重要的粮食产区。

江南水乡地区的水稻种植历史十分悠久,著名的唯亭草鞋山遗址(图4-1、图4-2)就是证明。草鞋山遗址属于唯亭,紧邻胜浦,其中心范围为两座人工堆积的土山,草鞋山是其中的一座(另一座为夷陵山),现为高约两米的坡地。"遗址含两土墩及土墩四周,东西长约260米,南北宽约170米,面积为44 000平方米""草鞋山遗址的文化堆积厚达11米,可分10层……从地层叠压关系可以看出草鞋山遗址各层分属不同的文化时期",其中包括"春秋时代的吴越文化"[1]。

图4-1　唯亭草鞋山遗址

图4-2　江苏省人民政府立文物保护单位

---

[1] 谷建祥:《草鞋山遗址与中国早期稻作文化》,《吴地文化一万年》,中华书局1994年版,第26页。

草鞋山遗址在20世纪70至90年代初期经过多次考古发掘,在黏土地带发现的遗迹包括水田、水沟、水塘、灰坑、蓄水井等,"同时在草鞋山遗址各地层中都发现水稻植物蛋白石,据对水稻叶片机动细胞植物蛋白石的形状判别结果,与DNA分析结果一致,即是粳型稻"。[①] 另外,"草鞋山遗址的最下层(第10层)土块中夹有碳化稻谷粒,经江苏省农业科学院鉴定,除籼稻外,还有粳稻,是我国发现的最早的人工栽培水稻之一"。[②] 这些考古发掘证明了以唯亭、胜浦为中心的江南水乡地区稻作生产的悠久历史和卓越成就。

江南水乡地区具有稻作生产的优越条件。首先,这里属于江南地区内部最低洼的区域,十分有利于水稻的种植,而在圩上栽桑既有利于土地资源的充分利用,无形中也起到了防止水土流失的作用。[③] 其次,从气候条件来看,江南一带属北亚热带季风性湿润气候,特征为四季分明、日光充足、降水充沛、无霜期长,十分适合水稻种植。当然,最主要的有利条件还是这里良好的土壤资源。如胜浦全境面积为35.8平方千米,其中陆地面积占86.5%、水域面积占13.5%,其土壤类型属于"水稻土类"中的"潴育型水稻土"亚类,表土疏松,耕作层厚度适中,具有比较丰富的有机质,十分适合水稻种植(表4-2)。因此,江南水乡地区的稻作生产十分普及,与费孝通先生的考察记录完全一致:"90%以上的土地都用于种植水稻,占总户数约76%的人家都以农业为主要职业。"[④]

自新中国成立实施第一个五年计划以来,江南水乡地区依然把水稻作为主要粮食作物。以唯亭为例:自1957年至1995年,水稻种植面积始终保持在3万亩以上,水稻总产量占粮食总产量的比例始终保持在80%以上;自20世纪70年代以来,水稻亩产一直稳定在400千克以上(除1985年因自然灾害欠收之外),甚至在1995年突破了亩产500千克,位居全国领先行列。

表4-2　胜浦地区土壤分类表[⑤]

土类	亚类	土种	面积(亩)	占稻作面积比(%)	分布地区
水稻土类	潴育型	黄松土	270	0.72	查巷村
		壤质黄泥土	20 729.1	55.45	除许望村外各村均有
			2 240	5.99	金家、赵巷、龙潭、三家、宋巷、杨家、褚巷
		夹沙壤质黄泥土	9 883.4	26.44	南巷、江圩、金家、北里、前戴、刁巷、查巷、吴巷、邓巷、赵巷、龙潭、宋巷、方前、大港、南盛、许望
	水稻土	沙底壤质黄泥土	2 471.5	6.61	江圩、金家、查巷、吴巷、邓巷(主要是沿吴淞江一带,其他地区也有零星分布)

---

① 游修龄、曾雄生:《中国稻作文化史》,上海人民出版社2010年版,第40页。
② 谷建祥:《草鞋山遗址与中国早期稻作文化》,《吴地文化一万年》,中华书局1994年版,第27页。
③ 黄崇智:《长江三角洲小农家庭与乡村发展》,中华书局1992年版,第22~25页。
④ 费孝通:《江村经济——中国农民的生活》,商务印书馆2001年版,第31页。
⑤ 吴兵、马觐伯:《胜浦镇志》,方志出版社2001年版,第71页。

土类	亚类	土种	面积(亩)	占稻作面积比(%)	分布地区
水稻土类	水稻土	灰底壤质黄泥土	1 607	4.31	南巷、江圩、金家、北里、旺坊、赵巷(离村较远,河网少,地下水位高)
	青泥土	青泥土	181	0.48	陈家村(沼泽滩)

　　勤劳智慧的江南水乡劳动人民利用当地河汊纵横、土壤肥沃、四季分明的自然条件开展农业劳动,取得了稻作生产的丰硕成果与丰富经验。

　　南宋陈敷所著的《农书》从播种时间、土壤选择、合理施肥等多个角度记录了江南水稻种植的技巧。《沈氏农书》除了载有明清时期江南农民追肥的不同方法,还详细记录了"草塘泥"(一种由当地农民创造的,用河泥和水草制作的肥料)的使用细节:"捻泥之地经雨,土烂如腐,嫩根不行,老根必露。纵有肥壅,亦不全盛……。"①因此,宋、明、清时期,浙北、苏南地区的水稻产量一直较其他地区高。北宋至南宋时期,浙北、苏南的水稻平均亩产约2.5石(1石约为60千克),其他地区只有1.5石;明时期,浙北、苏南为2~3石,其他地区为1.5石;清代有所下降,浙北、苏南为2石,其他地区为1.5石。② 这说明了在宋、明时期,江南一带已是全国的水稻高产稳产区,所以唐寅留下了"四百万粮充岁办,供输何处似吴民"③的佳句(图4-3、图4-4)。

图4-3　丰收的稻谷——胜浦镇镇湖村

图4-4　丰收的稻谷——胜浦镇尖田村

　　众所周知,水稻生产是一种精细农业,其种植环节较为复杂,笼统地说,包括育秧、拔秧、莳秧(即插秧)、耘稻、糊稻、割稻(割完后并不立即收起,而是放在田里自然晒干,故与收稻是两个环节)、收稻、脱粒、扬谷等(图4-5、图4-6)。在此过程中,还穿插着浸种、除虫、拔草、施肥等环节。"在稻作农业中,整地环节多由男人承担,但在拔秧、插秧等环节中则需要妇女来参与"④,《全宋诗》中的《插田诗》亦有"邱嫂拔秧哥去耕"⑤的描写。

① [明]马一龙:《沈氏农书》,《运田地法》,商务印书馆1936年版,第13页。
② 闵宗殿:《宋明清时期太湖地区水稻亩产量的探讨》,《中国农史》1984年第3期。
③ [明]唐寅:《唐伯虎全集》,中国美术学院出版社2002年版,第54页。
④ 游修龄、曾雄生:《中国稻作文化史》,上海人民出版社2010年版,第261页。
⑤ [宋]邵定翁:《插田诗》,《全宋诗》,北京大学出版社1991年版,第43306页。

图 4-5　莳秧　　　　　　　　　　　　　图 4-6　割稻

　　江南水乡地区亦是如此，"秧田……然后撒种，拆甲如针，谓之秧已灰，盖之以粪洒之，长五六寸。用妇女拔之，谓之拔秧"①，看来拔秧这道工序是妇女们的专利。当地农民给出的理由是，男人腰硬，女人腰软，所以妇女们更适合从事拔秧、莳秧的劳作，而且是由妇女们独立完成的环节。《莳秧歌》中唱到"莳秧要唱莳秧歌，手拿秧把莳六棵，横里竖里一条线，五寸见方差勿多"②，赞美了秧嫂们高超而熟练的技巧。耘稻、耥稻、收稻、拔草等是男女皆参与的环节，所以"耘稻要唱耘稻歌，两腿弯曲田里拖。眼看六棵棵里白，玉手弯弯耘六棵"③。这里的"玉手"说明了是妇女在田里耘稻。有一位当地农民的日记被公开，其中多处述及妇女所参与的稻作生产环节，如"1964 年 7 月 3 日，令男女按原分好的三个组耘稻"，又如"1964年 7 月 18 日……二个妇女组包的基本耘完了"，再如"1964 年 7 月 31 日，水稻里今年的稗草特别多，妇女们通拔了一遍"。④ 此日记的相关内容说明了妇女们在一个月内至少参加或独立完成了耥稻、耘稻与拔草三项劳作。由此可见，妇女一般不参与整地与施肥，它们很可能是完全由男子承担的。

　　因此，江南水乡民间服饰与当地稻作生产之间建立起一种对应关系，每种服饰的功能都能在稻作生产的特点中找到缘由，而稻作生产的相关需求亦总能从服装形制与结构中得到满足。一个典型而强大的例证是，"文革"期间曾把江南水乡民间服饰当作"破四旧"的对象，但人们下田劳作时必须换上作裙、作腰与拼裆裤，就像工人上班须穿工作服一样，说明它们具备难以替代的功能性。

　　总之，由广大水乡妇女所参与的稻作生产劳动在某种程度上决定了她们的物质生活与精神面貌，也决定了她们生活与创造的主要内容。正如卡西尔说过："正是这种劳作，正是这种人类活动的体系，规定和划定了'人性'的圆周。语言、神话、宗教、艺术、科学、历史，都是

---

① ［清］周郁滨：《珠里小志·风俗》，上海社会科学院出版社 2005 年版，第 21 页。
② 吴兵、马觐伯：《胜浦镇志》，方志出版社 2001 年版，第 243 页。
③ 沈及：《唯亭镇志》，方志出版社 2001 年版，第 322 页。
④ 阿雪：《一个农民的四十载日记（9）》，《娄江》2012 年第 4 期。

这个圆的组成部分和各个扇面。"①显然,江南水乡民间服饰就是其中的一个扇面。

二、仪式符号

当人们的生产力与认知能力处于较低水平时,若遇到难以掌控和难以解决的问题,总是希望获得神秘的超自然力量的帮助,这也许就是宗教信仰发端的动机。历史上的江南水乡地区亦是如此。当地众多民众趋向于用寄托信仰的方式来增加自己的安全感,以期趋福避祸。佛教、道教、基督教与天主教在江南水乡地区均有存在,②"庵观寺庙较多,封建宗法思想较浓"③。有意思的是,江南水乡地区的农民对于他们的劳动对象——水稻,亦是情有独钟,高度抬爱。对于水稻的生长环节,水稻的加工产品,都产生了一些神圣化的做法,赋予其神圣化的内涵,形成了一些不是宗教而类似宗教的仪式典礼。对此,墨菲提出了一个很有意思的问题:"那么,又是什么使某些东西成为神圣的而另一些东西成为凡俗的?"④

第一,神圣的事物看上去也许与凡俗的事物差不多,但是具有其他事物所没有的附着于其上的敬畏。水稻是江南水乡地区特有的一种平凡之物(每日必需的食物),又具备附有意义之物的内在属性:稻米可以充饥,而因此被当地人民视作生命延续的符号。在较低的生活水平下,有了食物就有了一切,所以人们自然而然地将精神意义附属于食物。也就是说,将美好的神圣的情感寄托于美好的神圣的事物,是一种原始而质朴的情对物的"模仿"模式,也是我国民间礼俗的一种常态。

第二,某个人类群体与某个物种之间建立起某种特殊关系,这个物种(通常是自然界的动物或植物)便被作为这个人类群体的图腾。⑤ 在原始社会的信仰中,这是极其常见的现象。在长期的生产劳动中,人类种群与某种动植物之间的依赖和特殊关系建立起来并长期保持,人们便主观认定给他们带来收获即幸运的某种动植物是"他的亲属",即图腾。在江南水乡地区,作为劳动对象的水稻就是人们的生产与生活中关系最密切之物,人们的收获和幸福与此密切相关,人们的生命和命运与此密切相关,因此人们认定水稻能承载某些精神寄托,所以此地"发生了许多媚求植物精灵的风俗"⑥,这不奇怪。

第三,对稻米的尊崇不仅出自祈祷丰年的动机,同时也是人们心智与社会发展的需要。在将稻谷拟人化的过程中,人们把如生日之类的自身特性投射到植物精灵身上,也赋予水稻"生日",同时巧妙地将这种植物的生日与农事的节令相结合,使这些时间成为集精神崇拜、农时安排、技术选择于一体且决定统一行为的时间节点。在这些时间节点,人们被调动起来统一进行某种物质生产或精神活动。人们还发现这样做能够获得更好的收成(即利益),于是他们对于水稻的精神寄托与心灵感应被放大,于是社会性的集体意识被加强。"靠天吃

---

① [德]恩斯特·卡西尔:《人论》,上海译文出版社 1985 年版,第 87 页。
② 沈及:《唯亭镇志》,方志出版社 2001 年版,第 388~390 页。
③ 吴兵、马觐伯:《胜浦镇志》,方志出版社 2001 年版,第 321 页。
④ [美]罗伯特·F.墨菲:《文化与社会人类学引论》,商务印书馆 2009 年版,第 217 页。
⑤ [英]拉德克利夫·布朗:《原始社会的结构与功能》,中国社会科学出版社 2009 年版,第 112 页。
⑥ 林惠祥:《文化人类学》,商务印书馆 2011 年版,第 231 页。

饭"（所以需要敬祀）的观念也在这里得到了非常充分的发挥。在这个过程中，关于稻图腾的一切活动已经不是关于稻作生产劳动实际经验的直接复制，而是添加了被人类智力和心灵活动（按照苏珊·朗格的说法，人的活动就是"智力的活动"）投射过的新层面，并不断累积而形成集体无意识。

于是，水稻、稻谷与稻米引发了个人的神圣感情与集体的程式化活动，形成了一整套固定时间节点的固定姿态与仪礼，具体又分节令式与仪礼式两种类型。

（一）节令式

农业文明最显著的特点就是靠天吃饭，这一观点早在先秦时期就已存在："凡农之道，厚（候）之为宝""是故得时之稼兴，失时之稼约"①，另有"日回而月周，时不与人游。故圣人不贵尺璧而重光阴，时难得而易失也"②。看似随性随意，实则严谨地按照土壤、天时、作物脾性的客观规律，制定农人的"工作日程"。

天时是首要因素。江南水乡地区四季分明，正所谓"春耕夏耘，秋收冬藏，四者不失时"③。具体而言，春季为"立春至谷雨，一般在 2 月初至 4 月底，天气温和、气候宜人，降水由雪转雨"；夏季为"立夏至处暑，一般在 5 月初至 8 月下旬。初夏有一段集中降水期，称'梅雨'季节。盛吹东南风，高温多雨，天气闷热，但酷暑的日数不多"；秋季为"白露至霜降，一般9 月上旬至 10 月下旬。秋高气爽，季末乍寒还暖，俗称'十月小阳春'"；冬季为"立冬至大寒，一般为 11 月至次年 1 月底。多西北风，初冬常受北方强冷空气影响，气温骤降，寒冷少雨，出现霜降"。④ 这样四季分明的气候特征是形成固定节令的自然基础。

水稻的生长周期是仅次于天时的次要因素。当地的水稻生长周期大约一百二十天，一年两熟制，农人有一系列的农事需要处理，几乎是从年初忙到年末。正如当地谚语所说，"一道耘、二道刮、三道刮田毛，四道赶青蛙""五黄六月勿做工，九冬十月喝西风；五黄六月站一站，九冬腊月缺餐饭"。⑤ 从中可以看出，水稻生长周期中每个环节的变化都会导致农事内容的不同。

同时，由气候条件与植物生长自然规律所决定的节令是赶早不赶晚的。笔者采集的江南水乡民谚有："早稻插日，晚稻插刻""芒种插秧天赶天，夏至插秧时赶时""早插插稻，晚插插草"。《天工开物》载："秧生三十日，即拔起分载。"⑥ 另外，时间金贵，比如不能因为下雨而停止插秧，即"插秧不躲雨"⑦。相反，若误了农事，则损失难以弥补，时时体会到"天时人事日相催"的紧迫感。节令是确定稻作仪式符号的主要依据，或者说举行仪式的时间往往设在农业生产时令变化的节骨眼上。稻作节令的性质又分两种。

1. 祈福型祭祀

祈福型祭祀是指以稻米和稻谷作为神圣陈物（神灵）膜拜，以祈求丰收与美好生活的相关仪式，包括"谷日""稻花生日""稻生日""稻灯会""画米囤""万年粮米"。

---

① ［先秦］吕不韦：《吕氏春秋》，《审时》，上海书店出版社 1992 年版，第 337 页。
② ［汉］刘安：《淮南子》，《原道训》，北京燕山出版社 1995 年版，第 10 页。
③ ［先秦］荀况：《荀子》，《王制》，时代文艺出版报社 2008 年版，第 67 页。
④ 吴兵、马觐伯：《胜浦镇志》，方志出版社 2001 年版，第 72 页。
⑤ 姜彬：《稻作文化与江南民俗》，上海文艺出版社 1996 年版，第 452 页。
⑥ ［明］宋应星：《天工开物》，广东人民出版社 1976 年版，第 13 页。
⑦ 游修龄、曾雄生：《中国稻作文化史》，上海人民出版社 2010 年版，第 260 页。

其中"俗以正月初八为谷日,晴则谷不秕",民俗亦称此日为谷生日;其中"二月十二为稻花生日,以红纸吉符贴于装稻种的瓮、缸等盖上,祈盼稻花繁盛,结实率高";其中"八月二十四为'稻生日'。喜晴忌雨。吴俗是日各家祭祀,以祈丰收";其中"每年稻谷成熟之际,扎制各式花灯,锣鼓喧天,成群结队游于田垄间,以示喜庆,俗称'稻灯会'";再至"除夕之夜,以石灰画米囤于场,或象戟、元宝之形,祈年禳灾,谓之'画米囤'";同时"除夕预淘(沟)数日炊用之米,于新年可支许时,供案头,名曰'万年粮米'"。① 类似情况还有在结婚或做寿时,家中要供奉一个"万粮斗",即在一个斗中装满稻米,意味着丰收与富贵(图4-7)。

图4-7 寿筵上的"万粮斗"

另外,在《元和唯亭志》的"四时之俗"中有"人日"(正月初七)、"谷日"(正月初八)之时"占水旱"与"看参星"的记录。② 即在这些日子里,通过观测参星以卜旱涝,是与中秋、冬至等并列的十八个民俗节日之一。由于有"谷日"天晴则丰收、天阴则歉收的说法,所以人们需要膜拜写着"稻谷"名称的牌位,争取旱涝保收,这显然具有祈福的意味。《吴郡甫里志》中亦有"四时之俗"之说,内容也是"人日""谷日""占水旱""看参星"。③ 彼此相互印证,且说明此俗由来已久且普遍遵循。

《礼记·郊特牲》中有"万物本乎天……郊之祭也,大报本返始也"④,意思是人们要感受天地的化育之恩,感激来自自然的馈赠。《礼记·礼运》中有"故人者,天地之心也"⑤,证明了人具备祭祀的资格。《礼记》更具体地规定了"祈谷""祈来年"等相对固定的举行农事祭祀活动的时间,这与传统农业社会中的春祈、秋报、求雨、禳灾等占卜式祭祀仪礼完全一致。江南水乡地区的"四时之俗"是这一系列农事礼俗的后续遗存(图4-8)。

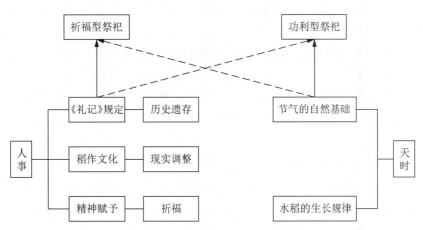

图4-8 稻作文化祭祀类型示意

① 杨晓东:《灿烂的吴地稻文化》,《吴地文化一万年》,中华书局1994年版,第313~314页。
② [清]沈藻采:《元和唯亭志》,方志出版社2011年版,第38页。
③ [清]彭方周:《吴郡甫里志》,清乾隆三十年刻本影印本,第32页。
④ [汉]戴德:《礼记》,《郊特牲》,大连出版社1998年版,第209页。
⑤ [汉]戴德:《礼记》,《礼运》,大连出版社1998年版,第182页。

"因天时，制人事"①是形成稻作文化仪式节令的根本。"天时"所包含的第一个层面是季节与节气，这是纯粹的自然因素（节气是由人根据自然因素确定的）；第二个层面是水稻作物的生长周期与生长规律，这属于客观世界的范畴，是江南水乡人民确立稻作文化仪式节令的时间基础。"人事"则建立在前述的时间基础之上，换一种说法就是江南水乡人民对天时做了某些调整。首先，江南水乡人民沿用《礼记》中关于"月令"与"祈谷"的若干规定，但结合当地的生产周期，更加具体化；其次，对于具有普遍指导意义而类似于补充历法的节气，江南水乡人民结合水稻的生长特点，增补了一部分，也强化或弱化了其中的一部分。这样，就把当地人民的精神意志融合进去了。人的认识、经验与情感的介入，使原本机械的自然轮回有了温度，有了灵性。

　　在江南水乡地区，"天时"与"人事"不可被割裂。"天时"更多地倾向于客观世界，更多地作为"功利型祭祀"的形成基础；"人事"则更多地倾向于主观世界，更多地被认为是"祈祷型祭祀"的形成基础。但这些对应关系又是彼此交叉的，比如基于稻作生产进行的若干调整与增删，谁能将其中的主观动机与客观条件分清楚？无论是哪种类型的祭祀活动，谁又能将其中的生产性因素与祈福性因素分清楚？从表面上看，增产增收就是一个简单直白的动机，但这个动机的完成需要多重元素倾注其中。所以，董仲舒认为："天、地、人，万物之本也。天生之，地养之，人成之。天生之以孝悌，地养之以衣食，人成之以礼乐，三者相为手足，合以成体，不可以无也。"②。如此看来，天地自然的运行与人类社会的秩序、教化、仪礼相契合。食物的获取不仅是个人问题，而且是社会问题；不仅是技术问题，还是哲学命题——天、地、人的异质同构问题，所以所敬者唯水、唯天、唯稻，所以"因天时，制人事"，所以"谷日""稻生日"等稻图腾的形成是传统农业世界观的集中反映。另外，江南水乡地区的民俗文化是在一个相对封闭的地域环境中孕育起来的，其文化脉络清晰而连贯。在这个连绵不断的过程中，可以看到当地民俗文化传递途径的畅通，也可以看到由于当地民俗文化相对保守的性格，传递的内容不会轻易改变。因此，自然植物崇拜、图腾崇拜等原始信仰能够长期留存。同时，这一切又是在农业经济和宗法社会中发生的，与生俱来地带有现世生活的高度务实精神，那些精神信仰总是在人世间的日常生活与劳作中渗透出来。表面上，这一切似乎仅是现世的农耕劳作与日常生活行为，但实际上又与宗法伦理相通。当地的民间服饰亦是如此，它是极其平凡的日常生活与劳作用品，却也是沟通"天道""天理"等伦理秩序与古典美学的精神食粮。

　　2. 功利型祭祀

　　功利型祭祀是指直白地含有增产的目的且其中一部分确实能起到增产作用的相关活动，包括"开秧门""封秧门""抬猛将""斋青苗""加田财""照田财""兜田财"。

　　在开春莳秧第一天，要放鞭炮、祭土地，即"开秧门"。莳秧最后一天"封秧门"，要请伴工酒。至农历三月十二与七月十二"抬猛将"（传说"猛将"或称"刘猛将"是治蝗的神道），游于田陇间，田里遍插彩纸旗，以示驱虫。八月稻田多虫害，要"斋青苗"。每年农历正月初四，江南水乡一带的农民在自家田角垒泥一块，谓请田神破土，称为"加田财"；正月十三，挑爆竹于竿顶点燃，称为"照田财"；正月十五，以香烛、糯团祭田神，孩童在田间拣些稻根装于袋内，称

---

① ［汉］蔡邕：《月令篇名》，《全上古三代秦汉三国六朝文》，中华书局1965年版，第903页。
② ［汉］董仲舒：《春秋繁露》，上海古籍出版社1989年版，第37页。

为"兜田财"。

上述稻作礼俗都是从稻作生产的习惯中直接分化出来的,它们与生产息息相关,具有一定的经验性,也有一定的科学性。有些稻作礼俗看似随意,实则暗含科学道理。如约定俗成的插秧规矩:秧把上的稻草不能乱丢,剩下的秧苗要插在田角……乍一看,似乎与生产和生活毫无联系,但分析一下它们的实际效用,都有利于水稻生产。这些生产礼俗进一步发展,就形成了一些别具一格的地方性节日,如农历八月二十四"稻生日"、农历九月十三"稻箩生日"等。这些习惯、礼俗、节日都是随着江南水乡稻作生产的客观需要而发生和发展的,所谓"顺阴阳,奉四时",都是农家生活的重要组成部分,也是人们共同认知的反映和共同经验的分享。为了使这些共同认知更加具有权威性,更加令人信服,成为农人普遍遵循的生产准则,人们在这些时间节点的确立中增加了神圣因素,使生产时间与仪式时间合二为一,升华为节令,大大加强了劳作时间的权威性与统一性。因此,对稻作生产礼俗的传承也是稻作生产经验的传承,是江南水乡地区特有地域文化的具象形式。

这一系列"稻生日"式的节庆,有的本身就是水稻生产的作业流程,比如"抬猛将"与"斋青苗";有的是在常规作业之上加了一些包含精神因素的做法。它们既是浓缩着祖辈经验与科学常理的稻作生产时间表,也表明了江南水乡地区的人民对稻作生产的深厚感情与依赖。这种感情部分地具有图腾的意思,因为在这里,水稻不仅是人们生产劳动的对象,还是人们寄托精神愿景的对象。同时,将水稻赋予原本只属于人类的生日这一特质,说明在这里,人与物之间、人与灵之间已经发生"合二为一"的现象,这也符合图腾的定义,实现了"从符号到意义、从巫术状态到正常状态、从超自然的现象到社会现象之间的转换"[1],使节令的整个节庆过程神圣化,形成了江南水乡地区的稻图腾。

节令的背后还暗藏着农业文明对季节的高度敏感。服装的换季,即四季分明的换装及时与否,不仅是对气候的适应,更是对时节更替的"应季"。如卷膀的长与短,对应的是冬季与夏季;上衣分单、夹,单为衫,夹为袄,对应的是夏季与春秋季;到了冬季,则有中间填有棉絮的棉袄。

进一步说,在四季更替的过程中,江南水乡民间服饰呈现出不同的面貌。由于天气的冷暖变化,传统服饰往往使用不同质地的布料制作。温度变化不大的春、秋两季,使用的布料基本类似;而在炎热的夏天,对布料的透气性与吸湿性的需求较高,除了使用棉布,还使用苎麻制作的更为凉爽的夏布;至数九寒冬,服装相应地增厚,制作拼接衫时会选择厚实的土织布,或填充棉絮做成棉袄,卷膀、包头等使用双层棉布。除此之外,服饰形制上的巧妙构思也为人们在不同季节的稻作生产提供方便。如作裙上的褶裥设计,在增加布料厚度的同时,也增加了硬挺度,冬季可以防风、御寒、保暖,收获时可用于兜物。到了夏季,夏布作裙不仅美观大方、轻便凉爽,而且防止皮肤暴晒于烈日之下,也避免被稻叶划破;另外,如在田间劳作时偶遇阵雨,还可将其顶在头上,当作临时的雨具使用。也就是说,在长期的农业生产活动中,形成了根据不同季节、不同的稻作生产劳动而需要穿着的不同服饰,因而形成了江南水乡民间服饰的季节特殊性——对应四季农时变化而形成的夏装、冬装、春秋装的变化与特征。

---

① [美]P.R.桑迪:《神圣的饥饿》,中央编译出版社 2004 年版,第 207 页。

(二) 仪礼式

与稻作生产相关的仪礼活动贯穿着江南水乡生产与生活的主要内容。

1. 点田角落

在长期的稻作过程中,江南水乡劳动人民为保农田丰收,进行了一系列的神祀活动,并产生了许多与此相关的信仰和习惯。如"点田角落",是指腊月二十四日,"田家烧火炬,缚长竿之抄,以照田,名照田蚕"①。《吴郡志》中也说:"腊,二十五日,是夕爆竹及摊田间,燃烧高炬,名照田蚕。"②也就是说,农历十二月二十四或二十五晚上,人们在晚饭后点燃一束稻草,到自家农田角落烧一烧,边点边唱:"炭炭田角落,牵奢要牵三石六,开年养只大猡猡(猪)。"③笔者采集了另一种唱法:"摊摊田角落,开年要收三石六,我家稻箩阳山大,别人家稻箩荸荠大。"此举具有双重意义:农田里的枯草被烧形成草木灰,依附于草上越冬的害虫被烧死,草木灰能增加土壤的肥沃性,更利于来年的庄稼长势,此乃物质意义;另外,此活动通过山歌与火把祈祷来年的好收成,保佑平安,驱邪祈福,此乃精神意义。待手中的一束稻草即将被烧完时,再取一束稻草并点燃,还要把火把带回家在住房附近、猪圈附近和河边水码头点一点,以期人畜两旺,孩子也不易落水。这一圈点完之后,将火把放入灶膛,才算大功告成。

2. 踏蒸

"踏蒸"是江南水乡地区的婚礼习俗之一。在新娘的娘家门前置一盘米糕并倒扣一个蒸笼,新娘临出门前踩在蒸笼上换上新鞋,在祈福"蒸蒸日上""步步高升"的同时,也意喻再不踏上娘家之地,安心于夫家的生活。这就是所谓的"踏蒸"。到了婆家,在新娘与新郎拜堂结束后,还要再举行一次"踏蒸"仪式——新娘要换上一双绣有"福寿齐眉"纹样的绣鞋,踏上舅舅家送来的米糕,意味着人生一个新阶段的开始。对于一名女子来说,娘家美好生活的告一段落与婆家美好生活的起始,都是以米糕与蒸笼作为标志的。两次"踏蒸"仪式上,新娘脚踏的点心都是稻米制作的米糕,或者是制作这道点心的工具,说明了她新生活的幸福开端总是与稻米相关,也说明了稻米在当地人民心中的地位。

3. 蒸年糕

过年时江南一带家家户户都要蒸年糕,其普及性与仪式性可以类比于北方地区的过年包饺子。需要说明的是,我国存在过年蒸年糕习俗的地区较为广泛,江南一带是其中之一,并非是唯一的。糕是"高"的谐音,既讨口彩,又坚实耐饥。通过淘米、牵磨、上蒸笼、印花等过程,把米变成米粉,再把米粉变成米糕。这一系列的复杂环节在阖家团圆之际隆重热闹地进行,本身就颇具仪式感。这个过年的核心桥段依然以稻米为主角,显然其形而上的精神意义大于物质意义。要是单纯论吃的话,对于平时少见荤腥的当地居民来说,肉类食品显然更具吸引力与说服力,也更显珍贵。但它们却依然无法与平时常见的稻米匹敌,反衬出年糕的精神意义之重要。

---

① [清]沈藻采:《元和唯亭志》,方志出版社2001年版,第39页。
② [宋]范成大:《吴郡志》,江苏古籍出版社1999年版,第10页。
③ 沈及:《唯亭镇志》,方志出版社2001年版,第394页。

旧时节日均着新装,这一点与家庭经济状况的关系不大。有条件的固不必说,没条件的也要通过改制、翻新的形式"见新"。同时,节日礼服的形制虽与平时常服大同小异,但前者对服装的色彩与装饰会更加讲究,相关精神属性得以提升,也更加重视。它们与十分注重实用功能的常服之间没有矛盾,只有在不同的场合具有不同的侧重点而已。

另外,当地祝寿时也要上米糕与"米粉做的寿桃"[①],显然其精神意义也远远大于物质意义(图4-9)。

图 4-9 米粉做的寿桃

这种自然对于人类的养育恩典,一方面是人类生命延续的物质基础,另一方面也符合自然秩序与演化规律,即"天人合一"的社会运行模式。也就是说,个体生命的延续与社会运行秩序的恒久都在于此,那么感恩的仪礼便是对这种认识论的一种宣示。对于服装而言,没有特别的要求,"见新"即可;而在物质缺乏的农耕文明中,"新"则意味着一种高度的重视与讲究。

三、族徽符号

族徽是以单纯、显著、独特、容易识别的物象、图形或文字符号代表某个族群的外在标识。身份的识别是其最基本的意义,另外还有表达情感和指令行动的意义。

那么,把某个族群的历史变迁、宗族支系、地域特征与图腾标志等内容以某种服装形制或纹样的形式体现出来,可作为族群内部相互认同的一种凭据,或作为族群与外界相互区别的一种标识,这就是服饰的族徽符号。它积淀着一个族群的人民在长期生产劳动与社会活动中逐渐形成的集体意识,即所谓的"写在身上的历史"。实际上,宗族标识与地域标识是合二为一的,所以有人说族徽就是"地区意识与归属意识的结合体"[②]。也就是说,表面上标识的是地域,而实际上标识的是生活在这个地域的族群。在近代农村社会中,从姓氏的分布来看,往往是一个自然村集中了一两个或少数几个相对密集的大姓,这就是上述情况的反映。

(一) 识别与排异

识别与排异是指通过服饰的特殊性标识本族群的身份,并对族群外的群体保持区别、警惕与排斥。概括地说,识别与排异的核心内容就是显示本族,区别外族。林惠祥先生所说的"己族中心主义"是族群群体的共同精神。[③] 首先,这是同族文化的集中体现,就是说在族群内部必然要对社会秩序与文化起控制、约束作用,对族群内部的每一个人提出了遵守文化规则与制度的要求。在这种要求下,人们的着装会呈现出总体一致、局部区分的大同小异的基

---

① 马觐伯:《苏州水乡寿诞习俗》,《娄江》2012年第4期。
② [英]迈克·克朗:《文化地理学》,南京大学出版社2005年版,第99页。
③ 林惠祥:《文化人类学》,商务印书馆2011年版,第179页。

本特征。在江南水乡一带,服装品种、形制、布料在整体上是相同的,仅在纹样与色彩、材料与工艺等方面呈现出一些相异之处。因此,识别主要体现为江南水乡地区与其他地区的识别。另外,排异的重要前提是自视甚高。只有认为自己的日子过得不错又不希望别人加以干扰,才有必要排异。那么江南水乡地区令人自豪的好究竟在哪里呢?

一是土壤、水源等自然条件的优越性。丰富的自然资源带来了较高的生产力,带来了相对丰裕的物质生活。在农业社会中,土壤、水源等资源是最基本的生产资料,也是最基本的生活保障。对这些资源的占有或控制,是人们社会行为的主要构成部分。这里没有多少闲情逸致的成分,相反只有"生活空间之争"的应激反应。有时甚至会有意虚构、夸大一个潜在的资源抢夺者,以保持群体一种激奋的情绪和干劲。于是,把生活于某个地域的族群作为一个整体进行标识,一致对外,这是农业社会中争夺自然资源的需要。在近代社会,自然资源的分配与占有也是不平衡的。首先,江南水乡一带拥有令人羡慕的水田。"天下之利,莫大于水田。水田之美,无过于苏州"①。同时,江南水乡人民精于水利,将这些自然馈赠的效益发挥到了极致,"乾隆二十八年……开导三江水利事,有归沿江得免水患"②。于是,这里的稻作生产的收成相对较高。"明洪武二十六年(1393年),苏州府的秋粮实征数为2 746 990石,占全国总数的11.11%,比四川、广东、广西、云南四省总和还多出1.66个百分点"③。这样,人民生活水平也相对较高,所谓"大都江南侈于江北,而江南之侈尤莫过于三吴"④。奢侈之风的盛行使得不少生计贫寒的人家都已"耻穿布素"。⑤ 当然,辩证地看,"田租之重,又益以十数年来之谷贱"⑥,此记载便于我们更加全面地理解吴东地区的"富庶"与"侈于江北"。就整个江南地区来说,东西差距是较为明显的。以灌溉而论,大旱期间,苏淞的低区尚可戽水灌田,西部的常镇诸郡已经"率皆无禾",而胜浦一带属于吴东,即旱涝保收之地。这就让上述东西两地的居民彼此保持了一种心理警觉,尤其吴东一带既是稻作文化的中心地区,同时亦产棉花,因此是吃穿不愁的相对富庶地区,所以当地居民有一种优越感,并通过鲜明的服饰符号将这种优越感彰显出来。

二是水稻被称为"嘉谷",是"上层贵族享用的高级膳食"。⑦ 春秋时期规定:在为父母守丧期间,子女不得食用稻米。孔子的弟子宰予违反了此规,于是被孔子教育:"食乎稻,衣乎锦,于汝为安乎?"⑧意思是在这种情况下还吃这么好的食物,你安心吗? 同时可以看到,"稻"是与作为高级衣料的丝织物"锦"相并列的,说明两者都是"高大上"的。在近代社会,水稻因其良好的口感和强大的耐饥力在食品谱系中被列为"主食",其地位远高于其他杂粮。所以江南水乡地区有"吃煞馒头不当饭"的俗语。江南水乡地区的居民恰恰就是"民食鱼稻"的,这意味着一种相对高质量的生活水平。

三是江南水乡地处"稻—棉"产区,一个解决吃的问题,一个解决穿的问题。虽然叫作稻

---

① [宋]范成大:《吴郡志》,江苏古籍出版社1999年版,第264页。
② [清]彭方周:《吴郡甫里志》,清乾隆三十年(1765年)刻本影印本,第32页。
③ 杨晓东:《灿烂的吴地稻文化》,《吴地文化一万年》,中华书局1994年版,第306页。
④ [明]张翰:《松窗梦语》,中华书局1985年版,第97页。
⑤ [清]龚炜:《巢林笔谈》,中华书局1981年版,第113~114页。
⑥ [清]陶煦:《周庄镇志》,光绪八年(1882年)元和陶氏仪一堂刻本。
⑦ 游修龄、曾雄生:《中国稻作文化史》,上海人民出版社2010年版,第2页。
⑧ [先秦]孔子:《论语》,《阳货》,华夏出版社2007年版,第249页。

作文化区,但棉作物的种植、棉纺织业乃至印染业都较为发达,所以古代关于江南富庶的说法,其主要含义是指这两个基本问题解决得好。当地农业生产中"稻"与"棉"的间作,既是对土壤的合理利用,也可以做到棉、稻兼收,为江南水乡人民带来了较为丰富多彩的服装布料。

这种试图对于自然资源的竭力控制,这种识别与排异的警惕,在当时的生产力与生产关系条件下,是无可厚非的。我国部分地区之间的服饰标识明显不同,就是控制了当地自然资源的一种外在标识,反映了近代农业社会的族群之间总体上保持独立、局部上保持联系的相互关系。巧的是,江南水乡地区同属太湖水系,与其外围地区有天然的屏障,与其邻近地区也有明显的阻隔,形成了其族徽标识的十分有利的客观条件。

从服装细节来看,作裙的形制分为长而窄与短而宽两种。在广义的江南地区,这两种作裙都有穿着;而在狭义的江南水乡地区,常穿的是短而宽的作裙。江南水乡地区的妇女还在裙褶上大做文章,以特色鲜明的"饰缝褶裥"自成一类,褶裥的分布、方向与种类有所不同,穿着外出时可表明其所在的地区与位置。

从服装整体来看,卷膀、包头等品种是其他地区所少见的,而拼接衫、拼裆裤与作腰等品种,作为上衣、下裤与围腰,其他地区都有,但具体形制不同。拼接衫前襟的掼肩头、作腰的三段式拼接、以纳代绣的穿腰,都是江南水乡妇女专享的,形成了江南水乡妇女特立独行的形象。别人一看穿着,就知道她们来自哪里。这正是族徽符号所要达到的目的。

即使在江南水乡这个有限的区域内部,也有具有族徽意义的服饰符号。胜浦与唯亭仅相隔一条河,唯亭妇女的包头拖角短而钝,三色拼角部分通常用零料重复拼缀组成;胜浦妇女的包头拖角长而尖,三色拼角上常有绣花纹样。《唯亭镇志》记载:"镇南片同北片农村妇女的包头形状区别很大,南片包头的额前和后垂外形呈 30°角,且长而尖,而北片包头三角则短而钝。"[1]说明唯亭北片妇女的包头才是当地的典型样式,其南片的样式则与其接壤的胜浦一致(图 4-10)。因为服装的分界基于人与自然的关系与选择,与行政地区划分不会完全吻合,有时还会反映出区域界定边缘的模糊性与交叉性。但不管怎样,通过包头形制的不同便可区分出唯亭北片与唯亭南片及胜浦等地的妇女,这种自我区分也是族徽意义的体现,是江南水乡内部的不同地区之间族群意识的表现与识别。

唯亭包头　　　　　　　　　　　胜浦包头

图 4-10　唯亭与胜浦包头之比较

作腰也分角直-车坊款与胜浦-唯亭款。两者的整体形制与制作步骤几乎相同,但是拼接的布块和夹层的口袋有明显差异,同样表现出地区识别的族徽意义(图4-11、表4-3)。

---

① 沈及:《唯亭镇志》,方志出版社 2001 年版,第 406 页。

甪直–车坊作腰　　　　　　　　　　　　胜浦–唯亭作腰

图 4-11　甪直–车坊与胜浦–唯亭作腰之比较

表 4-3　甪直–车坊与胜浦–唯亭作腰比较

地区	甪直、车坊	唯亭、胜浦
外形图例		
拼接方式	大面积的整幅布料,加小面积的零料拼接而成	三幅狭长布料拼接而成
贴袋形制	新月形挖袋	矩形贴袋
工艺步骤	先拼(均拼三幅)后缝,先纳(均纳六层,其中四层为硬衬)后缝	先拼(均拼三幅)后缝,先纳(均纳六层,其中四层为硬衬)后缝
技术分析	边角式拼接,故可采用裁剪后的零料,但作腰下层需用单幅布料,较难利用裁剪后的小片布料	纵向拼接,面积接近,每幅布料两边的狭长拼幅宜采用大片后裁剪的小片布料

　　同时,在胜浦与甪直两地,作裙的褶裥制作方法有所不同。一般来说,胜浦的妇女制作褶裥采用的是先零后整的方式,即制作好每一个褶裥后再将所有褶裥统一固定;而甪直的妇女采用抽褶的方式,使所有褶裥直接成为一个整体。为何相隔如此近的两个地方,会有这种区别?笔者为此在采风过程中询问过许多妇女,发现她们彼此对对方的制作技艺颇有些不屑,尽管表露得比较间接和含蓄。

　　需要指出的是,笔者在采风过程中发现江南水乡一带城镇居民的服装差异并不大,族群意识的体现主要反映在乡村居民的生活中,这从另一个方面佐证了族群意识是农业文明的产物。

(二) 向心与监管

　　向心与监管是指通过服饰的特殊性在族群内部建立一种友善的联系,并对其道德准则与行为进行监管。

首先,在农业社会中,一个家庭就是一个独立的生产单位。但是,当农忙或灾害发生时,这些弱小的生产单位之间需要联合起来,以族群的力量完成或对抗。这需要平时就保持一种感情的维系。在中原、齐鲁与陕北等地区十分普遍的虎头帽、虎头鞋,就属于这种维系方式。虎头帽、虎头鞋的制作和赠与,既有长辈给儿孙的纵向垂直走向,也有乡邻之间的横向平行走向。同时,虎头帽、虎头鞋只是引子,往往还伴有粮食、衣物、金钱等其他礼物(虎头帽、虎头鞋一般在出生、百日、生日送出)。这种表面上的礼尚往来,实际上是近代农村相互接济的方式之一。一旦作为个体的小家有"大事",则作为群体的大家协同解决。

通书袋在江南水乡地区的民俗意义相当于虎头帽与虎头鞋(图4-12)。

图4-12 胜浦地区的通书袋

首先,通书袋也是在孩子出生时制作,然后寄存于干爹干娘处,相当于一个双方的凭证。在孩子的成长过程中,干爹干娘亦有适当的养育义务,比如在孩子上学交学费等重要阶段或环节给予适量的财力资助。这表面上是一种"穷帮穷"的形式,但通过这样的形式,群体内部的人与人之间、家庭与家庭之间的关系变得更加友善和紧密,达到了"向心"的目的。

其次,在近代农村,维持社会秩序正常运行的基础,除了法律之外,还有民俗、民风。在某种意义上,对于道德准则与行为的维持,民风的监管力度要大于法律。这种监管建立在服装对于身份标识的基础上。在当地服装中,对于已婚与未婚状态均有一定的外观识别,好让邻居街坊的监管有某种依据。作为社会成员,任何人都难以超越社会道德教化的制约。所谓社会适应性,就是人们在有意无意中调整自己的想法,实际上就是一个被公共道德加以塑造的过程。

这种塑造是群居生活的必需。有人从自然界观测到这样的现象:"蜜蜂想要生存,就必须依赖各种活动的相互配合。这些活动包括:每只工蜂采集蜂蜜和花粉、生产蜂蜡、建造蜂房、照顾蜂卵和幼蜂、保护蜂蜜防止被盗、通过扇动给蜂房通风、冬天簇聚在一起保持适当的温度等。因此,社会生活和社会适应需要对个体机制的行为进行调整来满足社会生活这一过程的延续。"①江南水乡地区的社会适应性包括三个层面(图4-13)。

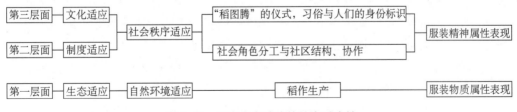

图4-13 江南水乡地区的社会适应性

① [英]拉德克利夫·布朗:《原始社会的结构与功能》,中国社会科学出版社2009年版,第10页。

第一层面是生态适应,即为了适应自然环境而进行的调整。在江南水乡地区,其自然条件十分适宜水稻的培育与种植,也适宜种棉与渔业等。这样的劳作方式决定和强化了当地服装的实用功能,决定了当地服装的某些局部与细节调整要与这些实用功能相匹配。

第二层面是制度适应,即存在维系有序社会生活的制度。尽管家庭是农耕生产的基本单位,但是无论在经济生活还是社会生活中,都存在家庭与家庭之间、人与人之间的协作关系。维持这种关系的纽带是当地约定俗成的农村社区结构、社会角色分工、家庭之间的农忙协作制度——将灌溉排水、抢种抢收等农事的"节骨眼"与常规的田间管理工作区别开来,分别突出发挥集体与家庭的作用,通过彼此之间合作、限制、调和的态度和方式来实现。

第三层面是文化适应,即获得家庭与社会生活的资格、习惯,适应并参与到种种家族活动与社会活动之中,一致遵从"稻图腾"的相关仪式与习俗,从而确立一个当地人的文化身份。服装的族徽符号、身份标识等精神属性在制度适应与文化适应这两个层面会得到更多的重视与展现。

四、身份符号

服装具有鲜明的身份标识作用,这在江南水乡地区也不例外。服装的身份标识在江南水乡地区的表现可以用"大同小异"概括:大同是指一个人一辈子穿的衣服基本都是一样的——代表族徽,小异是指一个人在不同的人生阶段其穿着有所变化——象征身份。尤其从伦理意义上看,在成人、未婚、已婚等人生重要阶段,所着服装都有变化。

图4-14 "笄礼"之后的少女服饰(苏州甪直水乡妇女服饰博物馆藏)

(一)年龄与辈分标识

以服饰体现年龄、辈分是我们的传统,《仪礼》中针对不同年龄的人,在冠、衣、裳的形制、色彩与衣料方面均有规定。《论语》中亦有相关的建议。

首先,只有十五岁举行"笄礼"(即古代社会沿袭而来的成人礼)之后,一个女孩才能梳髽髻头、戴包头,从此可以穿戴整套的水乡民间服饰(图4-14)。这意味着她长大成人,也意味着之后她所穿服装的形制已经确定。更加具体细致的年龄与辈分标识则通过服饰纹样与色彩来实现。

从服饰纹样来看,江南水乡地区的少女常用"囡囡花""牡丹'茉里头'(方言,意为花骨朵)""小梅妆",少妇常用"梅兰竹菊""凤穿牡丹""芙蓉双钱",老年妇女常穿"仙桥荷花""上山祝寿""年年增福寿"等纹样的绣鞋(图4-15、图4-16)。

从服饰色彩来看,在服装款式相同的情况下,江南水乡地区的中青年妇女与老年妇女通过服装色彩区分。中青年妇女的服色比较跳跃,明度较高,采用冷色调主体色与暖色调或高

图 4-15　少女的"牡丹'茉里头'"纹绣鞋

图 4-16　少妇的"芙蓉双钱"纹绣鞋

明度点缀色的搭配，颜色较多，如青色与月白、浅蓝组合；老年妇女的服色比较单一，以冷色调异色搭配为主，基本为低明度大色块组合，如黑色、藏青色与墨绿色等。从图 4-17 可以清楚地看到服装色彩所表现的年龄差别，其中背向读者的是一位老者，她正注视着包括她儿媳在内的一群青年妇女跳着欢快的"打莲厢"舞蹈。

青年妇女一般用碎花布制作拼接衫，常用两种不同纹样的花布拼接，更为花哨；中年妇女一般用土林布和白布拼接，显得大方；老年妇女的拼接衫一般用藏青色的单色布做成，较为庄重。

图 4-17　服装色彩表现年龄差异

笔者注意到当地的亲属称谓系统与其他地区一样繁复精细，不仅有纵向的上下辈之间的区分，也有横向的父母系、嫡庶出、年长幼等平辈之间的区分。家庭成员的权利和义务、相互之间的关系、财产的继承与分配等，都由血缘关系及尊卑、男女、长幼的排位而决定。官场秩序中的"君君、臣臣"在此演化为家庭秩序中的"父父、子子"，分别承担相应的权利与义务。当地村落与亲属集团的多种民俗活动大多围绕血缘关系这一轴心展开。被视为重要"脸面"的婚、丧仪礼活动，是参加还是不参加，参加后的座次排序，都与血缘关系、辈分关系密切相关。另外，笔者还注意到，在古代传统社会，人们是按照自己的等级身份而不是财产多少生活的（所以古代史上经常会出现针对商贾的"禁奢令"），包括衣冠等服饰在内的生活方式也更多的是与人们的官、民地位等级有关。民间也通过"正礼俗"的方式将这一切纳入礼制的轨道，但是上述依据变成辈分。

图 4-18　新娘穿的绣鞋示例

（二）婚姻标识

在江南水乡地区，新娘穿扳趾头绣鞋，一般用紫红色绸料制作鞋帮，纹样有"富贵双钱""福寿齐眉"等（图 4-18）。这样的鞋款、质地，搭配这样的纹样，是比较高

**图 4-19 新娘礼服（苏州
角直水乡妇女
服饰博物馆藏）**

调醒目的，让人一看就知道是新娘；相反，新娘的包头比较低调朴素，这个包头的形制与其他包头并无区别，只是选取单幅黑色布料制作，以示新娘不事张扬，从此安心于婆家的劳作与操持。其实，这两者之间并不矛盾。如果只戴黑色包头，那就与其他中老年妇女无异；只有穿上紫红绸地绣鞋，才能显示新娘的身份。前者表示低调，后者便于识别，各有标识意义。胜浦园东新村周杏妹保藏有一件 20 世纪 40 年代制作的新娘上轿、拜堂时穿的礼服，它用深红色绸做面，粉红色布做里，前后及两袖彩绣牡丹纹，领襟等处镶有织带花边。从衣料质地到纹样布局，均与平时常服有异。这样的服装仅仅在拜堂、回娘家时穿，使用几次就压箱底了，所以它是补充说明的特例，并非常态。苏州角直水乡妇女服饰博物馆亦有类似收藏（图 4-19）。

于是，按年龄、季节、婚姻状况分门别类，品种齐全，拼接选料、色彩与纹样组合各显神通，在构成服饰外观丰富性的同时，也满足穿着者一生中各个阶段身份象征的需要，将服装标识人们社会角色变化的精神属性发挥到了极致。

（三）情绪标识

江南水乡民间服饰是水乡妇女寄托情感的载体。如果说族徽符号更多地反映集体意识，那么身份符号可以较为充分地反映个人情绪。在江南水乡民间服饰的若干介质中，纹样是最能够体现与表达人们精神世界的。由于当地服饰中的纹样大多通过刺绣工艺完成，所以不如直接说服饰中的刺绣工艺就是寄情的载体。种种刺绣工艺满足了水乡妇女对幸福生活向往的心理追求，也满足了她们显示女红技艺的需要，她们不厌其烦地研习与制作各种绣法与纹样，并将这些成果转化为包头、鞋子上的画面。这是一种执着而含蓄的方式，这是一种丰富而朴素的情感，水乡妇女最终通过服饰这个载体，将其期盼、自我表现与寻求庇护等心理状态物化其中，此为寄情，也就是情绪标识。

1. 取材过程中的寄情

既然江南水乡民间服饰及其刺绣工艺是当地妇女情绪标识的主要介质，那么这个介质目标得以完成的第一个步骤就是取材，即在选取材料、选取题材的过程中，就已含有情绪表达的意味。题材来自两个层面：第一是生活中常见的题材，如竹、菊、桃等植物，蝙蝠、蝴蝶等动物，以及秤等生活与生产工具。它们取自生活，就地取材；又高于生活，通过提炼、变形概括的方式实现。第二，生活中少见但来自想象或神话传说的题材，如"暗八仙"与"来世称心"等。但在江南水乡，这些纹样不同于官服的等级标识，只求庇佑与祈福。这是江南水乡劳动人民的生活智慧的体现，通过绣花的方式将题材与服饰融为一体，也与自己的情感融为一体，是美化生活、自我表现的重要形式。

但是，辩证地看，这些题材又不完全来自生活，否则为什么不把稗草、棉花的形象绣成纹样或者染入服饰之中呢？这些司空见惯的劳动对象被有意无意地回避了，表面上的"信手拈来",实际上蕴含着长期积累的情绪,说明了水乡妇女不想在愉悦的女红过程中重复艰苦的劳作过程。笔者在其他地区的采风过程中也注意到了类似的情况,说明此情此景并不孤立。这种选择性记忆、选择性表现使水乡妇女始终把积极的一面倾注于介质中,以便摒弃生活的烦恼,弘扬生活的美好。这是在艰辛的农业社会中保持健康心理情绪的有效手段,始终快乐地使生活充满着希望。

2. 表现过程中的寄情

同样,服装绣制工艺过程是情绪表达的极好介质。它也来自两个层面:第一是在绣制过程中,一边工作一边拿半成品比划、试穿,或设想成品效果,始终充满乐趣,而随着每一个阶段的完成,越来越接近终极形象的预"成型",都会给水乡妇女带来喜悦,让她们沉浸于美好的情绪之中。第二是飞针走线的"成就感"。由熟练的技艺带来的工作节奏本身包含心理愉悦感。水乡妇女"在冬日融融的光照下,忙着手中的针黹活……"[①],不仅她们自己觉得愉悦,旁人看到这幅图景也觉得十分愉悦。马觐伯先生的《乡村旧事——胜浦记忆》一书中多次出现类似描述,笔者在采风过程中也多次听到类似的表达。再者,女红过程中的愉悦感会加强人们即兴创作的可能与成分。

五、工艺符号

(一)实用优先

关于事物实用性的讨论,可以从胡塞尔现象学的"本体论"入手。胡塞尔认为一个事物之所以是这样而非那样,与人们"对待它的意向"有关。[②] 比如一个球用脚踢时是足球,用手投时是篮球。由此可见事物的用途在某种程度上能够决定事物的性质。对于一件衣物,只有把它与江南水乡劳动人民赋予它在稻作劳动中的用途联系起来,才能被认为具备了江南水乡民间服饰的性质与意义。于是,从服装实用功能的属性分析,可以发现,在江南水乡一带基于稻作生产的民间服装的实用价值的产生始终先于审美价值;而在这个发展变化的过程中,实用价值相对于审美价值长期处于"上位",即实用功能是江南水乡民间服饰工艺实现的首要前提。

1. 拼

拼可分两种状况:

一是被动拼接,这是因为江南水乡地区服装布料的幅宽较窄。当地手工家织土布的门幅仅约9寸(约29~30厘米),早期机织的单幅布门幅也仅90厘米。以同色布制作服装时,很多部位出于布幅限制都需要拼接。尤其是大襟衫的前后襟与衣袖及下摆两侧,采用的是中式服装的连袖结构,如果用同一幅布完成排料,则要求布幅比西式服装所要求的布幅大。反之,当布幅满足不了服装结构的要求时,只能采取拼接的办法,即被动拼接。

---

① 马觐伯:《乡村旧事——胜浦记忆》,古吴轩出版社2009年版,第85页。
② [德]爱德蒙·胡塞尔:《胡塞尔选集》,上海三联书店出版社1997年版,第374页。

这种做法由来已久。《汉书·食货志》记录秦汉时期布帛的标准规格为"宽二尺二寸为幅，长四丈为匹"。[1] 故黄能馥认为"国家博物馆藏战国铜尺一尺长合23厘米，则战国纺织品的标准幅宽2.2尺，合56.6厘米"[2]，而那时的"深衣"又要做成"深衣三祛"与"缝齐倍要"的庞大规格，[3]即腰身尺寸是袖口尺寸的三倍，下摆尺寸又是腰身尺寸的两倍，所以需要拼缝合成。至于深衣的十二幅拼缝还对应着"十二月"等其他寓意，不能说没有，但至少是两者兼而有之。

长沙马王堆一号汉墓出土的素纱绵袍与小菱形纹锦绵袍，其通袖长分别为196、300厘米，以幅宽为50厘米左右的汉帛制作，肯定需要拼接。因此，人们看到（图4-20、图4-21）：素纱绵袍上身斜裁成八片，布料幅宽约33厘米；小菱形纹锦绵袍上身与袖子各裁成两片，共裁剪十三片，布料幅宽在45~50厘米。[4][5] 相关考古记录也表明："上衣正裁，正身及两袖各为两片。各片的宽度与锦幅的宽度相近。正身两片在领后正中拼缝……两袖平直……下裳亦正裁，共四幅。"[6]至南宋，"衣的裁制和用料情况是……袖子有与衣片连成一块的，也有限于幅宽分成两段缝接。衣的前身和后背各裁成两片，前身两片不相连，往往在对襟地方间隔一小段距离，而后背两片却缝在一起，在其缝接处呈现一条自上而下明显的缝脊线"。[7] 所以湖南衡阳县何家皂北宋墓中的衣袖由三段拼缝而成，南宋福州黄昇墓中的衣袖限于幅宽分两段拼缝而成。

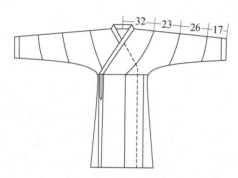

图4-20 素纱绵袍的通袖长与拼缝（单位：厘米）

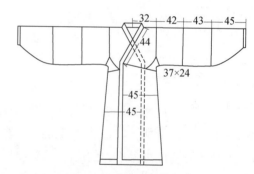

图4-21 小菱形纹锦绵袍的通袖长与拼缝（单位：厘米）

笔者曾到扬州市博物馆考察明火金墓出土的盘领袍（图4-22），其通袖长达到210厘米，故在前襟中缝处拼接一次，由中缝向衣袖方向延展了62厘米，在衣袖中段又拼接一次，由衣袖向袖口方向延展了43厘米。通过两次拼接，才达到了半个通袖长，即105厘米。

至近代，出现了幅宽为90至110厘米的机织布。但是要对于中装连袖结构中116至204厘米的通袖长（江南大学民间服饰传习馆馆藏的33件袄与38件袍的区间值），这个幅宽仍然是不够的。由此才会出现"找袖"的固定拼接位置，如不愿意采用"找袖"，则需要在前襟处拼接中缝。

① ［汉］班固：《汉书》卷二十四，中州古籍出版社1991年版，第197页。
② 黄能馥：《衣冠天下——中国服装图史》，中华书局2009年版，第51页。
③ ［汉］戴德：《礼记》，大连出版社1998年版，第247页。
④ 湖北省荆州地区博物馆：《江陵马山一号楚墓》，文物出版社1985年版，第11~20页。
⑤ 湖北省荆州地区博物馆：《江陵马山一号楚墓》，文物出版社1985年版，第20~22页。
⑥ 彭浩：《湖北江陵马山砖厂一号墓出土大批战国时期丝织品》，《文物》1982年第10期。
⑦ 福建省博物馆：《福州市北郊南宋墓清理简报》，《文物》1977年第7期。

这说明从战国时期到近代，衣、袄、袍的裁剪法都是"一剪法"，都是整料对合，这样的裁法与幅宽决定了拼接工艺是必需的。明代定陵地宫出土的孝端皇后的袄"在两袖上面，由于织品的宽幅不够，须要接头"[1]，明确说明了拼接的必要性。湖南衡阳县何家皂北宋墓出土的纺织品中有一件"黄褐色小点花妆花罗团花夹衣衣袖完整，袖长108、宽26.5

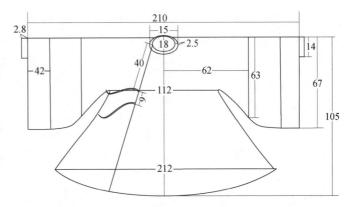

图4-22 明火金墓出土的盘领袍（单位：厘米）

至50厘米，由三段缝接而成，针脚长0.3至0.4厘米"[2]，其分割点及针脚密度均与江南水乡地区的拼接衫相似。这说明了拼接是限于门幅，是被动的、必需的；也说明了江南水乡民间服饰中掼肩头的纵向拼接部分源于历史，而横向拼接部分才是当地人民的独创。

二是主动拼接，指并非出于门幅限制，而是出于服装功能的需要所进行的结构处理，具体反映在服装裁剪与构件等方面。

从裁剪上的主动拼接来看，拼接不仅解决了布料门幅不足的问题，而且使服装更加耐穿。在江南水乡的稻作生产方式下，妇女所参与的劳动项目多，劳动力度大，如挑担、插秧、掼稻等，其服装上的拼接位置与这些劳作过程中易磨损位置几乎一致。这样，哪些位置被磨损破坏，就拆换哪些位置，而衣服的其他部分可以继续使用，这样做巧妙地延长了衣服的使用寿命，又不用穿打补丁的衣服，使衣服永远是新的或者是半新的（图4-23）。

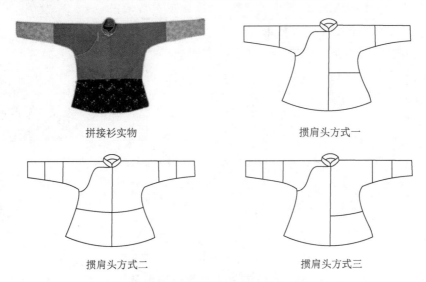

拼接衫实物　　　　　　掼肩头方式一

掼肩头方式二　　　　　　掼肩头方式三

图4-23 拼接衫及其掼肩头方式

---

① 长陵发掘委员会工作队：《定陵试掘简报（续）》，《考古》1959年第7期。
② 陈国安：《浅谈衡阳县何家皂北宋墓纺织品》，《文物》1984年第12期。

从构件上的主动拼接来看,在穿腰作腰中,起到固定、系结作用的穿腰是十分重要的构件。此构件与作腰之间的连接方式分两种:一种是将两者做成一个连缀的整体,事实上确实有这样做的穿腰作腰;另一种是将两者拆分,工艺较复杂,但起防护作用的作腰易磨损,而起系结作用的穿腰不易磨损,且穿腰的制作因采用大量的纳缝工艺而极为费事费时,所以这种方式的好处是穿腰可以反复使用。

再从拼裆裤来看,其裤裆拼接处一般采用深色布。因为在过去的卫生条件下(用旧布包住稻草处理),女性在生理周期很容易将裤子弄脏,而深色布耐脏,同时又便于洗涤,不像浅色布那样容易留下痕迹。

2. 滚

江南水乡民间服饰大量使用滚边工艺,从包头到绣鞋,几乎每个品种、每个部件上都有体现。滚边的首要功能在于加固,通常用于服装边缘处,如领口、门襟等易磨损部位,与古之"衣作绣、锦为沿"的做法一脉相承。同时,旧时由于缝纫技术的限制,裁剪开的布边采用"来去缝"的工艺固定并形成光边,而滚边工艺可以改变"来去缝"形成的光秃单调的布边,而且能更巧妙地处理毛边,厚实的滚边还能增加这些部位的耐磨程度,使这些部位更牢固。

图4-24 领、襟与袖口处精细的"韭菜边"

另一方面,滚边工艺提升了简单质朴的江南水乡民间服饰的精致与美观程度。拼接衫的衣领通常都会滚一道细细的"韭菜边",使原本相对粗犷的衣物增加了一些精致的细节,达到粗中有细的效果(图4-24)。绣鞋的鞋帮与鞋梁处的滚边同样达到类似的效果。另外,在采用比较轻薄的布料制作的服装下摆加滚边,可使穿着效果更为服贴。实用价值与审美价值在此紧密地结合在一起。

从大量考古发掘所呈现的工艺形态来看,这些工艺技术都附着于服装的平面结构之上。其技术实质只有两个:第一,将两幅或多幅的布料进行拼接,比如镶、拼、嵌都是如此,区别在于拼接的宽度与拼接的方式;第二,在布料上进行叠加,比如绣、滚、盘等都是如此,区别在于叠加的程度、方式与使用的材料。这一切都是以平面裁剪为基础的中国传统服装的基本工艺手段。江南水乡民间服饰同样以平面裁剪为基础,于是沿袭了这些工艺手段;或者说,这些工艺并非水乡妇女所独创,而是悠久的历史延续与积累,但聪慧的水乡妇女在此基础上进行了技术革新,创造了一些具有想象力的运用方法和运用位置。

3. 绣

江南水乡民间服饰上涉及刺绣的区域并不太多。但有刺绣的地方往往都是需要保持挺括与平伏(即不起皱)的部分,因此刺绣工艺成为使服饰局部厚实、挺括且美观的一种手段。包头的拼角部分使用刺绣的原因是拖角搭在后背,必须要挺括,有一定的重量,有一定的悬垂性。刺绣附加的重量能够加强这个位置的悬垂性。插秧是背风而退进行的,即当地所谓的"顺风紧株",通过刺绣与拼接增加包头末端的重量,可以避免包头的拖角被风吹起,进而避免劳作者的脖颈后方暴露在烈日之下。从表面上看,包头的拼角上是一个刺绣形成的优美的角隅纹样,实际上它的装饰意义与重量悬垂的物理意义是合二为一的。绣鞋的鞋面上的绣花也体现了这一点:鞋面大多用土布制作,没有硬衬,所以不够平整挺括。在鞋头位置绣花,一来令鞋面挺括平整,保持鞋型;二来使鞋子精致美观。在此首先考虑的是,用刺绣工艺弥补没有衬垫的不足,也就是"以绣代衬",达到保持鞋型的要求;同时,作为一种装饰手段的刺绣也带来了附加的美,因此也是实用价值与审美价值完美结合的典型。

4. 纳

在江南水乡地区,纳的工艺主要有两个应用。

一是纳鞋底。将铺平、晒干的硬衬用藏蓝布包裹后,用白苎麻捻成的鞋底线,密针纳缝。纳缝的针脚要求很高,正面(即鞋底)着地一面要求绝对均匀,受力适中。显然,均匀适中的针脚牢度比散乱不匀的针脚牢度要大。因此,对于纳制鞋底的针脚的考量,首先出于物理作用,同时由于均匀的需要,形成了秩序美。此例中,先"用"后"美"的逻辑顺序十分清楚,但"美"并非没有意义,它是炫耀女红的一个方面。

二是纳穿腰。穿腰是江南水乡地区除鞋底之外另一个需要厚纳的物件。通常做法是采用三至五层布料重叠起来,密针纳缝。纳成之后又厚又硬,故当地俗称"穿腰板",它可以支托腰力。在挑河泥、出猪灰等重体力劳动中,需要肩挑近百十斤的重物,光凭脊梁骨的力量,较难支撑,这时就需要借助穿腰来借力、助力。在莳秧等劳作中,需要长时间的反复弯腰动作,穿腰可以起到一定的支托作用。穿腰下面的作腰夹层内暗含口袋,人们耘稻时常用的竹制手指套就置放于此,甪直、车坊一带作腰上的新月形挖袋还做成一定的倾斜角度,取放物件比水平角度的口袋更方便。因此,穿腰的实用功能是集借力、防尘与收纳于一身,这些实用需求是第一位的;另外,与鞋底一样,纳缝线迹所形成的秩序感也首先出于物理意义。由此产生的"以纳代绣"的形式感在逻辑上是实用性的附加,而不是发端。

总之,看似简单的江南水乡民间服饰,其中的结构细节都是在长期的生产实践中不断总结、修正而形成的,具有科学的实用的意义;或者说,当地服饰中的每项工艺都可以成为服饰符号的一个介质。串联这些工艺手段的发展历程,除了来自物质与技术的总结之外,还包含着情感、认知与记忆,这些介质元素在当地劳动人民的头脑中积淀并通过他们的双手表现出来,从选材、制作到穿用、传承,形成了一个完整的过程。

(二) 范式优先

1. 范式遵循

关于范式的界定,可以从库恩的《科学革命的结构》中找到多种定义与类型,其中之一是"公认的模式"与"共有的规范"。[①] 那么,一种依靠本身成功示范的工具、一个解决疑难与推动进步的方法、一个用来类比的图像或模型,就是一种人工的范式或构造的范式。范式所强调的人工的、示范的特性在包括服装在内的艺术或手工业领域特别适用。在江南水乡民间服饰的制作过程中,使用的工具、材料及制作的步骤、方法,都有一套相对固定的套路与标

---

① [美]库恩:《科学革命的结构》,上海科学技术出版社1980年版,第19～35页。

准,这就是范式,它使服装的裁制工艺有规律、有方法可循。所谓家庭女红的母女相传、口耳相传,传的就是这种准则和方法。

笔者在采访中问及为什么会这么做的时候,人们往往都会回答"大家都这么做",这就是程式性的体现,是人们相互之间交流制作经验的结果。在工具方面,缝衣针、剪刀、针箍都是购置而来的,都基本一致;在材料方面,自家染织的土织布均大同小异,集镇上购置的棉细布、府绸与后来的"的确良"等也基本一致;在制作方法方面,包含制作步骤、工艺针法与绣法也都基本一致,或者说大家都选用类似的工艺技法。

就缝纫工艺而言,我国传统缝纫技法如镶、滚、纳、绣、绗、缲、贴等在江南水乡地区都得到了应用与继承。同时,江南水乡人民在这些技法的综合性运用上有着自己的独到见解与处理方式,比如镶滚结合、裥上绣,体现了范式的衍生与发展的一面。

这种本领是江南水乡妇女从小练就的能力之一,属于"妇功"的组成部分。因此,在制作上,有一个笼统的形制和尺度,但细节的制作规格并不十分严谨,而相对比较随意。制约因素:一是沿袭古制,由祖辈继承而来的范式代代相传,仿制而得,这是决定形制与规格的根本与基础;二是参考家邻四坊,借鉴邻家姐妹的好式样、新式样并创新运用;三是自己的尺寸,有时裁剪前通过在自己身上比划,直接取得数据;四是当地服饰拼接较多,可以多用大幅衣片裁剪后的余幅零料,这样家中现有布料的门幅与长短也成为左右尺寸的因素之一。

地方志中的有关记录认为:"一般家人穿着的衣服都是自己缝制,但像新郎新娘的新装、难度较大的棉衣、皮袄和老人的寿衣(农村老人有未亡先做寿衣的习惯),都要请裁缝上门缝制。"[①]职业裁缝的做法比较规范、合理,因为相对于家庭女红,前者更注重效率与质量,其学徒制的传承途径也显得更为正规;或者说,在职业裁缝那里,其传承过程中范式的成分更多一些。

2. 即兴变化

如果江南水乡民间服饰的纵向传承完全依靠范式,那么可以想象到这样一个现象:江南水乡民间服饰千百年来应当是固定不变的。然而,事实上服饰演变的活态性正是其基本特征之一,这就表明当地服饰的演进动力除了范式之外,还有其他内容。也就是说,江南水乡妇女在制作服装的时候,在遵循规律的基础上,也有即兴发挥,在继承前人流传下来的"规矩"的同时,也有自己的即兴的"创造",将与时俱进的变化发展纳入传统的程式规范当中,这是当地女红的另一个特色。

这种即兴创造可分为两种基本形态。

一是主动变异型。江南水乡大襟拼接衫的结构和制作方式与其他中国传统服饰一样(这是范式或程式性的体现),但水乡妇女在生产和生活中发现了其可提升之处,这种提升就是主观的创造性的体现。于是,在实践中孕育出掼肩头的拼接方式。其中,竖拼与我国明清至近代时期的上衣相同,这是源自历史的传承,属于对范式的遵循;而横拼则是水乡妇女的独创,是她们在积累了生活经验的基础上对旧范式的变革。种种横竖掼肩头的不同拼法及拼接组合,是在遵循制作规律的基础上,由水乡妇女即兴发挥的作品。

---

① 吴兵、马觐伯:《胜浦镇志》,方志出版社 2001 年版,第 168 页。

另外,水乡妇女在刺绣过程中,往往也将范式的规矩与即兴的发挥互为补充,既按照程式实现工艺,又按照自己的喜好完成图样。制作时,水乡妇女往往将纹样画出一个大概形象,这就是刺绣的原型、范本;然后逐步完善,在此过程中,她们注入自己的表现方法,体现出一定的创造意识。这样就可以解释为何有些妇女在描花样时只描一个轮廓,为的就是给自我表现留有余地。以绣鞋上的刺绣为例,虽然在缝制之前有基本的草图,但是绣线颜色的选用、细节的修饰都是独立自主完成的,因人而异。图 4-25 所示的两双绣鞋,(a)来自黄金英的收藏,(b)出自她本人之手。两双鞋子的鞋面上,主体纹样均为芙蓉,花的形状和主体部分的用色也基本类似,而变异之处在于——据黄金英口述,(a)的花芯部分采用的是米黄色绣线,而她参照此鞋样绣制的时候,灵机一动,将花芯改成桃红色;同时,她将花朵细节部分与作为陪衬的枝叶部分的配色也做了修改,使其更符合她个人的审美趣味。

(a) 黄金英收藏的绣鞋　　　　　　(b) 黄金英制作的绣鞋

图 4-25　"芙蓉富贵"纹样的因人而异

二是偶然随机型。江南水乡妇女在缝制服装的过程中,细节部分大多采用家中现有的库存零料,随取随用,色彩和材质的不同有时仅仅出于剩余零料的多少。在凌林宝家中,笔者看到一个很有意思的现象:她的同一只鞋的鞋面的左右两侧,绣花的形制、花朵的搭配、排列的顺序完全相同,但鞋面左侧最下端的兰花花瓣分别采用浅绿色与浅粉色线,而鞋面右侧同样部位的兰花花瓣则采用湖蓝色与桃红色和浅粉色线的组合。在采访中,凌林宝笑言,当时她家中的浅绿色线用完了,便用其他色的线代替了。类似刺绣用线配色的随机性现象较为普遍,往往是家里有什么颜色的线就配什么,有的妇女曾经大胆尝试红花配蓝叶,这在当地的绣鞋中不是个别现象。

类似不同色彩或材质的相对随意的混搭与替换,还出现在作腰时的拼接部位、大裆裤的拼裆处、拼接衫的袖口等服装边缘处的滚边等。尤其是作腰的拼接,拼接块的面积较小,所以家中保存的零料均可发挥作用。另外,拼接衫的滚边、贴边,尤其是贴边的里侧,肯定用零料制作。笔者甚至在实物中发现过同一段里子贴边采用不同颜色、不同质地的情况。

总之,就服装形制而言,其稳定性较强,也就是其范式的影响力较大,无论是职业裁缝还是家庭女红,都共同遵循此类固定规则;但就布料的选择而言,变异性较大,随机的即兴处理成分更多。尤其是崇尚节约观念的劳动人民,往往就地取材,灵活拼贴,显得比较随意,而布料的变化又带来了色彩的随机变化。

范式与即兴创作之间的关系是相对的,也是机动灵活的。在实际制作过程中,由于包括服装制作工艺在内的手工艺本身所具备的"条条大路通罗马"的特性,人们可以自主变化,有时甚至是对固有方法的有意无意的"遗忘",从而形成某个人的某种制作方式。一旦某种即兴的制作方法被大家认可,这种随机性的设计便会随着交流而被传播,当采纳的人达到一定量的时候,这种方法就会成为一种新的范式。同样可以推测,在胜浦、甪直一带,早期对于作裙收裥的处理方法相对多样化,但在制作过程中,某位技艺高超的妇女的合理方案被她周边的邻里所采用,并产生了一批将此法奉为范式的追随者,进而在胜浦一带形成了"先零后整"的做法,在甪直一带形成了"整体收裥"的做法。在笔者所进行的实验室复原中,发现两种上述工艺并无实质性差异,只是制作效率略有差异,而制作效率恰恰是农业社会手工制作中不被重视的。

3. 文化濡化

在范式的传承过程中会出现"文化濡化"的现象,它是一个文化纵向代际传递和流动的关键概念:"濡化,是一种文化传统内代与代之间传承的方式,是部分有意识、部分无意识的学习过程,靠老一代指示、引导并强迫年轻一代接受传统的思想和行为方式。"①江南水乡一带家庭女红的传习就是一种濡化,而"正是由于濡化的过程使得社会化、生活方式在很多方面都代代趋同,表现出一定的连贯性"②。这种连贯性实际上就是程式性,表现为服装结构、缝纫工艺、纹样及其寓意的世代相传的稳定性。再将个体的稳定积累成群体的稳定,就表现为濡化的社会化。

"'社会化'的严格意义是'文化化',只有通过'文化化',才能化民成俗,化民成性"③。所谓民俗又带来了由群体的稳定性所形成的普遍性,即服装制作首先是个人的行为,但是从整体上看,它又是集体智慧的产物。在一定的居住区内,这种技艺除了在家庭中传承,还会在邻里间传播。

江南水乡地区女红的研习与传播过程,实际上反映了濡化与社会化两条线索。一方面,口耳相传、母女相传是其濡化的表现;另一方面,邻里相传、社会彰显、族徽意识是其社会化的表现。

作为农耕社会相对孤立与封闭的存在,江南水乡地区文化传播的主要方式是濡化;而其周边城市却在近现代社会,尤其在民国时期发生了明显的涵化,即以中西方文化交流为主体,以上海及其周边地区为中心,发生了大量舶来品登陆的现象,发生了服装领域的西风东渐现象,但是并未涉及以水路交通为主的江南水乡一带。江南水乡民间服饰的涵化现象发生于改革开放之后,准确地说是在被工业园区征地之后,但不同年龄段的人们对此有着不同的接受程度:年轻一代被西化了;年老者部分地替换了一些材质,部分地简化了一些工艺。

从某种意义上讲,涵化现象导致了范式传承的中断,即"因多种原因使文化在濡化或交流中出现文化过程的非连续性,这种非连续性称为文化中断"④。目前,江南水乡地区"三无"农村的出现、稻作文化土壤的缺失,使母女相传的濡化过程被中断或被割裂。接受新式

---

① 蒋立松:《文化人类学概论》,西南师范大学出版社 2008 年版,第 126 页。
② 蒋立松:《文化人类学概论》,西南师范大学出版社 2008 年版,第 126 页。
③ 蒋立松:《文化人类学概论》,西南师范大学出版社 2008 年版,第 127 页。
④ 蒋立松:《文化人类学概论》,西南师范大学出版社 2008 年版,第 133 页。

教育、适应工业文明的年轻一代"女"在其上一代"母"面前更具优势。年轻一代在知识、能力及经济地位上的优势，使她们实际上处于"上位"，而老一辈人仅仅依靠道德与道义的体系维持着名义上的"上位"。这样就使濡化的前提之一——农业时代祖辈的权威，在工业时代受到挑战，进而使家庭女红的濡化难以为继。

另一方面，手工制作从本质上就区别于大工业机器生产，前者没有特别标准的制作要求，而且制作过程相对灵活。这种灵活性体现在江南水乡民间服饰的制作工艺上，就是既有继承又有创造的过程。在相同的自然生存条件和文化背景下，人们有着相同的生活方式、认知方式、情感方式、评价方式和行为方式，表现出群体特征的趋一性。由于江南水乡民间服饰来自当地悠久的历史积淀，十分恰当地满足了当地劳动人民的生活需求与心理需求，所以其形制与工艺的变迁在总体上是稳定的。这种稳定继承的结果促成了范式的形成。但同时，人们作为个体对服装制作工艺所进行的个性化处理也一直存在，其制作的步骤与细节可以因人而异，可以即兴发挥。这种做法是对范式的补充，也是对濡化的补充；或者说，既没有绝对的涵化，也没有绝对的濡化。

（三）节俭优先

江南水乡妇女历来崇尚节俭，所谓"妇女好贞洁，无靓妆艳服，烧香踏翠恶习"，又"人烟稠密，比屋万家，男耕女织，俗尚勤俭"。[1] 这样的美德带来了她们在服装制作上节俭优先的做法。

1. 量材为用

江南水乡民间服饰经常使用镶拼工艺，这不仅是当地服装造物观的体现，也是节俭观的体现。其直接表现就是零料与整料的结合使用。服装主体部分通常使用大幅整块布料，如拼接衫主体、作腰主体、作裙裙片、拼裆裤裤片等，而接袖、褶裥块、包头与作腰的拼角等部位通常都使用零料，这样可以相对合理地使用布料，使边角料也有了用武之地。滚边使用的布头也是零料，有时一段滚条由数种布料拼接而成，用在服装边缘还能起到"无心插柳柳成荫"的装饰效果。带饰的材料也都是零碎布，有时一件服装上左右两根带子是不同的布料制成的。江南大学民间服饰传习馆收藏的作裙中，有一条褶裥块是用黑色零料拼接上去的，既使零料发挥了作用，也收获了意外的装饰效果；一条作腰的贴边分别采用蓝印花布零料与黑底白点零料制作，同样在充分利用边角料的同时，增加了与月白色主布料之间的灵活变化，达到了节省与美观双赢的目的（图4-26）。这些都是整料与零料相结合、审美需要与节约观念相结合的典范。从理论到实践，这一切对当今提倡建设节约型社会的时代意识均有所启示。

这种传统的生活美德在绣鞋的材料选择上也表现得极为充分。随机并不意味着随意，而是指对于材料的广泛选择与充分利用，指材料使用过程中的价值利用最大化：一是在鞋样及绣花纸样的制作上，对纸质的要求不高，废旧的报纸、杂志、学生的作业本均可；二是在鞋底用料的选择上，因为只需要零碎的布条，所以常常利用破旧的衣、裤等的布料。鞋帮的制

---

① ［清］沈藻采：《元和唯亭志》，方志出版社2001年版，第37页。

作裙　　　　　　　　作腰

图 4-26　零料拼接形成的意外收获

作也很少特意购置新的布料,而是利用裁剪衣、裤大片时所产生的零料,比如裤腰与横裆弧线裁剪后所形成的零料常常用作绣鞋的布料。绣鞋上表现出来的这种"就材加工,量材为用"的造物原则,本身透露出节俭的美德,不仅至美,而且至善。"平时农家缝缝补补裁下来的零碎布头、老棉絮不轻易甩掉,不能穿的鞋子也留着","乡下女人急需用的针头线脑、木梳头绳、纽扣皮筋"也是用攒积的"破布头烂棉絮"尽量作为交换的。[①]

2. 就地取材

零料的充分利用固然呈现出一种节俭的姿态,然而实际上,服装布料方面节省的大头还是在主体材料的选择上。在江南水乡地区,人们极少选择呢料、丝绸作为服装布料,而是不约而同地选择棉织物。过去,作为稻棉产地的江南水乡,棉花是自家所种,棉纱是自家所纺,棉布是自家所织,仅染色工艺需要借助旁人,或者说只有染色环节才会让别人赚到钱。因此,当地居民用于服装布料的开销本身就很少。这是当地作为稻棉产地的优势,也是人们便利而节省的选择,同时也佐证了这种选择是当地农耕生产与生活的产物。即使在改革开放之后,棉田越来越少,土织布越来越少,人们依然习惯性地选择机织棉布或棉与涤纶的混纺织物,因为它们的性价比较高。

六、设计符号

服装的实用功能是指人们通过感觉器官的体验,评价服装在不同环境下满足人体生理需要的功能。它来源于人类针对自然环境的适应,对应于外界的气候及物象给予人体的作用,保证人们的生活与行动更有效率。服装的审美功能是指人们通过心理体验和社会评价,满足人们对美与个性的追求的功能。它来源于人类针对社会环境的反映,是人们在社会集团生活中显示个性和审美趣味及维持社会秩序的重要方式。一般认为,实用功能体现服装的物质属性,审美功能体现服装的精神属性。无论是实用功能还是审美功能,最终都要落实到服装的形制、结构、工艺、材料、纹样、色彩等构成元素上得以实现。服装的实用功能与审美功能的关系问题,是贯穿整个服装演变历程的基本问题之一。

美用一体是江南水乡劳动人民对这个问题的基本认知,他们对服装形制、工艺、纹样的

---

① 马觐伯:《乡间遗梦》,《娄江》2010 年第 1 期。

处理方式都建立在这个基础上。这个认知是世世代代在稻作生产与生活中积淀下来的，是一种集体无意识。直白地说，美用一体就是集服装的实用性与审美性于一体。就是集服装的功能与价值于一体。这在江南水乡民间服饰中随处可见。

（一）形制的美用一体

美用一体与实用优先并不矛盾。作为一种设计理念，实用优先是指在设计中首先考虑服装的实际使用性能；或者说，当服装的实用功能与审美功能产生冲突的时候，服装制作者会优先考虑实用功能方面的因素。这是服装物质属性的集中反映，并着重体现在服装的材料与结构选择上。

江南水乡妇女非常勤劳，是稻作生产的主力，所以在当地民间服饰的设计理念中，首先要满足妇女们在水稻田从事劳作的种种便利与需求。在稻作生产的拔秧、插秧、耘草、割稻与扬谷等环节中，人们需要不断地重复弯腰、低头、立起、伸手摇摆与高举等动作，那么当地服装设计的一个基本出发点就是要便于人体四肢、头颈与躯干的全方位运动。这在服装结构与工艺设计中有突出的表现。

但是，不能因为她们对于实用性的重视，就误以为她们忽视了美。根据奥尔德里奇对工匠与艺术家进行区分的标志，一般工匠"关心的事物"为"材料的制造"，而艺术家"关心的事物"为"材料的使用、媒介、形式、内容、题材"。[1] 材料是两者共同关心的，艺术家所关心的多为媒介、形式与题材等内容。事实上，媒介、形式与题材也是水乡妇女在实际制作过程中不曾忽略的：她们极为注重拼接的大与小、长与短的比例，这正是"形式"；她们在刺绣时极为注重纹样的"题材"，她们好像是"能把生活空间的各种属性都结合起来"的优秀建筑师，"不是仅仅用墙把房间与房间隔开"。[2] 由此可见，她们在主观上并没有把服装完全作为一个实用物品，她们所得到的客观结果——精美的包头与绣鞋也证实了这一点，只是当地服装的强大的实用价值仿佛把别的一切都掩盖了。

于是，从表面上看，江南水乡民间服饰美得十分简单。这种简单既表现为装饰成分的数量少，也表现为装饰成分的有序排列，而其中最本质的简单就是直接获得了功能——不用拖泥带水，不用费尽周折，就能够用简洁明了的技术手段直奔用与美的主题。就像阿恩海姆所比喻的，植物的茎或树干总是直着向上生长的，这种"最为简单的形状"是出于获取"生长力"的需要，从而形成了直接而挺拔的美感。[3] 这么说，江南水乡民间服饰表面的平淡恰恰蕴含着某种张力。有些人欣赏不了盆景，就是因为盆景是人为的复杂化的背离生命本质的产物。水乡妇女既是稻作劳动的生产者，又是劳动服装的制作者，这种特殊的兼职使得她们最能切身体会与理解服装的需求，也最能便捷直接地满足这种需求，并且能够在稻作生产的经验中不断积累、提升与完善。所以江南水乡民间服饰少有纯粹的装饰，而是美在结构，美在智慧，美在直接。

在此，由"用"而"美"，先"用"后"美"，体现了江南水乡民间服饰造物理念中非常智慧、非

---

[1] ［美］奥尔德里奇：《艺术哲学》，中国社会科学出版社 1986 年版，第 51 页。
[2] ［美］奥尔德里奇：《艺术哲学》，中国社会科学出版社 1986 年版，第 79 页。
[3] ［美］鲁道夫·阿恩海姆：《艺术与视知觉》，中国社会科学出版社 1984 年版，第 78 页。

常务实的一面。在农耕时代十分有限的物质条件下，人们会首先考虑基本的物质实用功能的满足，把来之不易的材料和费时费力的工艺都用在"刀刃"上，这是十分自然和顺理成章的。这里隐藏着一个先后关系，即先追求拼接的实用功能以实现节约的动机，先追求滚边的实用功能以提升边缘的牢度，然后附带实现了块面、线条的形式美感。在这里，实用功能是人们进行种种工艺设计与操作的主要动因，只是得到的"果"有两个，"用"固然是其中的一个"果"，而"美"是其中的另一个"果"。

例一：卷膀，它的首要功能是保护人们在水稻田里劳作。第一，下田前把卷膀的下端解开，往上翻卷正好罩住裤脚口（拼裆裤的长度较通常的裤子稍短），既能避免蚂蟥等水虫钻进腿部，又能防止泥浆溅入裤子。第二，秋冬季收获时可防止芒刺刺痛皮肤并且防寒（有夹的和棉的）。这两个辅助功能构成了卷膀的实用性。同时，卷膀是水乡妇女整体形象的重要组成部分。水乡妇女的腰部服饰较多，层次丰富，属于形式节奏美的强拍，而往下至腿部只有一条拼裆裤，显然属于形式节奏美的弱拍。根据形式美法则的原理，再往下至脚踝，应该是一个强拍。卷膀与绣鞋就是构成这个强拍的主体。这体现了卷膀整体美的一面。卷膀自身也是拼、贴、滚等工艺一应俱全，在实现功能需求的同时，也带来了"面"与"线"的形式感，这又体现了卷膀的工艺美的一面。

图4-27 "半爿头"夏布裙

例二：当地称为"半爿头"的夏布裙，其底边是按照前短后长的形式处理的，结果是前中稍短，两边稍长，最长处42厘米，最短处26厘米（图4-27）。此裙子围在腰间，平时看上去前短后长，但下了水田一弯腰就变成前后一样长，避免了弯腰时因裙边四周一样长而使裙摆前侧掉入泥水中的现象。同时，由于水稻田面积较大，当地还有河汊阻隔，住宅与田地之间来往不是十分方便。因此，人的生理需要一般都是就地解决，此时这条裙子能起到遮掩的作用，还兼具收纳与储藏的功能："三年困难时期，在生产队的公共食堂里，我妈见到一只淘米饭箩里有一套黄澄澄的锅巴，就随手掰了巴掌大的一块，放在作裙兜里。"[1]笔者不评价特殊年代的特殊事件，只说明作裙所具备的客观用途。另外，当人坐下的时候能把要做的"生活"（针线）摊到桌子、凳子等上面，拨拉东西、飞针走线时，作裙可充当一块大围兜的铺垫作用。这些使用要求决定了裙子的外观造型与尺码。比如要求通风、散热和适宜水田操作，故裙长较短；比如需要行动自如，即满足下肢活动幅度大的要求，同时兼具收纳与铺垫的作用，故通过两侧密集抽褶形成上俭下丰的小喇叭形。作裙虽短，但与拼裆裤、卷膀组合搭配，则形成良好的比例关系，所以其功能、价值与审美是相互交融、集于一体的。

例三：江南水乡民间服饰常见的镶拼工艺。如拼接衫，前襟竖向破缝后，形成左右襟部位的拼接；拼裆裤从裤腿中缝破开，再用另一幅布料拼接到脚口，形成裤裆部位的拼接；作腰中间主体与左右两边部分镶拼。这些拼接首先都出于节省的实用动机，同时也体现了设计

① 马觐伯：《乡村旧事——胜浦记忆》，古吴轩出版社2009年版，第82页。

学原理中的均衡法则。再者,拼接衫的衣袖拼接后,左右袖的袖口拼接部分完全相等;作裙裙腰左右两侧的褶裥完全一致;包头左右两边的三角拼角亦完全相等(图4-28)。这些又体现了对称法则。服装上的刺绣纹样面积与整件服装的大小对比,大块镶拼的面体装饰与细长滚边的线体装饰的相互交融,不仅是比例美的表现,更赋予江南水乡民间服饰实用功能与审美功能兼备的特性。

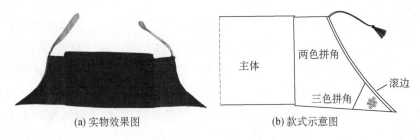

(a) 实物效果图　　　　　　　　(b) 款式示意图

图4-28　包头的对称镶拼

(二) 工艺的美用一体

由实用动机发起的工艺设计与结构处理也会形成某种形式美感;或者是人们在生产与生活中体验到这些处理所带来的便利后,对其认同、欣赏而升华为美感,即所谓的"由用而美"。

例一:穿腰作腰上的两段式穿腰,与鞋底一样采用纳的工艺,且纳得十分厚实(图4-29)。这样的穿腰不只是简单地作为腰部的系带,而是在厚纳的基础上延展出支撑腰部、减少劳作疲劳感的生理意义。细密的纳缝则形成类似刺绣般的秩序美与装饰美,"以纳代绣"便是此意。刺绣本是一种装饰手段,而水乡妇女将一些绣法改变为具有实用意义的缝合与加固手段。如包头三色拼角上的刺绣及鞋面上的刺绣,都起到了固定布料并使其保持平挺、增加悬垂感的功能性作用。由此可见,美用一体、由用而美是江南水乡独具的服装工艺造型理念。

图4-29　防污、收纳与美观兼备的作腰

例二：滚边工艺在包头、拼接衫、作裙与卷膀等上的运用十分普遍。滚边的首要功能在于固定边缘。在达到这个实用目的的同时，大量滚边所形成的线条勾勒出江南水乡民间服饰的轮廓，同时也使服装造型线中结构意义与审美意义相互交融，进一步加强了江南水乡民间服饰美用一体的特质。

例三：一件广泛使用镶拼工艺的拼接衫，一般由数种布料镶拼而成，拼接的目的是便于拆换、节省布料、延长使用寿命，这是实用性的体现；同时，拼接的布料在颜色、质地上都有区别，这种差异性会起到装饰的效果，使单调的服装变得生动有趣，这是审美意识的体现。作裙裙腰两侧的褶裥，本意是调节腰围大小，在劳作时支撑腰部等，这些是它的实用功能；而褶裥的制作工艺将平裁的裙片做出立体的效果并施以彩绣，且有别于其他地区的劳动妇女裙装，这又表现出族徽、标识与审美的功能。

装饰工艺包含于缝制工艺中，是其中最出彩的部分。这样，将装饰的含义发挥扩大，将实用价值与审美价值相互融合、相互渗透，使装饰不再是单纯的审美附加，而是达成美用一体。也就是说，在设计中揭示与强化"用"本身的美，将美学意义隐含于设计的使用功能之中。从设计原理与本质来讲，江南水乡民间服饰兼备了物质与精神、实用与审美的双重意义，它的美不是空洞的、孤立的、有意的添加，而是由于有用所自然散发的视觉愉悦（图4-30）。

图4-30　由用而美，美用一体

一、工业园区与三无农村

(一) 工业开发的三个阶段

长期以来,江南水乡地区一直是以农耕作为主要生产方式的鱼米之乡。改革开放后,苏南地区的乡镇企业异军突起,包括后来苏州-新加坡工业园区的建设。传统的农业耕作被工厂车间所代替,原先许多处于传统生产领域的农民被吸引到工业化的大潮流中。以胜浦、唯亭、娄葑为例,江南水乡地区在改革开放后的经济发展主要经历了三个阶段(图 5-1)。

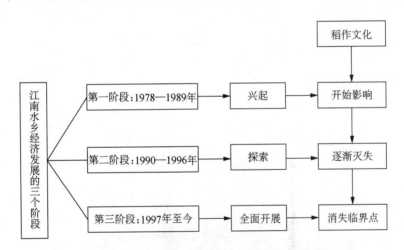

图 5-1　改革开放后江南水乡经济发展与稻作文化关系示意

第一阶段:改革开放初期到 20 世纪 80 年代末。至 1978 年底,当时胜浦累计只有企业 24 家。进入 20 世纪 80 年代,各大队掀起办厂热潮,至 1985 年村办企业总数达到 64 家,至 1986 年又增至 74 家。1987 年,村办企业形势继续看好,产值达 3 543.11 万元,比 1986 年增长 36%。1988 年,胜浦工业企业总产值首次突破亿元大关,而村办企业产值达 4 858.71 万元,吴巷、旺坊、龙潭、宋巷等村的产值都超过 3500 万元,金家村、邓巷村的产值比 1987 年翻了一番。[1] 在唯亭,也于 20 世纪 80 年代建成包括纺织、印染、机电、建材等行业在内的镇、村两级工业体系。[2]

---

[1] 吴兵、马觐伯:《胜浦镇志》,方志出版社 2001 年版,第 140～141 页。
[2] 沈及:《唯亭镇志》,方志出版社 2001 年版,第 157 页。

此阶段的总体特征:作为著名的苏南乡镇企业群体一部分的当地工业开始兴起,祖祖辈辈以种田为生的农民,被工业企业产生的巨大利润吸引甚至震撼。于是,部分农民离开了稻田,原本单纯的农业生产转变为亦工亦农的产业模式,相当一部分劳动力由农业阵营转移至工业阵营中。另外,工厂车间势必要占用土地,在获得巨大经济效益的同时,农田逐步减少,因为它开始进入被圈地的过程,或者说是一个以土地换金钱的过程。这时,稻作文化的根基只是初步受到影响,但世世代代在田地里讨生活的农民看到了这种生产方式之外的另一个天地。

第二阶段:20世纪90年代初至1996年。此阶段主要进行乡镇企业改革,转换企业经营机制。一些弱小企业与亏损企业以股份合作制、租卖、拍卖、先租后卖或先租后股等形式,进行村办企业产权制度的改革。改革与发展的一个重要标志就是企业规模的扩大,这当然也意味着又有部分农民的身份和部分土地的用途发生转换。同时,对外招商引资开始兴起,并且规模很快扩大。至1996年底,新建合资企业12家。其中,胜浦从事工业活动的人数为2 099,占当地从业人员数的16.5%;同时,建造厂房占用了相当一部分的耕地面积,约为15公顷(1公顷=1万平方米)。① 娄葑乡的数据更加惊人:所属15个村中有12个村的耕地在动迁后被陆续征用,或已无耕地,只有新苏、联合等少数村保留了少数蔬菜地,总面积仅几百亩(1亩≈666.67平方米),大批农民变成非农业人口(简称"非农人口"),离开村庄搬至梅花新村、梅花二村、夏园新村与娄谊新村等城市化居民小区(表5-1)。

表 5-1 娄葑乡所属部分行政村耕地与人口动迁一览表②

村名	原耕地面积(亩)	现耕地情况	人口动迁情况
新升	2372.2	动迁后全部征用	非农人口,迁至梅花新村、梅花二村
新湖	2448.6	动迁后全部征用	非农人口,迁至梅花新村、梅花二村
新苏	2805	1999年保留54亩蔬菜地	农户142家,568人
葑塘	1650	动迁后全部征用	非农人口,迁至夏园新村、徐家湾新村
葑红	1091	无耕地	非农人口,迁至夏园新村、徐家湾新村
团结	2136.68	无耕地	现均非农人口
友谊	1215	1990年减为546亩,后无耕地	非农人口
城湾	520	1999年减为173.1亩,后无耕地	1999年农户102户,122人
星红	753	动迁后全部征用	非农人口
南园	1418	1997年后无耕地	非农人口
青旸	1018	1999年后陆续被征用	1999年农户36户,59人,现均非农人口
联合	1256	1999年减为306亩	1999年农户108户,193人,现均非农人口
塘北	807	动迁后全部征用	非农人口,迁至通园新村
金库	1854	1999年为18.2亩,后无耕地	非农人口,迁至夏园新村、葑谊新村
二一四③	3297	1999年为820亩,后无耕地	非农人口

---

① 吴兵、马觐伯:《胜浦镇志》,方志出版社2001年版,第144页。
② 吴万铭:《娄葑镇志》,方志出版社2001年版,第58～77页。
③ "二一四"确实为娄葑的一个行政村名。

至 1999 年,胜浦 15 家镇办企业占地面积为 319 亩,占全镇土地面积的 15%;38 家村办企业占地面积为 230 亩,占全镇土地面积的 10%;合计约占土地面积的 26%。[1] 同年,唯亭的企业占地总面积为 416.6 亩,约占唯亭土地总面积的 12%。[2] 在归并入工业园区的几个乡镇中,征地最多的是斜塘镇,占其镇域的 64%。[3] 除去宅基地,此时进入到一个农业用地与工业用地相互对峙的过渡期。随着经济开发的愈加深入,对峙双方的势力比逐渐失衡。

　　另一方面,在 20 世纪 90 年代末,以市场为导向调整农业产业结构。从 1995 年起,扩大经济作物和水产养殖的规模,如蔬菜、西瓜(1999 年种植面积为 2916 亩)与鱼虾养殖(1999 年开挖养殖地 3800 亩)等,相反水稻种植面积则逐年下降。[4] 唯亭的水稻种植面积长期以来一直稳定在 45 000 亩以上,20 世纪 90 年代首次跌至 30 000 亩左右,至 1999 年跌至 20 世纪期间最低的 25 000 亩。[5]

　　第二阶段的特征是部分农业人口转化为工业人口,部分耕地转化为工业厂房,稻作文化依然存在,水稻种植也保持了一定的面积。但在江南水乡地区内部,各乡镇的变化并不平衡(表 5-2)。在距离苏州市区最近的娄葑,其所属各村的耕地至 1999 年已所剩无几,大部分农民已转为非农业人口,并迁居至城市式社区;而在距离苏州市区较远的胜浦,水稻种植面积占据耕地总面积的二分之一,有相当一部分劳动力依然在从事水稻耕作,这些人的生活方式基本保持原样。由于文化进程的渐进性与滞后性特征,直至 20 世纪 90 年代中叶,在江南水乡地区,有不少地方的自然面貌依然如初,穿着水乡民间服饰的妇女也比比皆是(图 5-2)。但是,这一切都在逐渐萎缩与弱化。到企业上班的人已经改变装束,年轻一代也不打算继承传统的装束。

图 5-2　20 世纪 90 年代初的甪直街头

① 吴兵、马觐伯:《胜浦镇志》,方志出版社,第 139~143 页。
② 沈及:《唯亭镇志》,方志出版社 2001 年版,第 159 页。
③ 潘云官:《苏州工业园区乡镇志丛书序》,《唯亭镇志》,方志出版社 2001 年版,第 2 页。
④ 吴兵、马觐伯:《胜浦镇志》,方志出版社 2001 年版,第 107 页。
⑤ 沈及:《唯亭镇志》,方志出版社 2001 年版,第 122~123 页。

表 5-2　娄葑、唯亭、胜浦三地耕地面积与播种面积统计　　　　单位：公顷

年份	娄葑		唯亭		胜浦	
	耕地面积	播种面积	耕地面积	播种面积	耕地面积	播种面积
2000①	335	457	2462	3761	1741	2630
2001②	1067	1107	2428	3124	1000	1947
2002③	1454	2416	2157	4316	1000	1728
2003④	314	280	1935	1272	167	440
2004⑤	1833	1657	1803	1013	67	61
2005⑥	1355	1130	3259	1489	42	45
2006⑦	1120	865	3192	513	40	40
2007⑧	605	385	67	201	0	0
2008⑨	415	320	67	201	0	0
2009⑩	75	75	67	171	0	0

注：播种面积指实际播种或移植有农作物的土地面积。凡是实际种植有农作物的土地面积，不论种植在耕地上还是种植在非耕地上，均包括在播种面积内。在播种季节基本结束后，因遭受自然灾害重新改种和补种农作物的土地面积也包括在插种面积内。所以会出现播种面积大于耕地面积的情况

　　第三阶段是从 1997 年起，以印度尼西亚造纸业"金光"项目［即印度尼西亚金光集团在胜浦投资的金红叶纸业（苏州工业园区）有限公司与金华盛纸业（苏州工业园区）有限公司］为标志，包括胜浦在内的苏州工业园区，各乡镇的工业项目发展迅速，城市化进程明显加快。

　　在这个阶段，招商引资的不断深入，工业企业和配套设施的建造力度不断加大，导致耕地面积和相应的粮食产量逐年减少。在 1997 年动迁之初，胜浦的耕地面积为 1997 公顷（在改革开放之初的 1980 年，胜浦的耕地面积为 3 352.8 公顷，唯亭的数据约为 4 385.73公顷）⑪，但之后便不断减少，尤其以 2003 年为时间节点骤然下降，由 2002 年的 1000 公顷缩减至 2003 年的 167 公顷。自 2007 年起，胜浦可耕种的土地面积已为零，传统的农耕稻作完全淡出当地人的生活。同年，娄葑与唯亭的耕地面积分别缩减为 615 公顷与 201 公顷。另一方面，整个工业园区的出让土地总量在迅速攀升（表 5-3）。从 1994 年至 1999 年的五年间，整个园区的出让土地总量仅为 362.19 公顷，但仅 2003 年就出让了 1 555.31 公顷。此后连续两年维持 1 000 公顷左右的土地出让幅度。这些耕地在档案与史志上变成"工业用地、

① 苏州市统计局：《苏州统计年鉴》，中国统计出版社 2001 年版，第 130～131 页。
② 苏州市统计局：《苏州统计年鉴》，中国统计出版社 2002 年版，第 130～131 页。
③ 苏州市统计局：《苏州统计年鉴》，中国统计出版社 2003 年版，第 136～137 页。
④ 苏州市统计局：《苏州统计年鉴》，中国统计出版社 2004 年版，第 136～137 页。
⑤ 苏州市统计局：《苏州统计年鉴》，中国统计出版社 2005 年版，第 130～131 页。
⑥ 苏州市统计局：《苏州统计年鉴》，中国统计出版社 2006 年版，第 132～133 页。
⑦ 苏州市统计局：《苏州统计年鉴》，中国统计出版社 2007 年版，第 130～131 页。
⑧ 苏州市统计局：《苏州统计年鉴》，中国统计出版社 2008 年版，第 130～131 页。
⑨ 苏州市统计局：《苏州统计年鉴》，中国统计出版社 2009 年版，第 128～129 页。
⑩ 苏州市统计局：《苏州统计年鉴》，中国统计出版社 2010 年版，第 126～127 页。
⑪ 吴县市土地志编纂委员会：《吴县土地志》，上海社会科学院出版社 1998 年版，第 70 页。

商业用地与其他用地",在人们的视线中则非常直观地变成城市的一间间厂房与一条条街道。

表 5-3　1994—2005 年苏州工业园区土地出让情况①　　　　　单位:公顷

年份	1994—1999	2000	2001	2002	2003	2004	2005
出让土地总量	362.19	276.86	604.95	638.35	1 555.31	1 315.45	974.56
分布地域　中新合作区	201.24	131.60	192.19	318.90	707.33	795.62	583.05
分布地域　周边乡镇	160.95	145.26	412.76	319.45	847.98	19.83	391.51
土地用途　工业用地	184.68	148.94	400.79	429.60	1 008.92	724.89	559.64
土地用途　商业用地	152.06	114.86	191.04	195.87	399.20	262.67	208.11
土地用途　其他用地	25.45	13.06	13.12	12.88	147.19	327.89	206.81

同时,第一产业的萎缩导致了剩余劳动力向第二、第三产业流动,产业结构的调整带来丰厚的收益,带来了劳动力转移的新动向。相关数据表明:"2001 年,苏南地区的产业结构实现了由'二、一、三'向'二、三、一'的转变,就业结构也发生了变化,大量农业剩余劳动力向效率较高的非农部门转移",以及"第一产业从业人员比重为24.5%,比全年平均低 17.3 个百分点;第二、三产业分别为 43.6% 和 31.9%,分别比全省高 13.2 个百分点和 4.1 个百分点"。② 这样,农民渐渐远离世代

图 5-3　貌似欧洲小镇,实为胜浦街景

相传的稻作生产,向着工业化的方向转变,促成了当地工业与服务业人口的激增。这就是所谓的农转非,意味着当地农民身份与生活方式的彻底改变。对于曾经从事农业劳动的中老年人来说,稻作生产已经成为某种回忆;而对于年轻一代来说,他们则与城市居民一样,对稻作生产完全没有直观的认识。

第三阶段的主要特征:从表面看,农业耕地与自然村落逐渐减少,居民小区日益增多;农民收入的主要来源由传统农业向现代工业转变,人们的收入结构与生活习惯都发生了变化。实质上,这是现代化的经济发展模式及文化形态对传统文化的冲击,是占主导地位的普遍性强势文化向地区性弱势文化渗透的过程。由于生产方式所发生的根本变化,人们的生活方式也发生了根本变化。包括稻作生产在内的种种传统生产技术被淡化和遗忘,包括服装裁制技术在内的种种民艺也逐渐被淡化和遗忘,黄理清、黄金英、陆水英等屈指可数的几位民

---

① 李巨川:《苏州工业园区志》,江苏人民出版社 2012 年版,第 597 页。
② 刘焕明:《制度演化与"和谐新苏南"社会管理体制创新》,江苏人民出版社 2011 年版,第 53 页。

间服饰工艺传人显得弥足珍贵。

费孝通先生说过是"文化把土地变成了农田"①，即是人的作用改变了原先纯自然的土地，或者说附着于农田之上的文化内涵非常丰富、非常深厚。因此，耕地的流失必然使其附加文化难以继续存在，这正是令人足惜的问题核心。因此，在不可逆转的城市化进程中，尽量记录、留存包括服装在内的农耕生活方式附属的文化内涵，做到流失土地而不流失或者少流失文化，这是目前可以做到且必须抓紧时间做的工作。

(二) 居民生活的变化

1. 自然村落向居民小区转变

仍以胜浦为例。1965 年，胜浦镇初步形成时，共有 25 个村民委员会、57 个自然村。除了胜渔村以渔业生产为主，其余各村在历史上均以传统农业为主，兼营副业。1994 年 3 月，胜浦撤乡建镇，实行"镇管村"体制；但刚刚建镇两个月，即于同年 5 月，胜浦镇又从吴县被划出，归苏州市人民政府派出机构"苏州工业园区"管辖，斜塘、跨塘、唯亭与娄葑同时并入。巧的是，这些地区同时也是江南水乡民间服饰分布的核心地区。

此后，"撤村建居"的改革在胜浦全面展开（表 5-4）。1997 年前后农转非的工作开始实施，前戴、刁巷两个行政村拆迁农业户口，两个村庄的居民转为非农业户口并迁至金苑新村居住，只保留了"村"的行政建制。这是胜浦第一个现代化居民小区。后来，查巷、褚巷与旺坊三个村的拆迁居民也安置于此。1999 年，胜浦全镇农转非 4245 人。②

表 5-4　胜浦行政村转为居民社区情况

动迁社区	建成时间(年)	拆迁前行政村名
金苑社区	1998	前戴、刁巷、诸巷、查巷、旺坊
新盛社区	2002	胜巷、褚巷、杨家、西港、旺坊、赵巷、邓巷、许望、金家、吴巷、江圩
园东社区	2004	方前、陈家、龙潭、三家、宋巷、旺坊、南港、胜巷、查巷、渔业村
浪花苑社区	2005	许望、胜巷、邓巷、赵巷、南巷、南港、金家、大港、北里、陆巷、江圩
闻涛苑社区	2005	南巷、金家
吴淞社区	2007	龙潭、褚巷、许望、方前、赵巷、胜巷、北里、南盛、旺坊、宋巷
滨江苑社区	2010	金家、许望、吴巷、赵巷、江圩

进入 21 世纪后，改革的步伐进一步加快。仅 2004 年一年就撤去三个自然村，将宋巷的 168 户、园东的 735 户及南盛的 775 户居民分别迁入新建立的园东社区和吴淞社区。③ 2005 年，更加大规模地动迁胜巷村，共计征用耕地 1335 亩，动迁的居民均被安置于新盛社区。④ 此时，胜浦的可耕种面积已所剩无几，粮食产量达到零点。至 2010 年底动迁完成时，共建成现代化住宅 7 个。原先分布于几十个村落的农民均集中迁入这些小区，完全脱离了

---

① 费孝通：《江村经济——中国农民的生活》，商务印书馆 2005 年版，第 140 页。
② 吴兵、马觐伯：《胜浦镇志》，方志出版社 2001 年版，第 54 页。
③ 苏州市人民政府：《关于同意唯亭镇胜浦行政区划调整的批复》，苏府复[2004]81 号。
④ 苏州市人民政府：《关于同意娄葑镇胜浦镇撤村设立社区居委会的批复》，苏府复[2006]195 号。

农业耕种的生活方式,从自然村落走向居民小区,从农村走向城市。农民们将拆迁补助所得的闲置房产出租给外来的打工人员,同样可以获得较高的收入。

唯亭、娄葑等地的情况几乎一致。在改革开放之初的 1978 年,唯亭全镇非农业人口仅 170 人;进入江南水乡经济发展第二阶段之初的 1990 年,全镇非农人口为 3274 人,增长率为 18%;直至江南水乡经济发展第三阶段的 1999 年,非农人口达到 6248 人。[①] 1994 年 10 月,娄葑的 8 个行政村的 8607 名农民因征地动迁首批获准农转非。[②] 1997 年起,苏州工业园区对"征地农民全部实行'农转非'政策"。[③] 至 2003 年,干脆取消了农业户口与非农业户口的划分,统一登记为苏州市"居民户口"。[④]

成为居民的农民当然要搬进高楼大厦。官方统计为,"至 2005 年底,园区累计动迁房开工 627 万平方米,竣工 466 万平方米,回迁居民 31 447 户"[⑤]。这样一来,传统的社区布局发生了翻天覆地的变化。所谓传统的社区布局是指居民点、宗教场所、墓地,以及耕地、牧场、山林等生计空间。社区布局往往反映为某个族群对人与自然、社会秩序、等级等方面的文化观念,[⑥]同样也反映为某个族群包括衣生活方式在内的生活方式。传统服饰技艺等民间工艺既孕育于这种生活方式,也需要这种传统布局方式养育。处于原生态的传统社区布局中的传统服饰技艺是自然的和活跃的,生产、生活、穿衣、社区布局这若干个"点"之间本身就是一个紧密联系的整体(图 5-4)。

图 5-4　原来的原生态滨河农居

目前在江南水乡一带,经过农转非与撤村建社区的工作,原来一家一户的庭院式住宅加上耕地再加上共有群体活动场所(如打谷场、水车棚等)的社区布局,已经被城市式居民小区所取代。也就是说,当地已经完成由工业居民住宅形态对农业自然村落形态的根本性转换。

① 沈及:《唯亭镇志》,方志出版社 2001 年版,第 376 页。
② 李巨川:《苏州工业园区志》,江苏人民出版社 2012 年版,第 40 页。
③ 李巨川:《苏州工业园区志》,江苏人民出版社 2012 年版,第 585 页。
④ 李巨川:《苏州工业园区志》,江苏人民出版社 2012 年版,第 587 页。
⑤ 李巨川:《苏州工业园区志》,江苏人民出版社 2012 年版,第 584 页。
⑥ 蒋立松:《文化人类学概论》,西南师范大学出版社 2008 年版,第 52 页。

女红制作已不在房前屋后而是在钢筋水泥的"丛林"中进行。这样的布局使得传统服装技艺面临着陌生的、完全中断文化联系的新环境,从源头上就被弱化,最终导致了结果的弱化。也就是说,原先生产、生活、社区布局与穿衣、做衣之间的整体关系发生了断裂。在现代城市化小区所从事的女红制作,不再是为需要而作,而是在为延续而作。这里的"为延续而作"有两层含义:第一,为自己的实际需要作。对于上了年纪的妇女们来说,她们没有因生活改变而改变自己的服饰,依然保持传统的穿着。第二,为非遗而作,为应景而作,为笔者这样去当地调研采风的人而作。

2. 身份与生活方式的转变

随着江南水乡地区的进一步开发和经济发展,当地老百姓的身份由农民转变为居民,其收入结构也发生了较大的变化。一般来说,居民的收入按照性质可以分为家庭经营收入、工资性收入、财产性收入和转移性收入。

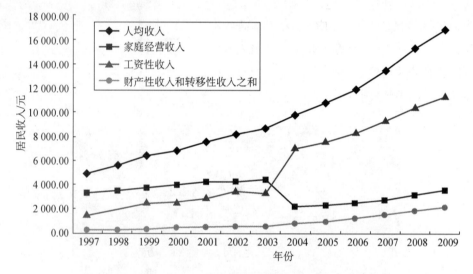

图 5-5 1997—2009 年胜浦居民人均收入及其构成变化趋势

从历年《苏州统计年鉴》记录的胜浦居民收入数据可以看出,从 1997 年至 2009 年,当地居民人均收入一直处于上升趋势,从最初的 4890 元增加到 16 830 元,年均增长 18.8%。应该注意到,工资性收入在人均收入中所占比重不断提高,由 1997 年的 29.5%增加至 67%,增加了 37%;而家庭经营收入的比重在经历一段平缓上升期后骤然下降,由 2003 年的 51%跌至 2004 年的 21%,跌幅高达 30%(图 5-5)。由此可见,随着胜浦农村的剩余劳动力向企业转移,人们从业的环境发生改善,工资性收入比重的上升是人均收入增加的重要原因,并已经成为当地居民增收最直接、最重要的源泉。家庭经营收入与工资收入的此消彼长,进一步表明以稻作生产为主的农耕劳动退出了历史舞台。

大量数据足以说明宏观意义上的整体变化,但深入到一户户的农家,又可以看到更为直接更为微观的案例。在胜浦镇,笔者重点选择了来自原先不同村落的 5 户居民,采用访谈和问卷相结合的方式进行调查。调查对象共计 28 人,年龄层横跨老、中、青三代,其中 60 岁以上的有 9 人,40 岁至 60 岁的有 16 人,1980 年以后出生的有 8 人。试图通过这种调查,以点带面地梳理家庭、人、衣与生活条件、生活方式之间的脉络关系,并试图说明生活方式的稳定或者变异是江南水乡民间服饰处于传承或者替换状态的基础。

一是黄金英家庭(黄金英生于20世纪30年代)。

黄金英家庭原住胜浦镇南盛村,现居吴淞新村。黄金英生于1934年10月,目前与老伴黄理清居住在一起。他们的子女早已成家立业,有的在外地定居,有的忙着生意,陪伴着二老的是一家人于某个春节在新加坡旅游的合家欢照片。

当笔者第一次到胜浦采风,请当地文化站推荐一位制作水乡服饰的能工巧匠时,他们不假思索地把我们引领到黄金英家,此举足见黄金英在大家心目中的地位。事实上,很多年前,黄金英应该只是当地无数位能工巧匠之一,但今天工业化的浪潮成就了她的"一枝独秀"。

黄金英本人一直戴着包头,穿大襟拼接衫,系作裙,脚踏绣鞋,但省略了当地八件套中的撑包、卷膀与作腰(图5-6)。这也是顺应时代所作的某些简化。除了自己穿用水乡服饰之外,黄金英还自己制作:"我身上的作裙就是自己做的,穿了有些年头了。"问及她的高超技艺从何而来时,她说是自幼随母习得的:"看着看着就会了,不会的就问问。"接着,她强调了实践的重要性:"实在不会的就自己试试,行得通的话,就一直做下去。"

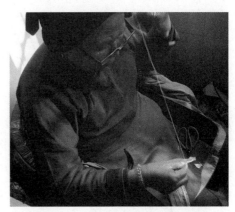

图5-6　正在操持女红的黄金英

黄金英的丈夫黄理清小时候就在裁缝店当学徒,后来在公社裁缝组工作过,改革开放后曾经到苏州市开过裁缝店,目前赋闲在家。黄理清本人一直穿着中山装。黄金英伉俪共养育了一男三女,其中三女儿在北京工作,这也是二老引以为傲的地方,另外两个女儿嫁到同样属于苏州工业园区的娄葑。他(她)们均远离了水乡服饰,要么穿西装,要么穿制服。

二是凌林妹家庭(凌林妹生于20世纪40年代)。

凌林妹一家五口,原住邓巷村六组,于2008年迁至浪花苑社区。凌林妹出生于1949年8月,20岁嫁人,后来跟随丈夫的姑父学缝纫手艺。其时,胜浦成立了公社缝纫组,她的师傅也是缝纫组的成员之一,制衣、带徒弟可以赚取与种田一样的工分。凌林妹学艺完成后,便在家接"生活",帮乡邻制作服装。起初以传统服装为主,主要制作大襟拼接衫、棉袄等,这种服装制作与田间劳动一样,都可以赚取工分,年终凭所记工分换取钞票或实物。20世纪90年代后期开始,随着改革开放的深入与工业园区的建设,当地人的职业与生活都产生了巨大的变化,找她裁制新式衣服的客户越来越多,找她裁制老式八件套的客户则越来越少。如今,凌阿姨仍然在家从事裁缝工作,但几乎都是制作现代服装,家中的制衣工具也从当初单一的缝纫机扩展为缝纫机、拷边机等;即便是偶尔有人找她做传统服装,在一些制作流程上,也比之前的步骤有所简化。这里的简化,其中一个重要的方面就是,一些手工制作的部分逐渐被机器制作所代替;另一个重要的方面是,一些复杂耗时的工艺逐渐被简单便捷的方式所代替。这些被代替的部分正是民间服饰工艺活态性的重要表现。从旁观者的角度，亦可清晰地看到其中传统技艺的低效率与现代社会的商品化之间的矛盾。

凌阿姨的女儿和女婿都是高中学历。胜浦当地常有入赘的习俗，女儿和女婿结婚以后一直与二老同住。高中毕业后，他们都没有继承父母田间稻作的活计，而是选择打工。在村办企业做了几年后，恰逢胜浦并入苏州工业园区，大量外资、合资企业进入，带来很多就业机会。如今夫妇俩都在园区的企业里做保洁工作，每天很晚回家，工作时间较长，他们的儿子蒋飞出生于1991年10月，笔者调研时为常熟理工学院的大四学生，稻作生活对他而言仅仅是童年的短暂记忆，而随着生活方式的改变，他的穿着打扮已经与现代都市的同龄人完全一样。

三是钱友彩家庭（钱友彩生于20世纪40年代）。

钱友彩出生于1946年10月，是连云港东海县人，于1971年迁居至此，目前居住在浪花苑社区。其丈夫马觐伯先生出身农民，但勤于学习，他有在晚上点油灯边行船边看书的经历，也有在私塾学堂窗口"偷"学的经历。① 马先生爱好广泛，对于文学、摄影、戏曲创作均有涉猎且成就颇丰，曾任胜浦文化站副站长。

图 5-7　钱友彩于 20 世纪 70 年代换穿水乡服饰

钱友彩在1971年迁居胜浦之前，从未与水乡服饰有过接触。她来胜浦之后，要参加这里的田间劳动，于是换上了一身水乡服饰（图5-7）。她在实际生产中，深深体会到了水乡服饰强大的功能性。由此可见，水乡服饰适用于稻作生产的便利性是无法代替的。一个人来到此地参与稻作劳动就得"换装"，这是一个强有力的证据！

钱友彩的儿子和儿媳都是20世纪70年代出生的，都受过高等教育，任职于国企。他们上班穿制服，下班穿时装。他们对于水乡服饰，有过耳闻目睹，但从未穿过，即使返乡为二老祝寿也是身着时装。钱友彩的孙辈离水乡服饰就更遥远，他们因爷爷研究民俗文化卓有成就而自豪。

四是张爱花家庭（张爱花生于20世纪60年代）。

张爱花于1960年6月出生于龙潭村的一户农家，从小对父母在生产队种稻、赚取工分的生活耳濡目染。成年后也经历了短暂的农耕生活，会各种稻作农活。后来，恰好赶上全面推进农村经济建设的好时候，她于25岁那年进了村办羊毛衫厂，成为一名工人。

1997年，"金光"项目等工业开发项目在胜浦落户，给当地居民带来了新的就业想法。1998年，张爱花与当地的很多人一起弃农从商。她辞去了羊毛衫厂的工作，做了个体户并持续了五年。尽管后来个体经商的业务不做了，但她已无心回到过去农业耕作的生活方式，便在镇上最大的"华盛"公司谋了一份职业。2004年，家中第三代的诞生给她的生活增添了

---

① 马觐伯：《乡村旧事——胜浦记忆》，古吴轩出版社2009年版，第47页。

新的焦点,她再次从企业离职,从此在家一心抚养外孙女。张爱花年轻时是一位很爱漂亮的姑娘,一直穿着八件套,直至20世纪80年代。张爱花一度和龙潭村的闺蜜一起学习专业服饰制作技艺,但一直作为副业。

自20岁嫁入杨家后,张爱花一直与丈夫家人同住。起初他们住在龙潭村一组,之后因胜浦并入苏州工业园区,于1998年迁入竹苑新村。目前,张爱花家共有6口人,正如胜浦镇的其他原住民那样,他们都不再从事与农业相关的活动。

五是宗芳家庭(宗芳生于20世纪80年代)。

宗芳现在是上海大众保险公司的客服专员,工作地点在胜浦的苏州电信呼叫中心。她和妹妹从小在南盛村长大。2002年动迁时,全家6口人迁至吴淞新村过渡,现在居住于竹苑新村自建的别墅中。本科毕业后,宗芳进入现在的单位工作,上班时间是三班倒,因此白天有空闲时在家陪伴爷爷奶奶。她说,新农村的生活使得人与人之间的距离感加强,老一辈人往往找不到交流的对象。在采访中,宗芳还提到自己平时上班都穿制服,休息的时候也以休闲装为主,传统的服装只有奶奶辈的人在穿用。

宗阿根老爷子年轻的时候在船上工作和生活。直到改革开放前,胜浦四面环水,居民与外界的交流主要靠水上交通,因此船只曾经是他们生活中不可或缺的组成部分,摆渡也是当地不可或缺的一个行当。成家后,宗爷爷入赘南盛村,开始以种地为生。二十多年后,由于工业园区扩展规划,他告别了种地的生活方式,住进了楼房。宗芳的奶奶和妈妈都是稻作劳动的好手,也是穿着江南水乡民间服饰的美丽村姑。拆迁后,她们远离了熟悉的农耕生活,至今赋闲在家,常常去附近的针织厂领些零活回来加工,以补贴家用。似乎因为受到她们的启发,宗芳的父亲在20世纪90年代初开办了自己的针织厂,融入到市场经济与工业开发的大浪潮之中。南盛村拆迁时,他把工厂搬到吴淞江对面的吴县。宗芳的父母亲由于商务活动的需要常常穿正装。因此,在这个家庭中,只有祖父、祖母穿着传统的服饰,也就是说,尽管他们也脱离了稻作劳动,但出于习惯,其穿着仍维持原状。

将以上五户家庭的调研情况与宏观统计数据相结合,可以看出在以胜浦为代表的江南水乡地区,农民的生活方式发生了巨大的变化:

第一,时代变迁在水乡居民的生活方式的变化中发挥了根本作用,具体而言就是工业园区的征地建设,这一点具有决定性的意义。但落实到每户家庭或每个居民身上,其影响程度又有不同。工业园区的建设高峰期在20世纪90年代,20世纪60年代出生的女性恰逢30岁左右。此前,她们在务农时,一直穿水乡服饰。此后,随着耕地的减少,她们进入农转非的队伍,服饰也发生了变化。20世纪70年代出生的女性,90年代时适逢20多岁,她们面临多种选择:务农者着水乡服饰,务工者着工作服与新式时装(笔者在闽南惠安一带见到的情况亦大致如此:一个女孩初中或高中毕业,只要回渔村嫁人,依然着惠安女传统服饰;上学期间或继续升学或外出工作,则着新式时装)。此后的20世纪80年代与90年代出生的人,基本上都没穿过传统服饰;而此前的20世纪30年代、40年代与50年代出生的人则坚守传统。因此,20世纪60至70年代出生的人,选择与变化较为丰富多样。这个时期亦是一个分水岭,此前与此后出生的两个年龄段的人穿着的服装都比较稳定,一个因忠于传统而稳定,一个因与时俱进而稳定。同时,居民们的受教育程度也与时代与年龄密切相关。20 世纪 40 年代出生的人基本上小学毕业后就开始为生计而忙碌,60 年代出生的人则往往读到中学毕业,80 年代出生的人大多持有或正在攻读本科学士学位(至笔者调研时为止)。受教育程度又与就业状态、生存状态及服装选择直接关联。

第二,城乡一体化的趋势推动着人群的分化流动,当地年轻一代选择去外地接受更高层次的教育,也有一部分人离开胜浦外出打工,这使得需要扎根于稳定生活方式和活动区域的民俗民风难以为继;从另外一个角度来看,尽管年轻一代对于传统文化和习俗的印象仅仅停留在儿时记忆与精神层面,但作为新一代的文化人,他们对当地传统和风俗保护的意识却一直扎根在心中。

第三,20 世纪 40 至 60 年代左右出生的人基本都经历过摇船与种田的传统营生,传统民间服饰、传统山歌与宣卷等民艺曾经都是他们日常生活中不可或缺的部分。对于民间服饰,他们家中仍有保藏,对于民间服饰的制作工艺,也或多或少地有所掌握。其中,20 世纪 60 年代出生的人,年轻时都穿过水乡服饰,但在改革开放后,他们中的大部分人换上了新式的时装,尽管新式衣服的引入、生活方式的变迁都出现了一定程度的滞后。从时间上看,这些变化正式进入他们的生活,要到 20 世纪 90 年代初。

第四,在传统的稻作文化背景下,那些民俗与民艺赖以生存的价值观与世界观在很大程度上是出于个体对自然的谦卑敬畏,而新一代追求个性、自我的价值观与认知方式正在影响着传统民风民俗存在的思想根基。在农耕时代,自然、土壤、天象是不可抗拒和难以选择的,它们既是人们保持敬畏的对象,也是人们保持敬畏的原因。从实践中积累的经验会升华为某种固定方法乃至民俗,世代相传,其服饰制作工艺也表现为重视传承固定形制、搭配与技术。但如今已是不再靠天吃饭的时代,在今天的生产与生活中,经验已被科学取代,所以包括传统服装在内的传统民俗逐渐被淡化,长期以来形成的敬畏、习惯正在迅速地褪色与动摇中。另一方面,老一辈人是坚守传统的主要力量,对改革开放后出现的新式服装持部分拒绝的态度——本人拒绝,但不阻碍甚至欣赏自己的儿孙辈穿用。

综上所述,一方面,市场经济的发展打破了自然经济的封闭局面与传统稻作生活的自在性与自足性,使越来越多的人离开曾经熟悉的传统农耕生活,进入充满竞争和创造机遇的现代社会;另一方面,支撑工业文明的技术理性和人本精神极大地改变了当地人民的思维方式和生活方式,他们不能再仅仅凭经验、常识、传统、习俗而自发地生存。当然,对于不同年龄段的人们来说,这一切又具有不同的理解,于是产生了或传承或变异或抛弃等多样化行为。

二、江南水乡民间服饰现状

随着撤村建居改革的深入,胜浦、唯亭等江南水乡地区的耕地急剧减少,人们不再以稻作生产等农业活动为生,田间劳动时穿着的民间服饰失去了存在的物质基础。于是,无论是穿着者还是制作者,都已成为不常见。

（一）穿着者现状

目前,胜浦境内65岁以上的妇女仍梳髻髻头,身穿传统服饰;50～65岁的妇女也穿传统服饰,但梳髻髻头的较少;50岁左右的中年妇女一般不梳髻髻头,但梳有髻髻头外观的发式——甪直镇上出现了可供销售的义髻,即按照髻髻头的样式预先做好的假发髻,需要时戴上即可。

从胜浦现有的8个社区中,笔者抽取了市政社区和园东社区进行深入探访,对社区内不同年龄段妇女的穿着习惯进行了调研和比照(表5-5)。市政社区内共有常住家庭534户,其中女性为1122人,35～55岁穿着传统服装的人数占社区内女性总人数的21%,55岁以上穿着传统服饰的人数占82%;而园东社区的户籍人口为3816人,其中女性为2675人,35～55岁穿着传统服装的人数占社区内女性总人数的19%,55岁以上穿着传统服饰的人数占90%。之后,我们又选取一些个案对不同年龄段妇女的服饰穿着状况进行对照。

表5-5　各年龄段妇女的服饰穿着情况对照

年龄段	老年	中年	青年
姓名	俞凤娥	朱宗妹	顾向芳
出生年月	1932年4月	1957年6月	1980年7月
服饰搭配（由上至下）	包头、大襟衫、作裙作腰、直筒裤、搭袢布鞋	方巾、大襟衫、作腰、直筒裤、搭袢布鞋	T恤、吊带裙、凉拖
服饰性质	基本保持原貌,但舍弃了部分品种的传统服饰	简化的传统服饰	现代服饰
服饰材质	棉布,亚麻布	棉布,麻布,化纤布料	棉布,莫代尔等新型布料
服饰变化	拼裆裤不再穿用,绣鞋被搭袢布鞋取代	包头被彩色方巾取代,作裙和拼裆裤不再穿用,绣鞋被搭袢布鞋取代	与都市青年的穿着没有明显区别

八件套在日常生活中仍然有部分被穿用,但穿着人群的年龄段集中在55岁以上。随着生活习惯的变化,整套服饰的穿着方式发生了相应的变化,整体呈现出简便化的趋势:她们依然穿用包头、拼接衫、穿腰作腰等,但更适用于田间稻作劳动的拼裆裤、作裙、卷膀等被简便的西式长裤所取代。也就是说,取消了江南水乡民间服饰中偏向于稻作生产的部分品种,而保留了日常生活中的常用品种,同时加以适当的改良和简化。她们仍保持系包头的习惯,但不再亲手制作,而是买一些色彩鲜艳的方巾代替。手工百衲鞋底的传统绣鞋也不穿了,随处可见的是机制橡胶大底的搭袢布鞋或运动鞋。35岁以下的年轻人则趋向时尚,穿着与周边都市居民并无两样,但由于年少时经历过农耕向工业转变的过程,因此在潜意识中保留着对传统服饰的敬意。65岁以上的妇女对传统习俗与传统服饰的穿着保留则较为完整,由于她们在日常生活中也在穿用,所以家中备有一定数量的用于换洗与搭配的传统服饰。另外一种比较完整的保留形式,则出现于"打莲厢"舞蹈或山歌的表演中,即把八件套作为舞台演出服使用。其实,当地原先的稻作文化形态中就是穿着这样的服装唱着这样的山歌,所以这

样的做法完全是真实生活在艺术形式中的再现与延续。

以下列举部分个别案例作进一步说明：

例一：黄金英。出生年月：1934年10月14日。

目前打扮：以穿江南水乡民间服饰为主，仍梳鬏鬏头，头戴包头，身穿拼接衫、大襟衣，腰束作裙、作腰。

现有传统服饰：鬏鬏头头饰7件、包头4件、大襟衣12件、拼接衫16件、卷膀3件、肚兜3件、作腰7件、作裙5件、拼裆裤8件、绣花鞋6件。

制作状况：15岁开始学做绣花鞋，自己会缝制水乡服饰，主要供自己穿着。

例二：陆水英。出生年月：1938年7月27日。

目前打扮：以穿江南水乡民间服饰为主，仍梳鬏鬏头，头戴包头，身穿大襟衣，腰束作裙、作腰。

现有传统服饰：鬏鬏头头饰6件、包头5件、大襟衣5件、拼接衫8件、卷膀1件、作腰5件、肚兜3件、作裙6件、拼裆裤6件、绣花鞋5件。

制作状况：会自己缝制水乡服饰，但主要供自己穿着。

例三：成阿会。出生年月：1939年6月12日。

目前打扮：以穿江南水乡民间服饰为主，仍梳鬏鬏头，头戴包头，身穿大襟衣，腰束作裙、作腰。

现有传统服饰：鬏鬏头头饰12件、包头3件、大襟衣4件、拼接衫3件、卷膀2件、肚兜2件、作腰6件、作裙4件、拼裆裤4件、绣花鞋4件。

制作状况：会自己缝制水乡服饰，但主要供自己穿着。

以上三人皆于20世纪30年代出生，皆由自然村落或民居转入现代化居民住宅。她们基本上保持着传统装束，并保有一定数量的传统服饰，如拼接衫3～16件、拼裆裤4～8件，以满足换洗、换季与搭配的需要。她们均掌握缝制水乡服饰的女红技艺，其中一人有对外服务的"业务"，其余两人均自做自穿，自给自足。这样的状况在过去的农耕时代是十分自然寻常的状况，而在今日则显得弥足珍贵。

（二）制作者现状

在胜浦地区掌握完整水乡服饰制作技艺的人已寥寥无几（注意：这里强调的是"完整制作"）。当地妇女制作民间服饰时，一些诸如裁剪之类的工序交由职业裁缝完成，余下的工序（主要指复杂的手工）则自己在家慢慢做。尽管这种业余性也是家庭女红制作服饰与传承的一个特征，但从服装制作与非遗传承的角度来看，是不完整的，所以我们调查的制作者是指精通各个制作环节的人。

据调查显示，至2011年，掌握水乡民间服饰制作工艺的传承者在胜浦仅存十余人，可以分为六个年龄段：20世纪20年代出生的1人，30年代出生的3人，40年代出生的3人，50年代出生的5人，60年代出生的3人，70年代出生的1人；其中，年龄最大的已步入耄耋之年，年龄最小的也已近不惑，而挑起传承制作工艺重任的大部分人已年过半百，正值青壮年的"八零后"则一个也没有（表5-6）。在调查中，人们普遍反映：现在穿这类衣服的人少了，且制作工序多、工价低,不仅年轻人不愿意学习该技术,连不少原来从事传统裁缝行业的人也已经转行;现在即使是从事缝纫工作的人,也只是将其作为一项副业。

表 5-6 胜浦的水乡服饰制作者情况

姓名	性别	出生年份	民族	文化程度	原住址	现住址	从业时间(年)	师傅姓名	徒弟姓名	是否继续从事
黄理清	男	1927	汉	初小	南盛村	吴淞新村	70	—	—	否
张阿二	女	1931	汉	初小	旺坊村	吴淞社区	35	—	—	是
黄金英	女	1934	汉	—	南盛村	吴淞新村	35	—	—	是
陆水英	女	1938	汉	—	赵巷村	滨江苑	45	—	—	是
成阿会	女	1939	汉	—	南盛村	吴淞新村		—	—	是
钱金凤	女	1939	汉	—	龙潭村	竹苑新村	47	徐水妹	张爱花	否
凌林宝	女	1947	汉	初小	南盛村	吴淞新村	30	—	—	否
凌林妹	女	1948	汉	小学	邓巷村	浪花苑	42	—	—	是
杨大男	男	1948	汉	小学	龙潭村(原21大队)	新盛花园	24	—	较多,但都不再从事缝纫	是
沈永泉	男	1943	汉	初小	赵巷村五十一组	浪花苑	41	归水泉	罗中泉 周雪珍 周宗火	是
朱秧菊	女	1952	汉	小学	江圩村(原二大队)	新盛花园	38	顾荣妹	王宝菊 马凤秀	是
周宗火	男	1953	汉	初小	赵巷村三组	滨江苑	30	沈永泉	—	是
许根水	男	1956	汉	小学	前戴村五组	金苑一区	42	顾伯生	归美云	是
周雪珍	女	1958	汉	—	—	工业园区"枫情水岸"社区	—	—	沈永泉	是
张爱花	女	1960	汉	—	龙潭村	竹苑新村	26	钱金凤	—	否
王增根	男	1963	汉	初中	赵巷村四组	滨江苑	20	—	—	是
费菊英	女	1969	汉	小学	龙潭村	园东新村	20	汪长男	—	是
周月明	男	1971	汉	初中	方前村	金苑新村	24	杏全	—	是

在此基础上,笔者又选取部分传承人进行重点考察,可以分为两种类型。

1. 职业裁缝型

黄理清,男,1927 年生。他 12 岁拜师学裁缝,至 2011 年,从业 70 余年,熟练掌握裁剪、缝制江南水乡民间服饰的各项技能,目前被奉为第一代传人。年轻时曾进入胜浦公社裁缝

图 5-8 黄理清在工作中

组,后来还进了社办厂。目前年事已高,但身体硬朗(接受完笔者的采访,就急急忙忙赶赴社区棋牌室)。黄理清平时很少做衣服了,只有客户登门请他做寿衣时才出山:"推不掉的就只能继续做。"但年纪大了,只能做半天,歇半天,主要是因为眼睛问题。他的经典语录:"我现在年纪大了,不做裁缝了,有时做做白相相(方言:做着玩玩)。"十分荣幸的是,经过沟通,黄理清先生为笔者示范了制作一件拼接衫的完整工艺过程,并允许摄像与文本记录(图 5-8)。这成为本书制作工艺部分的权威依据。

沈永泉,男,1943 年生,17 岁那年拜师学艺。沈先生师从唯亭人归水泉,学三年,帮三年,然后就满师了。满师时,师傅送他一件亲手做的中山装,这成为沈先生时常念叨的荣耀。这一切说明他的技艺是有渊源有门派的,对于手艺人来说,这比无师自通者要来得有底气。1972 年,他自己开始带徒弟,至 20 世纪 80 年代,曾经带过四个徒弟,再往后就逐渐门庭稀少了。沈先生现于胜浦浪花苑的自家车库里开了一家裁缝店,其业务目前可以分为以下三种类型:

第一,传统的江南水乡民间服饰。事实上,沈永泉这样的职业裁缝,在水乡服饰的制作中,很多时候只是承担其中的部分工序:第一是裁剪,因为很多当地农妇面对崭新的漂亮花布不敢下剪刀;第二是机缝一些直缝,如摆缝,将一件衣服的主体衣片初步拼接起来,细碎的手工部分则由妇女们拿回家自己做。

第二,简化的江南水乡民间服饰。在保持其基本形制的同时,通常采用化纤布料制作,装饰工艺也有所省略,主要用于旅游公司的划船女或"打莲厢"舞蹈队。

第三,其他传统服饰。一般由苏州评弹团之类的单位慕名登门定制,主要是做长衫、旗袍等。

在制作衣服的同时,他还顺带接些定做家纺的活计。这是他维持生计、广开财路的新途径。他的经典语录:"做裁缝,看来省力,一根针很小,但实际上工作很吃力,特别是冷天,所以不少人不做裁缝了。"

周雪珍,女,1958 年生。17 岁那年跟随沈永泉学习裁缝技艺,学的都是传统服装的裁制工艺。三年后满师,自己开店。周雪珍认为,1998 年,也就是她 40 岁那年,是一个重要的时间节点。此前,她一直从事传统服装的制作;而此后,她得逐渐转化、适应新式时装的制作。后来,周雪珍到镇上的学校工作,业余时间少量做一些衣服,一般 50 岁以上的顾客来定制传统服饰居多,而 50 岁以下的人则以新式服装居多(图 5-9)。

在调研中,周雪珍对自己的裁缝身份颇不以为

图 5-9 周雪珍在工作中

然。她反复强调:"在我们这一带,农村妇女都会自己制作衣服。"也就是说,裁缝与非裁缝之间的界限有些模糊。一般来说,当地的男装在裁缝店制作较多,而女装则一般在自家完成。农闲时,几个好姐妹聚在一起,邻里街坊之间相互传送的衣服样式、绣花样子,是她们交流讨论的永久话题,也是使服饰不断更新和扩展的途径和手段。她还说,有的妇女裁剪布料,用现成的衣服做样子,也有的请裁缝师傅裁好后自己缝制。这表明在胜浦,家庭女红曾经是当地主要的制衣方式,女红技艺也是女孩子们必备的本领。同时进一步验证了江南水乡一带由职业裁缝与家庭妇女分摊布料裁剪与部件制作的成衣方式。她的经典语录:"做做针线,讲讲闲话,说说笑话,蛮开心的。"请注意,"做做针线"与"讲讲闲话"是同时进行的,即手中的活计与口中的交谈是一体的,物质的生产与精神的交流是一体的,劳动与休息也是一体的。这些都是家庭女红制作的基本属性,也是家庭女红制作充满快乐的原因。

属于上述类型的水乡服饰制作者在甪直镇也有几位,以王阿金、陈永昌为代表(表5-7)。

表 5-7　甪直的水乡服饰制作者情况①

姓名	性别	出生年份	居住地	类型
王阿金	男	1934	甪直碛砂村	职业裁缝型
陈永昌	男	1935	甪直西郊	
龚阿二	女	1933	甪直陶浜村	家庭女红型
龚梅英	女	1948	甪直陶浜村	

2. 家庭女红型

黄金英,她自述还未结婚时就跟母亲学习绣花,说明她是家庭女红型传承的代表。但后来,她嫁给当地著名的职业裁缝黄理清,于是很难划分其技艺的出处。目前,她被公认为胜浦会做绣鞋的妇女中资格最老、技术最好的,说明接受专业的熏陶还是十分有益的。

黄金英做一双绣鞋得花两个月左右的时间。这是一种"业余"的两个月的时间,或者说是一种农耕时代的时间,是不影响生火做饭、养猪种田等基本劳作的时间。绣鞋的花样是她自己剪制的。花样一般有三朵梅花构成的"三梅花",由兰花、荷花与梅花组成的"兰彩荷",还有荷花、桃子、蝙蝠、榛子与万年青等组成的"年年增福寿"等。由于年纪大了,只能趁着白天光线好的时候做上几个小时,而繁复的做工与低廉的收入并不成正比(一双绣鞋卖30元,但鞋面的绣花得一周乃至一个月的时间)。现在她越做越慢,只能戴着老花镜慢慢做。她给笔者示范时,穿线穿了几次还没穿上,最后是笔者穿上的。因此,她现在批发些橡胶鞋底回来,将缝制好的鞋面直接纳缝在橡胶大底上,大大减少了整个制作流程所需的时间,也就是说节约了成本。尽管感到惋惜,但难以阻挡在市场化条件下,人们用较小的代价谋求较大的利益,而不计工本不计时间,恰恰是传统手工造物方式的基本特征之一,传统的"金贵"在某种程度上就体现在这里。尽管如此,她仍然希望通过更多的人把这些宝贵而复杂的技艺完整地传承下去。她的经典语录:"为老年妇女做寿鞋,鞋底本来绣七针,现在讲究发财,我把它变成八针,让她们满意。"别看她是一位小学文化程度的乡间老妇,却很懂得与时俱进的道理。

---

① 王慧芬:《江苏省第一批国家级非物质文化遗产要览》,南京师范大学出版社2007年版,第212页。

陆水英,她的身份是农民,长期以来一直劳作于稻作生产第一线,直至工业园区开发,农转非后才转为居民。

陆水英天资聪明,心灵手巧,未出嫁而在娘家时就以一手漂亮的针线活闻名乡里。邻里乡亲走亲戚时穿的好衣服,要请陆水英做才放心。另外,一般的水乡妇女只会做而不会裁,而陆水英是少数既会做又会裁的全才之一。

图5-10　陆水英用来盛放针线活的团匾

改革开放以前,生产队是最基本的农业生产单位,胜浦的每个生产队约有15、16户家庭。这些家庭的男男女女参加生产队劳动时,男人只携带生产工具,而妇女们除了生产工具,还要带一个竹篾编制的团匾,里面放一些针头线脑与未完成缝制的服饰(图5-10)。到休息时或午饭后,她们便到"水车棚"取出团匾,在田埂上开始飞针走线。此时,陆水英往往就是众人仰慕的中心,被小姐妹们尊称为老师。她最拿手的功夫就是制作作裙两侧的褶裥及绣花,又快又好,一般只需两天时间——这是一个绝对值,实际时间可能长达十天半月,因为所谓家庭女红都是忙里偷闲,利用业余时间制作的。时间业余,但手艺却不业余。陆水英的经典语录:"在家做姑娘时一定要把针线活做好,不然到了夫家,针线活拿不出手,会让人看不起,让人笑话的。"

从以上几位民间服饰制作技艺传承人的经历和体会可以看到:第一,由于自然环境和社会环境的变迁,稻作文化日渐式微,而市场经济大潮的冲击愈发猛烈,人们的生活方式变化较大,传承人仅凭借替别人制作传统服饰的业务,是无法满足其基本生存条件的;第二,传统技艺的传承活动并未得到足够的外部环境支撑与鼓励,相反似乎处于一种任其自生自灭的松散状态;第三,在社会进步的过程中,传统制作技艺本身也得到了简化和改良。但这种改良产生于商品经济的背景之下,在提高效率的同时,也失去了手工艺传统的精致,这未必是一件好事。总之,这些现象反映了当地传统服饰制作技艺正在受到来自各个方面的褒贬不一的巨大挑战,如不及时进行传承和保护,将会造成不可弥补的损失。

现在,市场上的供应十分丰富,买现成的服装既方便又较便宜(习惯于节省的水乡劳动者一般不会置办高档服装),而从事裁缝的工作既辛苦赚钱又少,所以有不少裁缝改行了。现在依然从事该项工作的人,大部分只将其作为一项副业。一些年事已高的师傅仍然在坚守,但穿传统服饰的人减少了,加上这类服饰主要依靠手工制作,工时量很大,裁缝们认为工价偏低,而顾客们觉得高了,这又导致客户减少。这样,维持传承人业务的不是日常生活穿着的服装,而是一些特殊场合穿着的服装,如"打莲厢"舞蹈服与寿衣等,但这样的服装需求量有限。

对于家庭女红而言,传统服饰技艺是水乡妇女必须掌握的"妇功"之一。男耕女织是我国传统社会的理想分工模式。女红亦是农业社会中评价女性成就、能力与价值的重要方面。首先,这种做法的历史十分长久。"女子十年不出,……执麻枲,治丝茧,织纴组纫学女事,以其衣服"①。《十三经注疏》所收录的《诗·魏风·葛屦》中有"掺掺女手,可以缝裳"②。《玉台新咏·古诗为焦仲卿妻作》中有"后汉焦仲卿妻刘氏……孔雀东南飞,五里一徘徊,十三能织绮,十四学裁衣"③。这些说明了研习女红的普遍性,也说明了研习女红的低龄化。另外,"燕无函……燕之无函也,非无函也,夫人而能为函也"④,这说的是燕地没有专门制甲的人,并不是那里没有会制甲的人,而是因为那里人人都会制甲,说明了包括缝纫在内的民间百工的普遍性,这与"齐郡世刺绣,恒女无不能,襄邑俗织锦,钝妇无不巧"⑤相对应。从笔者的调研结果来看,对于服装制作技艺的掌握,在江南水乡妇女那里同样十分普遍。

同时,家庭女红的制作过程是一种愉悦的经历:哼唱山歌,飞舞针线,与闺蜜谈笑交流,固然是愉悦的;将自己所喜爱的纹样、布料等组合成服装,试穿、调整,也无一不是愉悦的(图5-11)。这种愉悦是一种重要的调剂与精神寄托。从早晨起床到晚上临睡前,一位水乡妇女的手始终是不停的;而其劳作的强度有张有弛,在白天完成田地稻作生产等高强度农活,晚间以低强度的女红调剂,心理与生理上都渐趋平静,直至安然入眠。

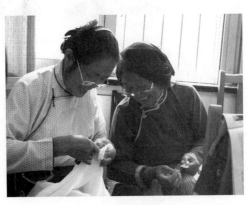

图 5-11　愉悦的过程

这一切都表明家庭女红是每位主妇都必须掌握的技艺,是民间制衣的主要方式。对于制作技艺,与职业裁缝将其作为谋生手段一样,家庭妇女则将其作为立足之本。首先,她们要靠这个技艺满足自己与家庭成员穿衣的需要,这既是自给自足的物质生产方式的要求,也是传统社会中社会分工的要求;其二,她们要靠这个技艺在待嫁时向夫家展示能力,这又是社会角色扮演的体现。费孝通先生在邻近乡村所作调查也印证了这一点:"多数妇女的手艺足以为她们的丈夫和孩子做普通衣服,因为这是做新娘必备的资格。新娘结婚满一个月后会送给他丈夫的每一位近亲一件她自己缝制的东西,亲属的称赞是她的荣誉,同时也是对她在这新社会群体中的地位的一种支持。"⑥正因为如此,当地职业裁缝的存在有些被边缘化,费孝通先生所调查的开弦弓村有1 458位居民,但专职裁缝仅有3人,缝纫工作是"各户自己劳动的普通工作"。⑦

在过去,以胜浦为代表的江南水乡地区即如此。但现在,就衣服的来源而言,"买"已在很大程度上代替"做";就邻里交往的密切程度而言,高楼大厦远不及自然村落;在社会分工

① [汉]戴德:《礼记》,《内则第十二》,远方出版社2004年版,第53页。
② [清]阮元:《十三经注疏》,《诗·魏风·葛屦》,中华书局1980年版,第357页。
③ [南北朝]徐陵:《玉台新咏·古诗为焦仲卿妻作》,华夏出版社1998年版,第43页。
④ [先秦]佚名:《周礼》,《考工记》,大连出版社1998年版,第260页。
⑤ [汉]王充:《论衡》,《程才篇》,上海人民出版社1974年版,第189页。
⑥ 费孝通:《江村经济——中国农民的生活》,商务印书馆2001年版,第116页。
⑦ 费孝通:《江村经济——中国农民的生活》,商务印书馆2001年版,第127~128页。

上,也不像过去那么严格和一刀切。所以,就像制作传统民间服饰的职业裁缝在萎缩,在改行一样,家庭女红的制作方式也仅在老一辈中保持,裁缝数量也呈现出随年龄由大到小逐步递减的趋势。采风调查结果表明,在胜浦65岁以上的妇女中,既是穿用者又是制作者的情况十分普遍,黄金英、陆水英等是其中的佼佼者。但目前形势不容乐观,因为年龄在65岁以下至60岁以上的,兼有穿着者与制作者身份的妇女仅10余人,在60岁以下至50岁以上的仅5人,而在40岁以下的几乎没有,这充分说明了后继乏人的现象。

无论在胜浦还是在角直,当地的民间服饰均已列入省级与国家级非遗项目。胜浦将服饰与山歌、宣卷组合成"胜浦三宝"进行申报,角直则把服饰作为一项"民俗"独立申报。但是,两地均未把服饰制作技艺这个非遗的核心内容凸显出来。同时,苏州市或者吴县或者工业园区也未有其中一级政府认定与宣布明确的服饰技艺传人。由此说明,对于水乡服饰的保护与传承,在其非遗核心层面的工作有待进一步开展。

(三) 制作工艺现状

随着生活环境和习惯的变化,江南水乡民间服饰的形制和制作工艺发生了相应的改变,整体来看,可以分成三种类型:重大改变型、局部改变型与基本不变型。

1. 重大改变型

重大改变型是指在形制、工艺或材质上发生了明显变化或更替的情况。此种变化类型的代表是绣鞋。尽管有许多妇女在穿用绣鞋,但她们根据日常生活的实际需求,对其外形、材质及制作工艺进行了某些明显的改良(表5-8)。

表5-8　绣鞋新旧工艺比对

名称	传统工艺	现代工艺
鞋帮		
鞋底		
鞋面刺绣		

（1）鞋帮。老式做法是前裁两块同样大小的鞋面，鞋头以彩色丝线缉合成鞋梁，而鞋尾结处则使用暗缲连接，并将连接的针脚藏于鞋拔中；新式的做法是直接剪裁一块 U 形布料用作鞋面，仅在鞋尾处缝合。

（2）鞋底。传统的鞋底采用整幅布料包裹碎布料，用白色苎麻捻成的鞋底线手工纳缝而制成；现今的鞋底则是采用机器大批量制造的橡胶鞋底。

（3）鞋面刺绣。传统绣鞋的刺绣范围由鞋帮大约延伸至鞋头的二分之一处，在鞋拔处也有些纹样分布，均以手针缝制；新式的绣鞋沿用从前的纹样，但改为机器刺绣，再用手工在花朵之间缝上几针作为点缀。

将绣鞋列为重大改变型的理由：一是鞋帮的布料由两片合为一片，传承了上千年的鞋梁消失了，这是形制上的重大改变；二是手工纳制的千层布鞋底被橡胶鞋底取代，这是材质上的重大更替；三是保持了不分左右、鞋面刺绣、圆形敞口等基本特征，故认为绣鞋不是一个新产生的品种，而是老品种的改良与延续。

2. 局部改变型

局部改变型是指部分的、非关键步骤的变化。目前，在江南水乡地区处于由实用性向装饰性过渡阶段的拼接衫和作裙，在外形上的变化不是很明显，对它们的改进大多集中在制作流程与布料材质替换方面。

（1）布料材质变化。从经济角度来看，手工织造的传统棉布造价低廉，在劳动人民的消费能力承受范围之内；而其易于吸汗、透气与保暖的特性，又满足了穿着者在舒适性方面的需求。同时，这些布料厚实、平挺且经得起磨损，在劳作过程中表现出较强的防护性能。近年来，由于田间劳作日益减少，当地人民对传统服饰的需求开始由劳动时穿着的功能性向演出、集体活动时的装饰性进行转变。机器化生产带来了造价更为低廉的化纤布料，它轻薄、挺括，有着传统棉布不具备的艳丽色彩和纹样，而且易洗涤，不易变形，因而取代了传统棉布，成为拼接衫用料的首选。

（2）工艺变化。随着缝纫机的普及，当地传统服饰中手工缝制的部分步骤已被机器缝制取代，如机器拷边取代了"来去缝"，以及手工抽褶改为机器抽褶等。

当地妇女曾经习惯于用手工方式来处理大襟衫拼接部分反面的毛边——先用手针以绕针的形式将线包裹住布料的毛边，再另外裁剪一幅长布条，覆在连接处的表面，并以点针固定其边缘；而拷边机的引入完全简化了这一流程，即"来去缝"的传统做法被机械加工代替了。

作裙两侧的褶裥部分既是传统手缝工艺中的特色所在，也是整套制作工序中最耗费时间的环节。其工艺步骤是，先在布料上抽出褶裥，再用手针进行固定。固定时，首先从布料的背面进针，穿过褶裥左侧，折回后以线包裹住之前的褶裥，向第一针出针处右侧褶裥刺入，继而绕过该褶裥，并向下入针。依次往复进行，直至绣成带有图案的装饰效果。当前在作裙的制作过程中，手工缝裥的步骤已经被缝纫机加工取代。

就上述两种变化而言，无论是制作工具还是布料材质，都呈现出简便化的趋势。传统服饰的裁剪、缝制全部采用手工工艺。20 世纪 60 年代初引入的缝纫机，在当时仅在制作新式服装时采用。但近年来，由于大部分农村劳动力流向工厂，水乡妇女不再像过去那样有充裕的时间从事女红。另一方面,效率优先成为社会价值的主流认识,机器在制作传统服饰中所起的作用越来越大,或者至少是机缝与手工结合运用。纺织土布也是江南水乡地区的一项重要手工业,并被普遍运用于当地传统服饰。但随着生活方式的改变,传统服装的实用功能渐趋弱化,而装饰性、表演性等精神属性日渐增强,人们倾向于选择制作工艺更简单、造价更低廉、更容易打理的化纤布料。

3. 基本不变型

基本不变型是指比较完整地保留传统制作工艺而鲜有变化的情况。作为江南水乡劳动人民精神寄托的通书袋,虽然在新的时代背景下被赋予了新的内涵,但由于本身不具备很强的实用性,外形和制作手法都得到了较为完整的保留,可以将其视作传承江南水乡传统手工技艺的代表。

通书袋的形制为正六角形。它的上口处有一道略微向内弯曲的弧度;正反面主体部分均为蚕丝布料,一般绣有蝴蝶纹样;周围有一圈黑色滚边,下端四角分别配有彩色丝线流苏和珠饰。此物的价值完全在于精神方面:一个小孩出生后,要把通书袋寄放在干爹干妈家里,等到这个孩子长大,要举行放炮仪式,再把通书袋请回家。通书袋的制作工艺:

(1)材料准备。裁剪六角形硬纸板两块作为主体部分,上口和底边长均为5厘米,其中上口略有弧度,其余各边长均为6厘米。裁剪碎布料若干,用于制作硬衬。沿布料的斜纹方向裁剪包边布条一根,宽3厘米,长35厘米。

(2)制作步骤(图5-12)。

第一步,将碎布料整理平整,把用面粉与水调和制成的浆糊均匀涂在布料上,使布料层层相粘,一般为2至3层,然后晒干,制成硬衬。

第二步,将硬衬与表层布料粘在一起,并根据硬纸板的形状剪出两块六角形布片,留缝分2毫米。

第三步,在纸上剪出纸花样,用线把纸花样固定在六角形布片的相应位置上,再用彩色丝线以直平针施绣,将纸片包裹在绣线中。

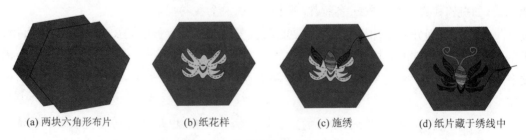

| (a) 两块六角形布片 | (b) 纸花样 | (c) 施绣 | (d) 纸片藏于绣线中 |

图 5-12　通书袋裁剪与刺绣工艺

第四步,将包边布条沿长边折起三分之一,叠在通书袋主体部分即六角形布片的正面,开始缉缝,缝至转角处须预留2毫米的缝分。按照该方法,将包边布条与六角形布片正面的六条边缝合。然后,将缝好的包边布条反折,包住六角形布片的毛边,用针挑缝,将包边布固定在六角形布片的反面,制成两块绣有纹样的布片。

第五步,取同色丝线剪成20厘米长的小段,20根为一组,共需四组。用细线将丝线段从中间部分扎起,并在丝线束外面用细线捆扎,线头则藏入丝线束中,这样就做成了通书袋的装饰须。

第六步,将两片绣有纹样的布片缝合,缝合过程中在两块布片中间放入通书(实际上就是小孩出生年份的全年日历),并用丝线将通书袋下部四角封口,最后钉上丝线束即成(图5-13)。

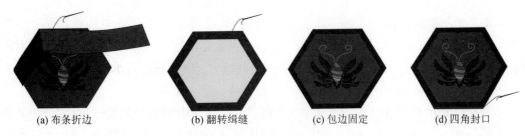

(a) 布条折边   (b) 翻转缉缝   (c) 包边固定   (d) 四角封口

图 5-13   通书袋制作工艺

通书袋的制作工艺过去如此,今天依然如此,因此无现代与传统之分,属于江南水乡地区迈入工业化时代后原汁原味地保留着农耕时代特征的少数见证之一(图5-14)。

三、江南水乡民间服饰的非遗特征

首先要解决两个基本概念问题。第一,什么是非物质文化遗产;第二,为什么服装这样一个明显属于物质形态的用品要归属于非物质文化遗产。

图 5-14   完成后的通书袋

对于第一个问题,引用联合国教科文组织《保护非物质文化遗产公约》中的官方定义:"指被各社区、群体,有时是个人,视为其文化遗产组成部分的各种社会实践、观念表述、表现形式、知识、技能及相关的工具、实物、手工艺品和文化场所。"具体包括五个方面:"(1)口头传统和表现形式,包括作为非物质文化遗产媒介的语言;(2)表演艺术;(3)社会实践、礼仪、节庆活动;(4)有关自然界和宇宙的知识和实践;(5)传统手工艺。"[①]在此公约签署通过后的第二年即2004年,我国全国人大常委会表决通过了批准我国加入此公约的决定,表明了中国政府的态度,也使相关界定成为官方认可的重要的学术基础。

第二个问题则需费些笔墨。首先,英文中的"Nonphysical Heritage"对应中文中的"非物质遗产",后来英文表述改为"the Intangible Cultural Heritage",但中文译文没有修改。因此,"严格地说,在中文语境里,用来翻译英文 the Intangible Cultural Heritage 的'非物质文化遗产'这一词语,是一个可能会发生歧义和误解的词汇,容易让人产生这一类文化遗产

---

① 联合国教科文组织:《保护非物质文化遗产公约》,http://www.Rarning.sohu.com/28/48/argicle214584828.shtml.
2003-12-08。

似乎没有物质表现形式,不需要物质的载体加以呈现之类的联想。"①于是,我们看到了由此产生的误读。换言之,我们在理解时需要将非遗的物质载体有意识地补充,以消除这个技术障碍。其次,我们还需要理解这些物质形态背后所隐藏的意识形态,即"非物质文化遗产所重点强调的并不是这些物质层面的载体和呈现形式,而是蕴藏在这些物化形式背后的精湛的技艺、独到的思维方式、丰富的精神蕴涵等非物质的内容"②,这才是对于非遗的界定中最本质、最有意义的成分。包括江南水乡民间服饰在内的服装及其制作工艺,我们在看到其材质、色彩、工具等物质载体之外,还可以看到造物观念、设计思维、精神寓意与裁制技艺等非物质形态的部分,以及对这个部分的传承与保护。更主要的是,一些服装实物标本可以在博物馆内保藏相当长的时间,但是其裁制技艺却有可能因为人们生活方式的变迁、传承人的因素而发生断裂或遗失,所以非遗保护的重点与意义恰恰就在这里。

在此可以套用乌丙安先生关于古琴的一段论述,这个问题将更加明了。乌老师说:"古琴,是物,它不是非物质文化遗产,古琴演奏家,是人,也不是非物质文化遗产,只有古琴的发明、制作、弹奏技巧、曲调谱写、演奏仪式、传承体系、思想内涵等,才是非物质文化遗产本体。所以,联合国批准的世界遗产是'中国古琴艺术',而不是古琴这个乐器或那些演奏家,虽然这种乐器和那些演奏家们都很重要。"③

如果将上面这段文字中的"古琴"替换为"民间服饰",会发现隐含于物质形态之内的民间服饰的思维方式、造物理念、工艺特色、女红传承等技术与精神范畴的内容才是非遗的本体,相对于物质文化遗产侧重于"物"而言,非物质文化遗产侧重于"人"——在于人的思想、创造、技能、技术知识的传承与精神的体现,这更接近问题的实质与关键。

在实际操作中,作为后来一系列非遗保护文件发端的联合国教科文组织于 1989 年在巴黎通过的《保护民间创作建议案》,其在认定"民间创作"的形式时就将"手工艺"归结在内。同样,在联合国教科文组织于 2003 年通过的《保护非物质文化遗产公约》中,依然将"传统手工艺"列为五个方面之一,而服装制作工艺正是"传统手工艺"中的一个单项。在国务院颁布的《关于加强文化遗产保护的通知》中,"传统手工艺技能"也在我国官方文件对非物质文化遗产认定的范围之内。④ 2010 年在上海举行的 ICOM 国际博物馆大会上,服装作为一个相对独立的专题被纳入会议体系之中。

显然,具备了形制、工艺、纹样、造物理念、思想内涵与继承体系等物质属性与精神属性的江南水乡民间服饰,属于非遗体系中的"传统手工艺",而且江南水乡民间服饰作为农耕时代稻作生产的传统文化遗存,处处体现出其独特性、活态性、稳定性、系统性、地域性等非物质文化遗产的特质。

(一) 独特性

独特性即文化差异性,是文化人类学的基本特性之一。江南水乡民间服饰在近代汉族

---

① 王文章:《非物质文化遗产概论》,文化艺术出版社 2006 年版,第 9 页。
② 王文章:《非物质文化遗产概论》,文化艺术出版社 2006 年版,第 9 页。
③ 乌丙安:《非物质文化遗产的界定和认定的若干理论与实践问题》,《河南教育学院学报》2007 年第 1 期。
④ 王文章:《非物质文化遗产概论》,文化艺术出版社 2006 年版,第 402～403 页。

民间服饰中具有十分显著的差异性，具体表现在含有某些特殊的传统元素、某种特殊的文化基因和记忆，又包含：

1. 服装形制的独特性

其一，这种独特性表现在拼接衫的掼肩头的前襟上。拼接衫的前襟采用的是大襟右衽的方式，这一点与近现代一般女装上衣的做法完全相同。不同的是，在以中原为代表的主干地区或其他北方地区，前襟的处理就是整幅的一块平板，除了因布幅限制而需要中缝拼接或者找袖拼接之外，再无其他。因为出于解决布幅限制的问题，中缝拼接与找袖拼接只需要二选一，无需同时采用（图5-15）。在闽南惠安一带，那里的上衣在前襟位置有更加复杂的拼接，但是其形制和寓意均与江南水乡一带有异。所以，江南水乡的拼接衫上沿着肩部、肘部、腹部等日常生活与劳作中的易磨损位置"走"一圈直至中缝的拼接方法，与其他地区的上衣前襟完全不同，显示出鲜明的独特性。这与半爿头裙的前短后长的下摆弧线一样，都是只有在稻作生产的实践中才能想到和做到的独到创意。

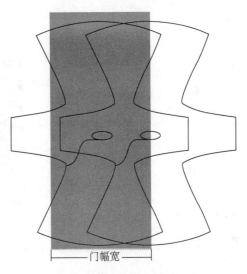

图5-15 拼中缝排料或找袖排料示意

其二，这种独特性表现在作腰的拼接与暗藏的口袋上。根据作腰的形制与功能，与其类似的其他地区的服饰只能是围裙。双方的共同点在于都是"蔽前不蔽后"的形制（其他地区的围裙只能与作腰对应而不能与作裙对应，原因就在于围裙只有一幅，而作裙有两幅；围裙只遮蔽前身，而作裙则前后左右通身遮挡）。那么双方的不同点又在哪里？第一，围裙一般较长而作腰较短，据江南大学民间服饰传习馆馆藏的作腰，测得其长度平均值为47厘米，而笔者在采风中看到的胜浦一带居民家中保存的作腰，测得其长度平均值为45厘米，均比围裙短。第二，围裙通常采用整幅，而作腰通常采用拼幅，而且拼幅的方式可分两种，一种是纵向三幅，另一种是边角三幅。也就是说，作腰拼幅的复杂性远远超过围裙。第三，围裙一般只有一层，而作腰都是三层结构——表面上是两层，其实这两层之间还暗藏着一个口袋。另外，围裙裙腰上的系带通常是布带，仅仅起系扎的作用；而作腰上的穿腰是一块加厚纳缝而成的又宽又厚的"穿腰板"，不仅起到系扎的作用，还起到支托腰力的作用。这些既体现了作腰在结构上的复杂性，同时也体现了作腰的独特性。

2. 服装工艺的独特性

首先，这种独特性表现在作裙两侧的裥上绣上。在其他地区的服装制作过程中可以看到，抽裥与刺绣都是十分常见的工艺，同时也是两种不相干、不交叉的工艺。在江南水乡地区的作裙上，抽裥和刺绣这两种工艺被交融于一体。先是抽褶，这一步与其他地区无异，关键是在固定褶裥时，水乡妇女采取刺绣工艺进行。这样，将收裥与刺绣这两种工艺合二为一，由于刺绣所得的纹样直接附着于褶裥之上，褶裥摆脱了单纯的调节腰臀的作用，具备了美用一体的价值，而这个价值正是由裥上绣这个独特的工艺所带来的。

其次,这种独特性表现在拼接衫的掼肩头上。拼接部位主要在领子、襟前、后背与袖子上,拼接形式有竖、横两种。竖者,在出手的二分之一处作垂直线破缝,左右襟两色相异,左襟大致以腰节线为界,上下两色相异,也可破缝后左右两襟用一色。横者,约在腰节线处作水平线破缝,上下两色相异。另外,袖子的两截头拼接也是当地的特色,同样不同于近代服饰的找袖,后者由于门幅限制拼接了一次,而江南水乡地区的拼接衫拼接了二次,这样就不完全是布幅方面的原因,也有便于拆换、便于再利用的原因(图5-16)。

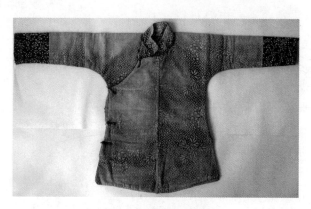

图5-16　拼接替换的证据

另外,拼接衫的掼肩头处与下摆围度的量,裁剪时无须根据服装规格大小调整,而是有一个固定值。掼肩头的垂直长度从肩部往下1.1至1.15尺(合36.7至38.3厘米),这是固定的,与其他部分的尺寸变化无关。下摆围度的量也是固定的,衣长为2.2尺(合73.3厘米)时,下摆在垂直线外放出2.5尺(合83.3厘米);衣长为2.8尺(合93.3厘米)时,下摆在垂直线外放出4尺(合133.3厘米)。显然,这些固定值的设定不是因为人体尺码(否则应该有梯度),而是服饰形制本身如此——从收藏的实物可证实这一点。这说明先有形制,后有尺码。在稻作劳动中锻炼出来的人体大部分是标准体,那就可以直接穿,偶有特例再调整。这样岂不简便、高效! 拼接衫的拼接方式、拼接位置与尺寸设定,都体现了其制作工艺的独特性。

3. 服饰纹样的独特性

江南水乡民间服饰中的绣花图样多采用线描,或者以近似于线描式样的单线作为纹样的轮廓,同时抓住形象的主要特征,淡化形象的一些细节,在写实的基础上加以夸张和变形。当地的桂花纹样仅仅用四个菱形和一个圆圈就代表了石榴的"多子",也有用四个小圆圈的。这显示了水乡人民强大的概括能力,使整个画面显得朴实而简单,而不同于一般的由花到枝、由枝到叶的具象特征的细节描绘,这是江南水乡民间服饰纹样具有独特性的典型代表。

同时,当地人民对于生活细节的观察角度也与众不同。如绣花纹样中的梅花,是从侧面平视而非一般的俯视进行表现的,同样的手法也使用在荷花、兰花、芙蓉乃至花篮的绣制上。这样就使得绣花本身变得简单和容易,几乎所有的刺绣样板乍一看都有些类似,但仅仅改变一些局部,花朵的种类与绣图的寓意便发生很大的变化。原本繁复、较难驾驭的绣花工艺,通过这种方式变得很容易上手,既满足了民众对审美的需求,又容易操作,而且不会花费太多的时间,因此在当地广泛传播,体现了水乡人民化繁为简的智慧(表5-9)。

表 5-9　江南水乡绣花纹样与民间传统绣花纹样比照

名称	传统绣花纹样	江南水乡绣花纹样	名称	传统绣花纹样	江南水乡绣花纹样
桂花			牵牛花		
荷花			石榴		
兰花			蝴蝶		
梅花			花篮		
芙蓉			蝙蝠		

　　这样一来,江南水乡民间服饰纹样看起来就比较抽象。这些纹样并非写生所得,而是通过"观察→记忆→表现"这样一条路径所得的;也就是说,只有从眼睛观察到用手表现这个环节,没有艺术家常用的记录环节,即省略了通常所说的写生环节。这样的模式得到的纹样比写生模式肯定简单得多,而且主观成分所占比例更多。正如著名的"美洲地图实验",阿恩海姆请了一些大学生根据记忆画出美洲大陆地图,结果"看到一种要把南北两片大陆对称地排列,并且使它们都倾向于同一条垂直轴的强烈趋向",他认为这种现象是因为人们知觉中占优势的简化倾向。[①] 同理,江南水乡人民通过记忆方式所获得的纹样图形,也是简化和概括的知觉心理的反映。

　　总之,与一般常用纹样的精细、繁缛、具象相比,江南水乡民间服饰纹样显得更为简洁、朴实和抽象,这是特殊的观察角度与概括的表现方法交汇之后所形成的。当地人民喜欢采用绝对俯视或绝对平视的角度,概括剪影式的平面形状,忽略复杂的光影关系,从而产生一

---

① [美]鲁道夫·阿恩海姆:《视觉思维》,光明日报出版社 1987 年版,第 143 页。

种独特的效果,这也说明他们更加注重将主观认知贯注于刺绣纹样中。

除了非常直观地体现于服装本身的独特性之外,江南水乡地区所蕴含的文化背景也显示出鲜明的独特性,那就是稻作生产以及这种生产方式所带来的特殊实用需求与精神需求。比如江南水乡劳动人民常用的包头,也具有遮阳的作用,这与其他任何一种遮阳帽的作用都是一样的,但是,包头遮阳的重点区域不在于前额而在于后脑勺与后颈部,这是因为插秧、耘稻等稻作生产的大量动作需弯腰低头。与此对应,形成了包头这样一种小众服饰,充分证明了其地缘独特性。

(二) 活态性

活态性的学术表达是既有传承性又有创造性。实际上,活态性的实质内容就是与时俱进,就是在生活中使用,在生活中改进,在生活中变化。但这种变化不是没有根基的骤变,而是既留存基因又不断注入时代印迹的渐变。首先,这些技艺是由前辈那里经过言传身教流传到下一代的,正是这种传承使其作为非物质文化遗产的保存和延续有了可能。其次,"非物质文化遗产的表现、传承都需要语言和行为,都是动态的过程"①,这里的"动态"表现为传承过程中的行为异化,从而使工艺产生渐变。

非物质文化遗产与自然和人文环境都有着密切的联系,无论是它的产生、构成还是发展,都不是孤立的,时代延续与累积的特点在非遗上会有不同的反映。因此,活态还存在另一层含义:社会在前进,一切事物,包括非物质文化遗产在内,总是在不停地发展、演变。在每个历史时期,江南水乡一带都会出现以当时的时代背景或重大事件为主题的山歌和宣卷,都会出现体现时代特色的服装形制和装饰细节,如《水乡模特》等新时代的新山歌,如搭袢布鞋、用缝纫机缝制的百褶作裙等。这就是一种与时俱进的创新,是自发的有意识的改变。在田间稻作渐渐从居民生活中淡出的背景下,包括服饰在内的"胜浦三宝"以这种方式保持生命力,既维护了文化内核,又保持了与社会的发展同步向前。

在世代绵延的传承过程中,这种变异是常态的,但是从整体演化进程来看,由于传承得十分缓慢,其变异的过程如同生物进化一般不易被人觉察。我们的工作就是要将这些相对隐秘的不易察觉的细节揭示出来。江南水乡人民并不是因循守旧的"老古板",他们十分愿意发现与采纳新生事物。包括的确良在内的种种工业产品,他们在认识到其特性之后,总能够扬长避短地吸收到自己的服饰制作中,使服饰保持着鲜活的生命力,这正是非遗特质的活态性所在。

1. 工艺简化

在采访中,凌林妹表示,由于传统服装的工序多、制作时间长且收入少,就算掌握了这门技术,愿意做的裁缝也不多。实在要做,工艺就要变革。她本人在为社区山歌队制作表演服时,就采用缝纫机来取代作裙制作中手工缝制褶裥的步骤。她说这样可以节省两天的时间。也就是说,作裙的形制不变,作裙两侧裥上绣的工艺特色也不变,变的只是抽褶的工具,当然褶裥效果也变化了,或者说失去了一些艺术家追求的"味道",但是得到了现代社会所追求的

---

① 王文章:《非物质文化遗产概论》,文化艺术出版社 2006 年版,第 63 页。

效率——原来需要数天才能完成的工作，现在用几分钟便大功告成。

又因当今下田劳作减少以至全无，作腰上的穿腰的助力作用也随之消失，故无需厚纳，因此出现了作腰与穿腰连在一起的款式。

2. 局部替换

水乡妇女在戴用她们的标志性服饰——包头时，先要梳一个复杂的发髻，即鬅鬅头。这个发髻是支撑包头的基础。换言之，没有这个发髻，包头就无头可包。但是，鬅鬅头的梳理十分费时，在时间越来越金贵的现代社会，每天梳一个这样的发髻，显然不够现实。于是，用直、胜浦一带的水乡妇女大都采用一个穿脱自如的"义髻"，这样既可以满足戴包头所需，又避免花费大量时间，甚至体现出水乡妇女的一丝谐趣。在当今时间就是金钱的商品社会中，在时间与形象面临二选一的时候，水乡妇女采用了一个两者兼顾的方案，既维护了传统的形象，也适应了现代的观念。这个两全方案的实质是与时俱进的局部替换。

3. 形制演进

原先的扳趾头和猪拱头绣鞋都是没有横襻的敞口鞋。这种鞋型在鞋子还是"新鞋"时没有问题，但是当鞋子被穿成"旧鞋"时，会变得相对松垮，即不那么"跟脚"了。于是，水乡妇女在脚背位置增设了一条横襻，使脚与鞋的受力处更多也更关键，解决了旧鞋不跟脚的问题。这样，原先连接在鞋后跟处的鞋拔取消了——新鞋无需做得那么紧了，帮助人们穿"小鞋"的鞋拔存在的意义就消失了。这一切体现了水乡妇女在实际生活中不断发现问题、解决问题的能力，而每个问题的解决在使她们的服饰更加完善的同时，保持着动态的变化。

4. 场合变化

目前，人们唯一穿着完整八件套的场合是在山歌和舞蹈等表演中，突出表现在以 55 岁左右中年妇女为代表的群体里。在调查中发现，她们是当今民间服饰消费的主要群体。有意思的是，她们穿着源于稻作劳动的传统服饰，却不再去稻田，而是去从事"打莲厢"舞蹈表演或山歌表演（图 5-17）。在角直等旅游区，这些服装用作为游客划船的划船女的工作服。由于穿着场合与穿着动机发生了改变，传统民间服饰的布料被替换，工艺被简化。繁复而精美的手工装饰部分，现在已难得一见。这是一种不再保持原汁原味的简化，因为穿着的场合与用途变了，固有的机能也变了，相应地，工艺、结构与面料也都变了。

图 5-17 "打莲厢"舞蹈表演

（三）稳定性

稳定性是指包括民间服饰在内的民艺在流变过程中的相对固定部分。所谓最不易变化的特征就是最重要的特征，所以它是经过大浪淘沙之后沉淀下来的核心内容。在江南水乡，这种稳定性是千百年来稻作劳动的文化基因和生命记忆。

1. 基本品种的稳定

通过江南水乡与中原地区的民间服饰比较,可以看到,双方民间服饰的主要品种大体一致(表5-15)。又分两种情况:第一种是形制相似而名称不同。比如中原地区的眉勒与江南水乡地区的撑边或小兜,其实形制几乎一致。再如中原地区的围裙与江南水乡地区的作腰的形制也很相似,只是作腰上的拼接更多。第二种情况是形制与名称均相同,比如双方都有绣鞋。双方的品种差异在于,中原地区的马面裙在江南水乡地区不存在,而江南水乡地区的作裙在中原地区也不存在。但总体情况是同远大于异。从人-衣关系来说,江南水乡妇女头部的服饰是包头与撑包,腰部是作腰与作裙,腿部是拼裆裤与卷膀。这些是我国民间服饰中服装造型结构与人体结合较为紧密的品种,也是形成之后比较稳定的品种。

表5-15 江南水乡与中原地区的民间服饰比较

部位	形制与名称区别	中原地区	江南水乡
头部	形制相似,名称不同	眉勒	小兜
	形制相异	兜勒	无
上身	形制相似,名称不同	衫袄	拼接衫
	形制相异	袍	无
腰部	形制相似,名称不同	围裙	作腰、穿腰
	形制相异	无	作裙
下身	形制相似,名称不同	膝裤、绑腿	卷膀、拼裆裤
	形制相异	马面裙	无
足部	形制相似,名称相同	绣鞋	绣鞋
	形制相异	弓鞋	无

2. 基本形制的稳定

江南水乡民间服饰在总体上呈现出从上衣下裳到上袄下裙的沿袭关系,历史悠久,形制稳定。拼接衫沿用了自上古时代以来前开包裹型的着装方式,沿用了历代传承下来的大襟右衽的开襟方式,说明了它的稳定性。作裙也是直接依据宋明时期的两片裙传承而来的,甚至拒绝了清时期马面裙的影响。进入现代社会以来直至工业开发区建设以前,这些基本形制一直稳定保持。

笔者在采风中发现有不少家庭将近代衣物保存至今。如赵巷村周小妹于20世纪40年代用土织布制作的拼接布衫(图5-18)。其拼接方式:蓝青布作大身和袖口,月白布作底摆间、接袖和督角;其尺码:衣长80厘米,胸围104厘米,通袖长114厘米,袖口围24厘米。她还有一件拼接衫,拼接方式:天蓝土布作大身和袖口,藏蓝土布作领襟、接袖和督角;其尺码:衣长72厘米,胸围96厘米,下摆围136厘米,通袖长134厘米,袖口围26厘米。第一件拼接衫与今日的形制、尺码几乎一致。再如园东新村沈香娥的接裥作裙,也是于20世纪40年代制作的,靛青色布作本身,月白布腰,月白布接裥;腰围110厘米,腰头宽5厘米,裙长

41厘米,由两片组成。问及此件作裙的用途,被告知护住下身保暖,以及野外作业时便于"方便"等,都与今日一致。由此说明近80年以来民间服饰的稳定性,即它们的形制、结构、尺码与用途几乎没有改变。

图5-18　周小妹于20世纪40年代用土织布制作的拼接布衫

3. 传播方式的稳定

晚清学人黄遵宪说过:"风俗之端,始于至微,搏之而无物,察之而无形,听之而无声,然而一二人倡之,千百人和之,人与人相续,又踵而行之……。"[①]在农闲间隙,水乡妇女拿出来相互借鉴的绣花纸样、婚丧嫁娶时遵从的风俗习惯和仪礼程式,都是当地人"倡之""和之""相续"的"风俗之端"。采访中,黄金英展示了她收藏的二十余种纸样,并一一报出名称,如"老式芙蓉""扁子芙蓉""外国蝴蝶""洋版蝴蝶"等。当我们问及纸样的出处时,她提到大多来自邻里之间的传递:谁从货郎担上得到新花样,或哪位能人构思出独特的图案,马上会成为被人竞相模仿的对象。这种以相互感染为切入点的传播方式,促进了这些纹样在水乡地区的流传,同时也决定了传播内容与传播区域的稳定性。于是,我们可以得到当地服饰纹样传播的一种模式(图5-19)。

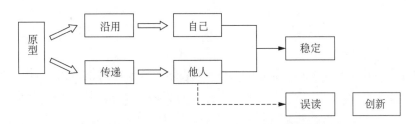

图5-19　传统技艺"传承"与"误读"示意

在这种模式中,无论是母女相传、自家使用还是邻里相传、人家使用,都是以模仿作为传播的具体方式,因而其形制、工艺与纹样的沿用都是十分稳定的。当然,辩证地看,稳定并不意味着一成不变。即使人们在主观意愿上尽量遵循基本的范式和方法,但在客观上却依然存在口耳相传过程中发生的误读。这种误读实际上就是一种变异,而且这种原先处于从属地位、变异的偶发形态会逐步融入稳定的常态,进一步促进活态性和稳定性的融合。如图5-20所示,同样是基于水乡地区的"蝶恋花"绣花图样,两双绣鞋上的蝴蝶纹样初看貌似一

---

① [清]黄遵宪:《中国文化研究集刊》,复旦大学出版社1985年版,第196页。

致,细看却可发现其多处细节各有千秋:(a)所示用的是双色线交错绗缝,比较稀疏,形成网格状,三段翅膀分别用红色、蓝色与红色线绣制;(b)所示选择粉色线绣制成比较密实的蝴蝶形象,三段翅膀用粉色、红色与蓝色线绣制。此外,两双绣鞋在蝴蝶与花卉的组合、蝴蝶眼部与触须的装饰等处,也存在较明显的差异。

(a) 双色交错绗缝的蝴蝶　　　　　　　　　　　(b) 三色密实绣制的蝴蝶

图 5-20　因人而异的"蝴蝶"

在采风中,黄理清告诉我们,拼接衫上衣袖接缝的样式可以自如变化:"可以接一段也可以接两段。接两段的是在小臂那接一道,大臂那接一道;接一段的是在手肘那接。也是做着做着就这么做顺了。"这表明,一开始是"自己怎么喜欢怎么接",这就是活态性的体现,之后经常这样做就"做顺了",说明已经融合到常态中,渐渐升级为某种固定的样式与做法。

误读的产生是由于人们对世界、对人生的认知有差异,是一种无意识的变异。这种变异的结果逐渐会成为新的范式的组成部分,也就是说,无意识的误读与有意识的创新的双重作用,是各种民间艺术保持鲜活生命力的源泉。所以,这样的稳定是动态的而非静态的。正因为稳定性是相对的,所以稳定性与活态性之间是不矛盾的。

(四) 系统性

在很多时候,尤其在从事技术层面的研究工作时,需要把服装拆分成布料、辅料、结构、工艺、纹样等各个局部进行分解式的研究。但是在进行思想意识层面的研究时,也同样需要将其作为一个系统,研究局部与整体的关系。对于江南水乡民间服饰来说,需要把它置于稻作生产的系统之中,置于农耕、自然资源管理、社会交往与稻图腾崇拜的种种关联与制约的关系中,作为稻作文化的若干构成元素之一,加以认识、理解和分析。

系统性是基于整体的建构而言的,它由内系统与外系统组成。

1. 内系统

内系统是指服饰品内部的整体建构。民间服饰是民间生产方式与生活方式的产物。这个产物一旦形成,其内部的各个组成部分就会为最终结果发挥最大的效益,其材质、款式、工艺进行自觉的协调整合。在江南水乡地区,要使服饰的各个组成部分在稻作生产中充分发挥服饰的物质机能性与精神表现性。首先,从布料来看,江南水乡妇女普遍采用棉织物,而棉花正是当地与水稻间种的另一种主要作物,因此服装材料的获得较容易,也较丰富。其次,从形制来看,江南水乡民间服饰中的包头、作腰与卷膀等均具备稻作劳动中的直接应用意义,其他如拼接衫、作裙等主要品种的间接意义也是有目共睹的。再次,从纹样来看,它们往往与形制一起共同构成族徽等标识,或者单独作为某种精神属性的象征。同时,它们之间的关系并不孤立。比如布料与制作工艺之间,由于江南水乡一带采用棉布较多,所以少用绣而多用拼、滚与纳工艺,因为棉布不大适合刺绣。这一切表明在这个系统内部,由稻作生产所调控的文化意识不断进行着物质与精神、结构与功能之间的融合与交换,这种相互联系决定了江南水乡民间服饰内系统的整体性。这个内系统的建立可以实现更好的质量与更高的效率。因为系统内的合理的组合编码使单个元素的特性被融合于整体,服务于整体。也就是说,原先无序的介质——服装的构成元素之间被有逻辑地连贯与制衡。在农业社会中,天然纤维的服装布料来之不易,十分珍贵,所以相应的服装工艺准则就是精工细作,不容浪费,追求高质量而宁愿低效率。这就是一个十分恰当的编码!同样,田间劳作需要作裙有一定的离体空间,而对于棉织物来说,褶裥处理是获取此空间的便捷方式,于是水乡妇女在作裙两侧抽褶打裥,甚至发明了裥上绣,由用而美。布料、形制、工艺与纹样之间环环相扣,逻辑关系有效而简短。这就是一个十分紧凑的编码!当然,这些编码在这里都是由稻作生产与生活方式调控的,这个系统的实质还是水乡地区稻作文化的系统。

2. 外系统

所谓“人生在世,吃穿二字”,但这并不意味着吃穿是人类生存与生活的全部。感情与精神生活同等重要。从这一层意义来看,服装仅是人们物质与精神生活中的一个组成部分,所以它需要把触角伸向更广泛的领域。这就是外系统的建构。外系统是指服饰品与其他物品在人们生活中共同发挥作用的相关物质与精神产品的整体建构。江南水乡一带的文化形态丰富多样,除了服饰,还有山歌、宣卷、打莲厢舞蹈等民艺。那么,这些形态与服装形态之间有无关联?有何关联?

吴县胜浦镇人民政府在申遗时将当地民间服饰与山歌、宣卷组合成“胜浦三宝”,这并非炒作或噱头,而是事实上本是如此。因为这些服饰与山歌、宣卷都是建立在稻作生产的基础之上的,彼此处于一种开合的状态,即可以相互渗透、相互利用。双方的基础与内容一致,只是形式不同。“胜浦山歌与当地民俗服装之间的紧密联系使之成为听觉形象与视觉形象之间完美结合的一个范例。”[1]很多山歌基于劳动号子而发端,还有很多山歌基于排解劳累情绪而产生。在采风中,成密花、吴叙中等山歌手都表示,在上晒下蒸的炎热劳作中,唱一首《耘稻歌》可以提神、解乏。它们与江南水乡民间服饰一样,都建立在稻作生产的基础上,同样为稻作生产服务。《结识姐妮隔块田》《姐在田里拔稗草》等山歌,既说明了妇女是稻作生产的一支主要力量,也说明了稻作生产是服饰与山歌共同的存在基础,表达了共同的内涵。

“当时在农村,不论是田间劳作,还是村口小憩,也不论是青年男女谈情说爱,还是村童放牧玩耍,或喊或唱,或哼或吟,男女老少皆会”[2]。从此记载中可以观察到胜浦山歌的普及性的同时,还可以观察到其演唱场合与演唱的方式:首先“田间劳作”直接占据了大致三分之一,其次“村口小憩”实际上还是劳作的一个环节与下一个环节之间的短暂休整,说明了山歌

---

① 李恩忠:《听觉形象与视觉形象的完美统一——论胜浦山歌与民俗服饰的内在联系》,《社会科学家》2011年第11期。
② 吴兵、马觐伯:《胜浦镇志》,方志出版社2000年版,第243页。

与服装一样都是劳动的产物;再从"喊"与"哼"这样的演唱方式来看,说明是在劳动中或劳动间隙进行的。这些都表明山歌与劳动之间的关系,同服饰与劳动之间的关系一样密切。

如此,江南水乡民间服饰与山歌、宣卷共同构成了一个稻作文化系统。在这个系统中,它们各司其职,是当地人民认识世界的途径,是道德教化与大众娱乐的形式,也是满足实际生产与生活需要及表现人们身份与理想的载体。与紧凑的内系统相比,构成外系统的介质元素相对松散,逻辑链条较长,但同样由于稻作文化而被有效地连贯起来。换言之,在江南水乡一带,作为非遗的民间服饰的存在并不孤立,在"打莲厢"这样的民间舞蹈与山歌演唱中,八件套的水乡传统服饰是不可或缺的行头,已经被向外扩展成一个包含山歌、宣卷与民间舞蹈在内的共同建构于稻作文化背景的系统。对于胜浦一带的水乡妇女来说,今天的传统民俗文化保护者将她们的服饰与山歌、宣卷一起并称为"胜浦三宝"是一个准确的表述。服饰是偏向于物质生活的重要条件,山歌与宣卷是偏向于精神生活的重要载体。正如卡西尔所说,这一切"能使我们洞见这些人类活动各自的基本结构,同时又能使我们把这些活动理解为一个有机整体。但是这个纽带不是一种实体的纽带……而是一种功能的纽带"。[①] 所以,吴县胜浦镇人民政府在申报非遗时,不是将服饰、山歌与宣卷等作为一个个单独的项目,而是将其组合成"胜浦三宝"这样一个整体,这确是一个具有学术依据的行为。

(五) 地域性

所谓"广谷大川异制,民生其间者异俗"[②],地域性是非物质文化遗产的重要特点之一。在地域不同的情况下,"因为任何一个民族的文化都绝不是其组成要素——民族、语言、宗教、社会心理、传统道德、生活方式、思维特征等的简单拼合,而是在一定的地理环境的影响甚至制约下,由各要素有机地、系统地结合在一起所形成的一个独具特色的文化综合体"[③]。这里的地域是由自然的物质环境与人类居住、生产、适应或变革之后的社会环境交织而成的,所以不能把地域环境仅仅看作是物理地貌,相反可以从中读出"有关民族的故事,他们的观念和民族特征"[④]。另一方面,即使是相同的非物质文化遗产项目,在不同地区也会表现出不同的特点,其实质在于地域环境和地缘文化对当地非遗形成过程所造成的影响,比如在江南水乡地区,是由稻作生产的文化综合体所带来的地域特征。

1. 地域封闭性

由于地理位置偏僻与封闭的特点,在江南水乡地区形成了一个个原生态的相对独立的文化单元,它们停留在稻作农耕文明的阶段,很少被外界打扰。胜浦镇距离苏州市 20 余千米,与唯亭、甪直、斜塘、车坊等相距约 10 千米,而且在过去仅有几个自然村落存在零星小店,一直处于自然生存状态。马觐伯先生回忆:"去五里远的前戴村读初中……上学时要摆两次渡,渡过青丘浦和沽浦两条河。"[⑤]"五里"就是区区 2500 米的距离,居然要摆渡两次,说明此地河汊纵横的同时,也说明没有桥,交通不便。在采访中,沈永泉先生也回忆从"宋巷村

① [德]卡西尔:《人论》,上海译文出版社 1985 年版,第 87 页。
② [元]陈澔注:《礼记》,《王制第五》,上海古籍出版社 2016 年版,第 152 页。
③ 王会昌:《中国文化地理》,华中师范大学出版社 1992 年版,第 12 页。
④ [英]迈克·克朗:《文化地理学》,南京大学出版社 2005 年版,第 41 页。
⑤ 马觐伯:《乡村旧事——胜浦记忆》,古吴轩出版社 2009 年版,第 48 页。

开船出发,到唯亭或甪直等地为终点,需当天来回,早出晚归"(图5-21)。如今宋巷到唯亭或甪直的车程只有几分钟,当年水路来回却要一天,真是"近在眼前"却又"远在天边"。当地居民出行尚且如此不便,外来文化的进入岂不更加艰难?

图5-21 无论交通还是副业都得靠船(胜浦)

直到1980年11月,全程7千米的唯胜公路建成通车,胜浦的道路才第一次连通了312国道。同年,吴县汽车公司首次开通了至胜浦的客运班车,而直到1991年才实现了村村通公路。可见,在地处水网地区的胜浦,至20世纪80年代初唯胜公路建成通车前,水上交通一直是当地与外界交流的唯一途径。唯亭的状况也极为类似。20世纪50年代,唯亭"陆姓兄弟手摇的有棚航船……从唯亭到苏州娄门一般要行3个多小时",这是当时"载客"的主要业务;直到1986年9月,"苏州公交公司19路公交车延伸到唯亭",才形成了水陆客运并行的交通格局。[①] 这种交通状况一方面带来了居民生活的不便与封闭,同时造就了胜浦三宝等民间艺术的地域封闭性。这仿佛是一台文化史的冰箱,将包括民间服饰在内的种种民艺在合适的环境中保存了下来。

2. 稻作劳动使然

作为一种历史的产物,江南水乡民间服饰是对历史上稻作生产的生产力状况、科技发展水平、人类认知能力的原生态的保留与反映,或者说,只有传统的农耕劳动才会造就水乡民间服饰。所以,一定的服饰形制势必与一定的生活方式有关,而一定的生活方式又势必与一定的地域环境相关。江南水乡的自然条件、稻作生产的实际需求、古老而中庸的文化传统,又进一步强化了这种地域特征。

在稻作生产中发端、发展起来的江南水乡民间服饰,虽然以中国传统的主流文化和主流服饰作为造型与结构的基础,但其材质、形制、配伍甚至装饰,处处考虑到了田间稻作的便

① 沈及:《唯亭镇志》,方志出版社2001年版,第178页。

利;或者说稻作生产就是江南水乡民间服饰的灵魂,是稻作生产将服饰的原料、工艺、形制与功能牵连在一起,是稻作生产将服饰的物质与精神属性牵连在一起,且被当地人民认同、喜爱并发挥至极致。人们在长期稻作生产实践中所体验与总结出来的一般方法形成了群体的生活经验,形成了江南水乡民间服饰的整体形制与结构;同样,一些对于服饰结构与工艺的灵活的随机变化,形成了个体的即兴处理方案,更加适应实际生活的需要。两者的综合、发酵与传播加强了江南水乡地区的内部相似性,同时也加强了与外部的相异性。同样孕育于稻作文化、用当地方言演唱的山歌与宣卷,也包含着具有鲜明地域性的艺术特征。

这就是说:"经过长期的历史积淀,某些地理区域出现了相似或相同的文化特质,其居民的语言、宗教信仰、艺术形式、生活习惯、道德观念及心理、性格、行为等方面具有一致性,区域文化就这样产生了。"①总之,地域文化是同一民族中不同地理区域存在的文化,是某个民族主体文化的组成部分,又是某个民族主体文化中相对独立的个体,既有共性又有个性。就江南水乡民间服饰而言,构成当地文化与民族主体文化之间的共性部分是,源自文化主干地区——中原地区的服装形制没有改变,或者说在主干地区向分支地区的辐射过程中,保持了一种历史的宏观的稳定性;构成当地文化个性的部分是,当地自然要素与人文要素综合作用后的凸显——当地以稻作农耕作为生产方式,以及由这种生产方式所带来的服装局部变革。因此,笔者认为稻作文化使然的江南水乡文化是吴越文化的一个缩影,吴越文化又是汉民族文化的区域代表之一。在历史的发展过程中,人们在语言、道德风俗、思想观念、生活方式及穿着打扮上,逐步形成了当地的共同特征,体现出地域的独特性与排他性。

3. 地域性与时代性的关联

根据丹纳制定的种族、环境、时代这三个基本社会动因的组成结构,在讨论文化地域的同时,不能脱离时代背景的制约和影响。所谓社会是"总体"中最大的"总体",其巨大的包容性与概括性使得所有地域的社会文化氛围都处于动态之中。正因为这种绝对动态的存在,所以某个地域的精神气候是地域性的重要表征之一。江南水乡地区的精神气候可以被分别归属于两个大的时代——农耕时代与工业化时代,各有各的时代精神。

对于时代精神,丹纳又划分为三个层面。第一层是最表层,一般只持续三至四年,呈一时之风气,如流行时装;第二层是表层下面的略为坚固的一层,一般长达二三十年或半个世纪,能集中体现一代人的性格、爱好与情趣;第三层是非常深厚与广阔的一层,同一精神状态会统治一百年或几百年,此时的宗教、政治、经济、社会与家庭都被烙上它的印记。②

对照以上定义,江南水乡的农耕时代处于第三层面:它具有上千年的历史,稳定、厚实、典型,不轻易解体或变质;它的时代精神是重农抑商;它在农业社会与宗法社会中发生、发展,地域封闭性更好地促成了这一切。江南水乡民间服饰正是这一层厚积薄发的产物,具有十分深厚的劳动与生活基础。因此,这些服饰首先表现出注重对于稻作农耕活动的全面适应性,且把这种关系作为一种正面的优势的主流的价值判断。

同样,江南水乡的工业化时代是介于最表层与第二层之间的一个夹层,多元,但缺乏稳

---

① 刘焕明:《制度演化与"和谐新苏南"社会管理体制创新》,江苏人民出版社 2011 年版,第 26 页。
② 〔法〕丹纳:《艺术哲学》,安徽文艺出版社 1991 年版,第 384~385 页。

定性,一时之风气已经形成,但尚未成为一代人的文化根基。稻作生产被淡化乃至退出了人们的生活(地域封闭性亦被打破),时代精神也变成了发展是硬道理,其中的一个内涵就是工业化,就是当地工业园区的建设。于是,农民们"洗脚上楼"并纠结于新旧价值观的冲突与融合之中。正因为这是一个农耕时代与工业化时代的衔接期,所以强大的惯性使第三层面一切尚存,也为进行文化遗产保护工作留下了一道光明。

(六) 普及性

江南水乡民间服饰之所以能够在上千年的稻作文化背景下得以发展保存,其中一个缘由要归功于其传承方式的便利,或者说归功于一种低门槛的传播途径。

首先,母女相传是其最主要的传承方式(图 5-22)。这种带有感情色彩的传承方式不仅十分便利,而且仿佛是一种义务,没有任何门槛。当地的女孩子从小就跟随母亲或邻居,通过口耳相传、言传身教的形式,学习各类针线活,一般到出嫁时,都能独立缝制,少数人还会自己裁剪。主要形制与主要工艺都通过这条途径代代相传,十分通畅。这就是所谓广泛的群众基础。

图 5-22　母女相传

同时,当地传统服饰的传承并不完全采用家庭女红的形式。在采访中有多人提到,有部分妇女仅仅在力所能及的范围内进行服饰裁剪和装饰加工,纹样往往由具备较好艺术功底或艺术天分的人先描出底样再进行绣制。比如穿腰作腰上"八仙过海"等比较复杂的纹样,有人专门"描穿腰",将复杂的纹样描成纸样再供制作者使用。现居吴淞社区的陆嘉嵘就是个中高手。这种纸样蓝本被称为"纸花样",在一些货郎担上和针头线脑一起作为女红用品出售。服饰制作中难度较大的部分(如裁剪、挖襟)也可以送交给职业裁缝完成。通常,特别费时费工的襟扣、刺绣等步骤都由自己完成。这样,将服饰制作按工艺难度进行了分解,使得初学者入门相对容易,降低了对制作者的技术要求。此外,当地妇女在裁剪时常常采用量衣而非量体的方式。无论是普通百姓还是职业裁缝,通常都喜欢拿一件平日里穿着的大小合适的衣服作为蓝本,根据其尺寸裁剪衣片,或在此基础上稍作调整。事实上,量体是服装工艺中技术含量比较高的一个步骤,而对这个步骤的省略与讨巧,在提高了制作效率的同时,也降低了裁制与传承的门槛。

其次,作为一种民间造物方式,江南水乡民间服饰的织造工艺与形制结构皆颇具亲和力。由于地处稻-棉区,手织土布随处可得;裁制工艺虽费时费力,但门槛不高。服装形制和纹样更具乐融融的和谐色彩,讲究圆和,讲究对称,自然融合了传统的人伦意识和民族心态,亦庄亦谐,雅俗共赏,容易被多数人喜爱和广泛接受。

同样,另外两种与服装并列的基于稻作文化的民艺——山歌与宣卷在当地也是采用口传身教的形式进行传承的。在过去,当地识字的人寥寥无几,大部分人都是靠反复聆听和传唱掌握的,省去了书面记录的繁冗流程,学习过程简化。"胜浦三宝"传承过程中的低门槛,保证了其相关文化在胜浦的全面普及。负面问题是书面的规范较少,一旦面临生活方式的改变、群众基础的坍塌,尤其是日常生活中实际功用的缺失,就会使其由生活必需迅速向文物转化,而非遗保护工作恰恰就是在延缓其灭失速度的同时,对传统进行保藏与抢救。当然,在今天单纯依靠这些民艺在个体间的自然传承,已经难以跟上社会发展的步伐。在保护、发展传统工艺、技艺的过程中,采用自然性延续和社会性延续的双重手段,已显得尤为重要。

四、由非遗保护引发的思考

在新的历史条件下,对非物质文化遗产保护这一课题,需要不断进行新的思考。对包括胜浦三宝在内的传统文化的传承和保护,不应停留在当地民间文化所表现出来的艺术形态上,隐藏在它们背后的深层次的精神内涵和文化底蕴有着比艺术本身更深刻的内容——它们更为全面地反映了一种社会生产与生活形态。因此,对于这些非遗项目的保护,应当从源头做起。

江南水乡民间服饰所面临的境况,其根源在于以稻作生产的传统形态为背景的生活方式的消失。社会形态、组织结构的演变是历史发展的必然,因此,对于江南水乡民间服饰的研究、保护和整理,更重要的是,要建构在对历史和现实的当地民间文化、民众生活进行分析和研究的基础上。只有真正将传统文化植根于自然—人—社会这一整体系统中,以顺应时代发展的潮流,才能有利于民间艺术的可持续发展。

20世纪80年代初,旧金山大学管理学教授韦里克提出了SWOT分析法,或称为态势分析法,即通过把研究对象的优势(Strengths)、劣势(Weaknesses)、机会(Opportunities)和威胁(Threats)的分析结合在一起,达到发掘、细分研究对象的目的。[1] 尽管包括服饰在内的"胜浦三宝"已先后被列入苏州市和江苏省非物质文化遗产名录,当地政府也开始加大宣传和开发的力度,但从长远看来,当地民间服饰的保护传承仍面临着诸多困境,成为其技艺保护和开发的重要制约因素。其中有其自身的限制,也有来自外部的原因,有其有利条件,也有不利之处。

(一)内部优势

1. 江南水乡民间服饰自身的强大文化资源

江南水乡民间服饰的结构和细节都是在长期的生产实践中不断总结、修正而形成的,它们与胜浦山歌和宣卷出自同一个母体,即稻作文化。以稻作生产为基础的社会形态十分完整而独特,具有水田耕作的典型性和代表性,这本身就是一个强大的资源。

与周边地区相比,江南水乡地区相对封闭的地理位置也使民间服饰依然保持着完整的、原生态的形式和特征。江南水乡民间服饰在创作、流传的过程中,留下了民间艺术发展的痕

---

① Robbins S P：*Management*，Prentice Hall International，Inc 1997年版,第109页。

迹,在内容与形式上见证了历史文明的足迹,再现了江南水乡居民特有的审美情趣、道德情操、思维方式与生活习俗。可以说,它是一部研究江南历史社会发展的教科书。在划归苏州工业园区,进行大规模拆迁与开发之前,这里受外界的影响一直是微乎其微的,从非物质文化遗产保护的角度来看,这种闭塞的劣势恰恰转化为其特立独行的优势。

2. 与周边高校科研工作的紧密结合

为了在更高的层次上开展江南水乡民间服饰及山歌、宣卷等民间艺术的研究工作,胜浦镇政府与苏州大学、江南大学、常熟理工学院等高校联合,共同探讨相关发展事宜,并着手进行了全面深入的文化项目开发。苏州大学政治与公共管理学院师生在郭彩琴老师的带领下参与组织当地社区的文化活动;包括笔者在内的江南大学纺织服装学院、人文学院的师生也多次深入当地探访服饰制作传人、山歌与宣卷演唱者,与他们进行技艺的切磋与交流,为山歌记谱,进行图像拍摄与文字记录,并从传统服饰中汲取灵感,为当地宾馆设计带有地方特色的职业装、床上用品等;常熟理工学院艺术学院史琳老师研究"胜浦宣卷"颇有心得并出版了专著……学者们的研究工作从深度上挖掘了江南水乡民间服饰的文化内涵,也使其研究方法更加科学和专业。学者们还参与了镇政府组织的相关研讨会,就筹建胜浦水乡传统妇女服饰展览馆、探寻胜浦宣卷与外地宣卷的关系、结合时代特点进行新山歌创作活动等,提出了建设性意见。具体表现为以下两个方面:

一个方面是研究深度与研究广度的拓展。

除了目前已经开展的调查、记录、展示工作之外,还开展了相关深入的研究工作。其中:"江南水乡民间服饰与稻作文化形态研究"项目得到江苏省社会科学基金立项,"苏南水乡妇女服饰的装饰工艺研究"项目得到江苏省文化艺术科学基金立项,"吴地民间声乐表演与表演服装的互动关系研究"项目获江苏省高校人文社会科学基金立项。这些立项使得对于包括江南水乡民间服饰在内的当地民艺的研究工作更上一个台阶。

另一个方面是寻求相关理论依据的支持。

从民俗学角度来看,制定了调查工作的全面规划,从经济生产活动等社会基础入手开展研究工作,使得对于包括服装民俗在内的当地风俗行为的研究更为深入,一些当地人"身在其中"尚未觉察到的民俗行为和民俗意义被揭示出来。对于个体行为与群体行为之间的关系,亦从"集体无意识"的角度进行了阐释。

从人类学角度来看,着眼于社会文化和人类行为的总体层面,对基于田野考察的密集个案进行研究,从而说明江南水乡地区种种民间艺术与当地人所从事的基本劳动——稻作生产之间的关系。

(二)内部劣势

1. 地域性制约

地域性是一把双刃剑。一方面,鲜明的地域特征是江南水乡地区民间艺术的亮点、特色与优势,但同时给其推广工作带来了难度。尽管民间服饰、山歌与宣卷的历史悠久且文化底蕴深厚,但其服饰是基于稻作劳动的需要而产生的,独特性较强而普遍性较弱;山歌、宣卷用方言演唱,也难以推广。再者,胜浦、唯亭等地非物质文化遗产丰富,但缺乏物质文化遗产的支撑。当地与物质文化遗产相关的实际现存的景点较少,文化影响辐射的范围有限,较难引起外界的重视。除角直之外,其他地区的旅游产业规模尚未形成,大量工业园区的现代建筑取代了旅游景观,丰富的文化资源亟待转化为可供游览的旅游产品,其特色产业、配套产业都有待于发展。虽然,当地政府已经采取了一系列"退楼还景"的措施,但资源优势转化为产品,还需要大量时间和资金的投入。从另一个角度来看,当地的文化开发目前还只能依托非遗本身。非遗文化的开发不像山水景观类资源,只要有必要的基础设施和接待条件就可以对外展示。它需要进行提炼、浓缩和与时俱进的艺术处理,需要寻找理想的个性化表现形式,也需要避免雷同化现象(民俗村、民族歌舞表演等都很容易发生此现象),还要坚持严格保护与科学利用相结合的原则,即保护第一、开发第二。

2. 人文资源不可再生

江南水乡民间服饰属于人文资源,一旦被破坏,就很难恢复。近代史上的中国是城乡分裂的,或者说,近代史上中国的历史变迁脉络之一就是城市与乡村的裂变。① 近代化的进程在城市轰轰烈烈,在乡村却举步维艰。所以,传统民间服饰的保留在近代中国不是问题,城市没有的东西,到农村去就可以找到。发生问题的时间出现在当代。今天的农村与城市都工业化了,城市没有的东西,在农村也找不到了。这时,来自城市的文化人着急了,就提出了"根"的概念(文化人在城市享受都市文明的同时,可以定期去乡村"寻根")。过去的乡村仍是坚守传统服饰的堡垒,不仅保留着传统服饰本身,还保留着它生存的土壤。于是,农民成为传统服饰的继承者,或者说,在把农村排斥在现代化进程之外的同时,也把对传统服饰的保藏与继承的任务交给了农民,无意中把农村变成了一个文化史的保险柜。但这个柜子时至今日也不再保险,因为随着江南水乡地区进入城市化、现代化的加速,江南水乡民间服饰的稻作文化基础逐渐缺失,又遭遇到外来时尚的巨大冲击,人们的穿着习惯发生了很大的变化。原先在当地处处可见的穿着与制作传统民间服饰的人越来越少,这部分人文资源已经成为稀缺资源。

这个问题倘若要解决,涉及穿着习惯,而穿着习惯又是由生活方式决定的。因此,这是十分庞大的系统问题,而且与当今工业化、城市化的历史进程相逆。试图将江南水乡民间服饰恢复为日常生活中的常用服饰,由于生活方式的改变,是不可能的,或者说这几乎是一个无解的问题。但是在特殊场合穿用江南水乡民间服饰,或者将其部分元素移植到现代服装设计中,则还是大有作为的。如果把江南水乡民间服饰当作一种"物"的存在,那么它的传承载体实际上有两个:第一是作为生活用品,在人们的日常生活中被沿用;第二是作为实物标本,在相关博物馆中被保藏。目前只有第二种情况是畅通可行的。同时,江南水乡民间服饰还有更广阔的传承途径,那就是直接传承于"人"。衣原本就是人的产物,也是人的附庸。人发明了衣,又利用了衣,改造了衣。现在,衣的传承工作还得靠人完成。衣的裁制技艺可以被人记录、研习并掌握;衣的文化精神可以被人研究、提炼和继承(图5-23)。这里的文化精神就是一种人文资源。目前,这部分的研究工作有待于深入开展,同时江南水乡民间服饰所处的外围环境也不容乐观,所以我们得抓住这个稍纵即逝的机会。

① 张竞琼:《从一元到二元——近代中国服装的传承经脉》,中国纺织出版社 2009 年版,第 233 页。

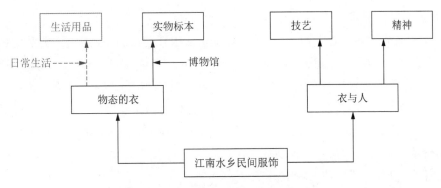

图 5-23 江南水乡民间服饰传承走向示意

与传统服饰面临的问题相似,胜浦山歌和宣卷也正在逐渐步入后继无人的困境。当然,这种困难恰恰反映了当地人文资源的珍贵,也证实了保护工作的迫切性。

(三) 外部机遇

1. 对民间艺术的再认识

各级政府将民间服饰列入非遗的事实已经表明,江南水乡民间服饰是整个中华民族非物质文化遗产中的瑰宝。但是,在市场经济大潮和工业化进程的双重冲击下,很多人一度被蒙蔽了眼睛,看不到它的美丽与珍贵。相反,很多人在时代感的托辞下,开始去追逐表面的华丽,加上舆论媒体及文化界也缺少宣传,江南水乡民间服饰的艺术魅力和文化价值因此一度被忽视、被埋没而倍受冷落。

笔者对工业化进程没有批判意见。一方面是因为发展是硬道理,另一方面是因为不站在工业化与城市化的角度上,是难以体验与观测到农业文明的宝贵的。曾经,人们认为这一切显得土气,落后了。农业文明的随意性和低效率等特性,使其与工业文明相比显得落后,但这恰恰更接近创作的本质和艺术的精神。今天能够得到再认识的机会,完全是拜工业文明所赐;或者说,这是一个难以避免的轮回,这里没有先知,也不可能超越这个阶段。于是,已经完成农转非角色转换的人们,再回过头去感受包括江南水乡民间服饰在内的种种稻作文化形态的时候,得出了不同的结论。人们在新的审美经验与审美层面上,重新感知到江南水乡民间服饰的独到创意和表达方式,感知到服饰形制与工艺的合理之处,感知到服饰色彩与纹样的精神寓意。尤其是今天对标准化与规模化设计逐渐产生了厌倦的人们,更加珍视失而复得的对于江南水乡民间服饰的亲切与熟悉。所以,传承、保护甚至"抢救"这样的医用词汇,被用来表明人们认识与态度的转变及某种决心。

同时,人们渐渐意识到,即使在商品化、工业化占主导地位的现代社会,传统文化依然是我们共同的"根",是记忆历史演变的载体,是存贮思想观念的载体,对于"我们是谁? 我们从哪里来? 我们到哪里去"这三个终极问题的答案,依然需要从这个"根"里去找,我们回家的路也需要以此作为路标。因此,对于江南水乡民间服饰的保护与开发,是对民艺所具有的顽强生命力的再认识,是民间服饰的艺术魅力与文化价值的再释放。传统文化研究的过程就是一个"寻根"的过程。

2. 旅游偏好的转移

我国已经成为世界旅游大国。一方面,随着生活水平的提高,我国居民更多地将旅游作为生活的常态;另一方面,开发了大量旅游景点,可谓供需两旺。在新开发的旅游景点中,不完全是自然景观,人文景观占据的比重越来越大,这说明了旅游偏好的转移。这一点对于胜浦、甪直、唯亭等江南水乡地区的第三产业的发展是有利的。这里的自然景观,除了阳澄湖外,再无其他,因此依赖自然景观则决无胜算。"胜浦三宝"等传统文化与民间艺术已凸显其开发利用价值,作为文化游、主题游、博物馆游的主要元素,甚至可以考虑复种少量水稻,不在收获而在于过程,在于营造一种旅游项目。

据苏州旅游局数据统计显示,2009 年,苏州市接待国内游客 5 820 万人次,旅游总收入超过 800 亿元人民币,同比增长 10%。2010 年,苏州市的旅游总收入突破千亿元大关,同比增长 23.3%。从目标市场的角度看,长三角大都市已进入老龄化社会,追求闲适、宁静的愿望,使得中老年人的旅游偏好从城市向乡村转移。这对于江南水乡及其文化项目的推广无疑是难得的机遇。近年,来自上海的游客呈井喷之势,因此把"胜浦三宝"等民间艺术转化升级为文化旅游项目正是时机。上海方言与江南水乡同属"吴语"系,上海的苏州河与流转于江南水乡的吴淞江,彼此具有天然的纽带关系。

值得一提的是,包括稻生日、稻箩生日在内的节日文化也是当地民俗文化的重要组成部分,是观察江南水乡生活习俗的重要窗口,也是研究当地地域文化的一把钥匙。胜浦、甪直与唯亭一带的节日风俗将江南水乡的吴地文化展现得淋漓尽致(民间服饰是这些节日风俗的重要组成部分),这是旅游者平时看不到的风景、体验不到的民情,这是另一座有待深层次开发的文化宝库,完全可以进行针对这些时间节点的旅游项目开发。

(四) 外部挑战

1. 同行业内部竞争激烈

在江南水乡的周边地区,同样以宣传"水乡文化"为主题的乡镇较多,均分布在苏南、浙北各地。目前,在旅游业方面比较呈规模的是一些古镇。甪直镇自身就是如此。另外还有锦溪、同里、南浔、西塘等地,但这些古镇大都不处于穿着江南水乡特色服饰的地区。因此,唯一身处此地的甪直镇充分利用自己的地区优势,建立了"甪直水乡妇女服饰博物馆",作为当地旅游的重要景点。

虽然都以"小桥、流水、人家"作为旅游宣传主题,但胜浦、唯亭与甪直的情况有所区别。三地都在苏州工业园区之内,也都工业化了,但甪直拥有一个传说千年的古镇,而胜浦与唯亭没有。唯亭紧依阳澄湖,阳澄湖的自然景观与大闸蟹成为该地开发、宣传的重点。胜浦的开发完全没有自然景观可以依赖,只能依靠打造胜浦三宝的人文景观。从这一层意义上讲,胜浦等历史与自然资源相对短缺和薄弱的地区,必须重点抓住民间艺术的传承与开发,才能在相似的水乡小镇中凸显出自己的特色,以人文景观弥补自身的不足,从而吸引和稳定某些层次的客源。

2. 相关专业人才的缺失

智力因素即人才因素是文化开发竞争最根本的利器。一方面,现有的传承人尚未得到很好的保护；另一方面，精通商务运作规则的经营管理人员也尚未到位。这是江南水乡地区的民间文化艺术如胜浦三宝在开发过程中面临的主要问题。如何引进高质量人才，如何培养一支高素质的、结构合理的文化开发和管理人才队伍，是当前保护与研发工作的重中之重。

3. 开发的对策

在传统稻作生产被现代工业生产所取代，古老文化形态的根基受到强势文化冲击的大环境下，口传身授等古老的自然传承方式逐渐失去了生存的土壤。单纯依靠当地居民的个体传承或者学者的力量来实现江南水乡民间服饰的自然性延续，是相当困难的。因此，社会干预性力量的介入显得尤为重要。在对传统进行继承的同时加入开发的成分，也就是说，加大生产性传承的成分，才能够更好地将传统发扬光大，较为理想的状态是传承和开发相互关联、相互促进、相互推动。

根据前文所述江南水乡民间服饰的非遗属性，对于江南水乡民间服饰的传承、开发可以建立在内系统与外系统两个层面上。在内系统中，主要的传承、培训、竞赛、研究、应用等工作都围绕着民间服饰及其制作工艺进行；在外系统中，民间服饰与山歌、宣卷一起由稻作文化基础共同串联成一个整体。在对这两个层面进行综合研究及思考后，得出以下对策：

（1）保护传承人

江南水乡民间服饰是依附于稻作文化而存在的，在目前的生活中，它依然与当地居民（老年妇女的全部生活形态、中年妇女的部分生活形态）密切相关，是一种活态的文化。问题是，这部分中老年妇女按照自然规律，将会越来越稀少。因此，采取多种措施保障传承活动的实现和可持续发展，是这一非物质文化遗产保护工作的重点和中心。具体措施包括：利用行政资源和手段，通过对传承人的普查、记录和整理，建立档案和名录，最大限度地避免传统技艺的消失，为后代留下稻作文化的基因和血脉；对"胜浦三宝"等民艺传承人广为宣传并提供支持，这种支持可以包括固定待遇和不固定费用两个方面。固定待遇是指政府确认的工艺传承人定期领取生活与工作津贴；不固定费用是指通过宣传扩大传承人的知名度，有人登门要求制作服装而获取的加工费，或者有人愿意登门学艺而获取的学费。好在江南水乡一带关于服装制作工艺的传授是完全开放式的，不像笔者在调研山东彩印花布、贵州丝头腰带时所看到的家族式传授（家族内部还要讲究"传男不传女"）的严格审核门槛。

同时，积极维护并创造有利于传承活动的文化环境、社区环境和公共环境，如2009年初在胜浦吴淞社区成立的"胜浦水乡妇女服饰展览室"及其相关活动，这是一个比较成功的范例。另外，组织社区范围内的才艺比拼、赛歌会与服饰手工艺培训等，活动可以常态化，让人们在实际生活中远离的物品可以在文化艺术领域重新相遇。实际上，这是一个源于生活又高于生活的艺术本质问题。

（2）将传承活动融入教育工作

教育在保护和传承江南水乡民间艺术的过程中所起的引领作用不容小觑，它既包含纳入国民教育规划的学校教育，也包括社会职业教育、业余教育和其他公共教育。具体包括三方面的内容：学术研究、课程建设和师资培养。周边高校的加入对江南水乡民间艺术的理论研究上升到一个新的层面。

从长远来看，只有当年轻人对传统文化产生兴趣，并愿意了解、学习这些传统文化时，它才有进一步传承的可能。年轻一代对于"胜浦三宝"等民艺并非持冷漠的态度,而是缺乏较多的接触机会。因此,需要加强传统艺术与现代教学的结合,使年轻人从不熟悉到熟悉,逐渐培养他们对于传统艺术的理解,从而扭转之前的回避态度。在实践中,胜浦政府已经将山歌的教学编入当地小学生的音乐课本,还请宣卷班子到当地幼儿园为孩子们进行宣唱,孩子们都对此表现出浓厚的兴趣。同时,传统手缝工艺也有待于列入当地职校的相关课程,可以先开设选修课,培养部分师生的兴趣,以星星之火育燎原之势。至于师资,当地的民艺传承人就是得天独厚的有利资源,周边高校再辅之学术资源支持,这完全就是一个高层次的强强联合。

(3)营销手段的植入——新产品的开发

由于现代生活方式和审美趣味的不同,要在今天的时尚中完全再现一直作为整体存在的江南水乡民俗,是不现实的。但江南水乡民间服饰的一些很珍贵的局部细节可以与现代服饰和家用纺织品进行融合和移植,设计出既包含传统工艺之美又富有时尚和时代气息的产品。

第一,可以将江南水乡民间服饰的构成元素运用于家纺产品设计中。这些家纺产品既能满足国内部分宾馆饭店的特殊需求,又能满足国内外受教育程度较高、具有较高生活品味的消费群体的需求。以江南水乡民间服饰的构成元素与稻作文化为设计基础的宾馆制服与纺织品,正在由某高校与苏州某四星级宾馆协作开发。

直接应用就是将江南水乡民间服饰元素融入现代家纺产品设计。如将十分协调的蓝白色调用于宾馆的装潢,显得十分素净雅致;再如将服饰的大襟右衽用于沙发靠垫,增添了新的形式变化(图5-24)。

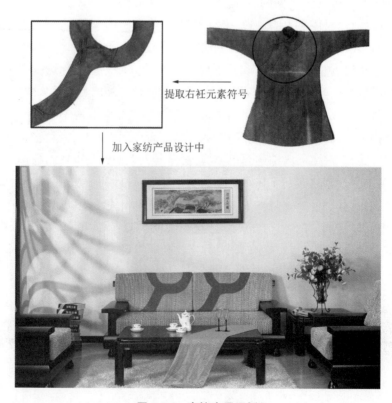

提取右衽元素符号

加入家纺产品设计中

图5-24 直接应用示例

间接应用是提取江南水乡民间服饰的某些元素,经抽象变形,再运用于现代产品设计。比如从江南水乡民间服饰中提取花卉纹样、色调组合、形制结构与工艺特色,进行翻转、切割、错位、重组,再运用于宾馆软装潢的相关产品设计(图5-25)。

图5-25　间接应用示例

第二,可以将江南水乡民间服饰与现代中老年妇女的适用健身服相结合("打莲厢"本身是健身舞蹈),配以一系列相关的衍生产品,如舞蹈用具、舞蹈教学音像制品等进行宣传营销。目前,城市中退休的中老年妇女需要各种健身方式,各个社区的广场舞之所以闹猛,就是这种需要的反映。江南水乡地区的"打莲厢"等民间舞蹈的节奏与形体动作都比较适中,可以作为这个群体的健身活动选择之一。经过改良的民间服饰可以搭上健身舞的"便车",从民艺转化为商品。

第三,可以将江南水乡民间服饰的构成元素与现代服装的新设计、新工艺相结合,使古老传统技艺的生命力通过现代服装加以延续。这也是当今流行的所谓生产性传承。

对传统的借鉴,就是对传统的再认识与再创造。表现形式的转换是再创造过程中的重要环节。需要将原始素材转化为切身感受,分析、归纳、提炼原型的主要特征,运用打散、切割、变异等方法进行设计重组,以明确的、恰当的、符合时代需求的形式表现出来。具体方案:

一是替换再生。这是将水乡服饰的局部进行改良、替换与应用。在为苏州某四星级宾馆服务员设计的职业服中,设计师以中袖替换长袖,以防污防水的化纤布料替换棉布,同时将拼接衫的主要特征掼肩头保留,但以更简化、只拼接一次的大襟替换。

二是解构重组。这是将水乡服饰的构成元素进行拆分、组合与应用。作腰是江南水乡民间服饰的标志性物件,由于宾馆保洁员需要防污性围腰,所以两者之间的转换应用十分自然。但设计师取消了穿腰,同时对作腰的夹层口袋、拼接位置进行打散重构,使其更加符合现代审美与职业需要。这样就可以使萌生于稻作文化沃土的水乡服饰在未来的商业设计中扮演更加重要的角色(图5-26)。

餐饮部　　收银员

客房部　　保洁员

前厅大堂部　前台接待

大堂经理

图 5-26　水乡服饰元素用于宾馆职业装系列设计

第六章　与其他地区的比较研究

一、"源"与"流"——与主干地区的比较

我国历史上各个地区之间的发展并不平衡。这种不平衡使得有些地区成为源,而有些地区成为流。成为源的地区总是坚持着中华文明的核心内容,并保持着向其他地区输出与辐射的态势。成为流的地区则在从原始社会向奴隶社会过渡的文明开化初期起步较晚,故在之后的演变与发展中成为被输出、被流入的一方。有学者认为,"由于所处核心位置的关系,中原华夏文化区无论在文化的辐射或吸收方面,均占有比其他几个文化区更多的优势",尤其是它在文明发端及其辐射方面的明显优势,足以让中原地区成为中轴。[①]

自商周以来,整个华夏民族主体生活、发展于此地,华夏民族主体的命脉也在此地。历经世世代代的繁衍发展与不断维护,这里始终是华夏民族生活的主干地区,或者说中轴地区。在这个发展与维护的过程中,华夏民族经历了漫长而曲折的调整与融合的过程,最终形成了"中华文化共同体"。[②] 江南水乡所处的"吴文化区"是中华文化共同体分化与交融的主要参与者,既有中华文明的共性,又有其自身文明的差异性与地域性。因此,可将中原地区的民间服饰作为参照,讨论江南水乡民间服饰与它的关系,实际上就是讨论整体与局部的关系,从而找到江南水乡民间服饰在中原文化区中的位置(图6-1)。

(一) 从基本品种来看

将江南水乡民间服饰与中原地区民间服饰的基本品种罗列于表6-1中,可见双方的基本品种大体一致,而且能够按照人体部位对应起来——头部撑包、包头对应眉勒,上身的拼接衫对应袄、衫,腰部的作腰、作裙对应围裙,拼裆裤对应马面裙、裤,卷膀对应膝裤。总体来看,双方的品种与形制一致或近似,但名称上有别,局部与细节的差异更大。比如中原地区的马面裙,在江南水乡地区找不到与之对应的长裙;江南水乡地区的作腰与中原地区的围裙都是用于腰腹部,都是由前向后的围系式,规格尺码也比较相似,但名称完全不同;双方都称之为裙的作裙与围裙的形制则完全不同,围裙是单幅,仅遮蔽前身,而作裙是双幅且环绕身体一周。

---

① 王会昌:《中国文化地理》,华中师范大学出版社1992年版,第32页。
② 李鹏程:《中华文化中的民族概念》,《江苏行政学院学报》2001年第2期。

图 6-1　分区树

表 6-1　江南水乡民间服饰与中原地区民间服饰的比较

	江南水乡民间服饰		中原地区民间服饰	
	品种	形制	品种	形制
头部	撑包 包头	狭长形,围于前额 梯形,覆于头顶颈后,包覆式	眉勒	狭长形,围于前额
上身	拼接衫	直身连袖,大襟右衽,前开包裹式	袄、衫	直身连袖,大襟右衽,前开包裹式
腰部	作腰 作裙	矩形,蔽前,单幅 多层梯形,前后叠压,围系式	围裙	矩形,蔽前,单幅,单层
下身	拼裆裤 卷膀	深裆且有拼裆,裤脚短而宽 平筒形,裹于小腿上,缠裹式	马面裙 裤 膝裤	前后叠压,围系式,一般无拼裆 拼裆 斜筒形,裹于小腿上,套穿式
足部	绣鞋	正常形,对应天足	绣鞋 弓鞋	正常形,对应天足 狭长形,对应缠足

(二) 从基本结构来看

比较江南水乡地区的拼接衫与中原地区的衫、袄发现,它们都是大襟、右衽、连袖(找袖)、直身、两侧开衩,以一字扣或盘花扣连结固定,都采用平面裁剪。这种前开包裹型与埃及的贯头型、希腊的挂覆型、北欧的体形型、非洲的系扎型、大洋洲的腰布型并列为世界主要人群基本服装结构,是千百年来形成的汉民族服饰的基本结构,由中原地区向包括江南水乡地区在内的其他地区扩散,进而影响并与其他地区融合,由各地共同遵循、沿袭,因此得到的结果非常相似。

放眼世界,前开包裹型是我们屹立于世界民族服饰之林的独树一帜的服装造型(其在后来的文化交流中被传播到周边国家与民族并产生了一定的影响),具有宽身、开襟、连袖等基本特征,并演化为上衣下裳与深衣两种基本形制。两者的区别在于,上衣下裳是衣与裙分离的二段式,深衣则是衣与裙连缀的一段式。两种形制在时间上贯穿了整个中国服装史,在空间上既包括作为主干的中原地区,也涵盖所有作为分支的文化副区。这样看,主干地区与分支地区似乎没有区别,其实不然。以江南水乡地区为例,这里的妇女服装主要采纳了上衣下裳制,似乎对深衣制视而不见。即使对上衣下裳制,江南水乡地区也并非完全照搬。比如:作裙如同现代超短裙一样短,很难与下裳对应;拼裆裤与作裙组合一起穿用,但不是穿在下裳里面的亵裤。因此,需要辩证地看这个问题。一方面,上衣下裳制与深衣制发端于中原地区,其作为主干地区而得以传承,所以我们看到拼接衫也是大襟右衽的,作裙也是由前向后围系的。这是一个基础性的服装形态与穿着方式。另一方面,在由主干地区向分支地区的辐射过程中,处于分支地区的人们又结合当地的地域特征,使得这种辐射发生了充满能动性的变化。这种变化有效地丰富了我国民间服饰的整体架构。在江南水乡地区,部分民间服饰品种与形制呈现出当地稻作文化的独到之处。同样是大襟右衽,但是江南水乡的拼接衫上有与众不同的拼掼肩;同样是找袖,但是江南水乡地区的拼接衫的袖子有拼接一截(这与中原地区的找袖相同),还有拼接两截的(有时甚至是异色镶拼,这就与找袖不同了)。从江南水乡妇女所参与的稻作生产中可以找到这种变化的原因。两地的裤子侧缝都采用直线裁剪,但江南水乡地区的裤子上,立裆特别深,且有异色拼裆,这就有些独树一帜了。再比如江南水乡地区的裙子长度只及腰部,所以和作腰组合才能与中原地区的围裙相对;同时,作腰包括暗袋共有三层,还有三幅拼接,并与穿腰连接,论形制又与中原地区的围裙相差甚远。

(三) 从装饰工艺与装饰趣味来看

镶、滚、纳、绣是中国传统服装的常规装饰工艺,因而在中原地区,这些装饰工艺都得到了普遍应用。江南水乡民间服饰同样热衷于采用这些装饰工艺,但所用的位置、方法和频次不尽相同。就位置而言,在江南水乡地区主要用于前胸,而在中原地区只用于门襟。江南水乡地区的作腰上的镶拼对于其他地区而言则更是罕见。就方法而言,江南水乡民间服饰上的裥上绣、花鼓滚等工艺,都是在常规方法的基础上进行再创造而产生的,并形成了自己的特色。就频次而言,在中原地区,装饰工艺用在主要品种上且分布较为均匀,而在江南水乡地区,分布很不均匀,如刺绣集中用于鞋子与包头,其余品种上少见,镶拼的使用较普遍。

就纹样形象而言,江南水乡地区的更抽象,属于"相似的替代物"的形态,即以意象的形态替代现实的形态;而中原地区的则更具象,属于"描述的实物"的形态。两种如此不同的纹样形象反映到具体的实施手段上,可以看到:中原地区以刺绣居多,而在江南水乡地区,刺绣的应用偏少,以拼代绣、以纳代绣等装饰工艺的应用更多。这说明江南水乡地区与中原地区都存在普遍装饰工艺,但在江南水乡地区,由于稻作劳动的需要,在同样的位置,不用易磨损的刺绣,而采用了便于拆换的镶拼。同时,镶拼还是江南水乡民间服饰的基本工艺,有的位置即使做了刺绣加工,也会再做镶拼。比如包头两端的拼角,就同时采用了刺绣与镶拼两种工艺重复叠加的装饰方式。

综上,可得出以下结论:

第一,由于双方的基本品种与基本结构都是同大于异,所以江南水乡民间服饰确实是汉民族服饰的一份子。

第二,包括江南水乡民间服饰在内的构成汉民族服饰的各个组成部分,各有特点,体现了区域文化的多样性与不同条件的制约性。彼此总体接近,局部有别,个别细节之处则完全不同。

第三,江南水乡民间服饰的掼肩头拼接与裥上绣刺绣等极具地方特色,尤其是上衣的腰身比中原地区的上衣紧窄不少,裥上绣之后的裙子侧缝亦形成明显的凸起,但这些都在平面裁剪的框架内发展,未形成向立体构成发展的意向。这说明平面裁剪是中式服装所遵循的基本原则,虽然江南水乡民间服饰由于稻作劳动功能的需要做了贴合身体的改进,但这种有限的改进并未使服装增加一个侧面,所以依然是平面物体。

第四,商周时期中原地区上衣下裳的形制已经定型,到春秋战国时期,深衣制也在此地定型;但当时的吴地,即今日江南水乡地区,还处于"披发文身"的荒蛮时期,其文化发展与中原地区明显不对等。之后,随着中原文化的南下,上衣下裳等成熟的服装形制和结构亦被吴地采纳,此乃源;又随着水稻种植技术的成熟与应用,江南水乡地区的人民对这些服装进行了针对性的改良,经过发展,其服饰的地域性特征由此形成,此乃流。

于是,双方的民间服饰总体呈现源(以中原地区为代表的主干地区)与流(江南水乡地区)的关系,即在中原传统主流服饰与江南水乡地域服饰之间,产生了融汇与被融汇、融汇与反融汇的双重关系。

二、"点"与"点"——与相似地区的比较

联合国教科文组织《世界文化多样性宣言》指出:"文化多样性对人类来讲,就像生物多样性对维持生物平衡那样必不可少,从这个意义上说,文化多样性是人类的共同遗产。"①江南水乡民间服饰是汉民族服饰的组成部分,它的独特性正是汉民族服饰整体多样性的表现。事实上,我们还可以寻找到同属于汉民族服饰体系内的闽南惠安、贵州屯堡等与江南水乡相

---

① http://wenku.baidu.com/view/478a1e6fb84ae45c3b358c9b.html。

似的一些"点",它们彼此之间又有异同,在证实了文化多样性的同时,也证实了对它们进行比较研究的可行性与必要性。

闽南沿海地区主要指福建省惠安县以东崇武郊区、大岞、小岞、港墘、山霞、净峰等地,贵州屯堡地区主要指贵州省安顺县、平坝县(其境内的大屯、小屯、羊尖屯与五里屯尤其典型)的高峰镇和天龙镇一带。另有少量屯堡分布在普定县、紫云县。根据从人文地理角度关于服装的空间界定理论,这些"点"正是相同与相似类型服装分布的最小单元,即"处于共同区域内的过着相同生活的小集团,为了适应其自然环境和生活情况,自然地穿着基本相似的服装……也就形成了服装空间分布的最小地域单元"。① 根据此定义,江南水乡、闽南惠安和贵州屯堡这三个地区的民间服饰均符合服装空间分布最小单元的条件(表6-2)。

表6-2　三地民间服饰的空间界定

地理位置	江南水乡 (平原、水田)	闽南惠安 (半岛、海岬)	贵州屯堡 (山地)
生产方式	稻作劳动	陆地劳作	包括稻作劳动在内的山区劳作
社会分工	男女皆劳作	男子渔业,妇女陆地劳作	男子亦军亦耕,妇女劳作
服装形制	八件套	以斗笠、缀做衫、节约衫和宽裤为代表	以头帕、大袖长衫、丝头系腰为代表

(一) 可比性论证

1. 从地理位置来看

惠安县地处福建南部,多为环海的半岛、海岬,陆路虽通但少而且绕道,偏居一隅,其地理位置上的隔绝阻止了很多新兴事物及时进入(图6-2)。贵州屯堡则是戍边之地,山路崎岖,交通不便,靠人力运输,效率低下。江南水乡所处地理位置不能说偏远,但是水系环绕,使其免于征战的同时亦造成了该地区的相对孤立,因为旧时水路的交通效率比陆路低很多,而且当时当地的所谓水路交通只是一些人力舢舨与摆渡船。江南水乡的水既带来了生产和生活上的便利,同时也形成了阻隔外来文化进入的天然屏障。因此,三地的区域特征总体是相对的独立与封闭,对外联系不是十分顺畅。

图6-2　偏于海岬的惠安民居

2. 从生产方式来看

在近现代社会中,农业耕作是江南水乡、闽南惠安与贵州屯堡三地共同的基本生产方式,其居民主要从事种植业(尽管种植业的对象依据自然条件而有所不同)与农副业劳动,结

---

① 张述林:《人文地理关于服装研究的几种理论》,《人文地理》1996年第4期。

合自然地形、自然村落的分布,结合水乡、海滨、山地不同的地理与气候条件,从事着稻作、捕捞、养殖与开采等农业与矿业劳动。同时,都以道教、佛教、基督教等(在闽南沿海惠安一带还有妈祖娘娘、海龙王庙与七星姑宫等民间信仰)宗教形态与孔儒学说等意识形态为精神支柱。最终,在长期体力劳动与长期儒家思想的双重作用下,形成了总体上趋于一致的世界观、价值观、道德观与审美观。

3. 从社会分工来看

"所谓社会分工,就是社会劳动划分为互相独立又互相依从的若干部分,与此相应,社会成员固定地分配在不同类型的劳动上。"[1]贵州屯堡妇女因其丈夫驻守边城,闽南惠安妇女因其丈夫长期从事海上作业,自然而然都成为陆地劳作的主力;江南水乡妇女除了纺纱织布、操持女红之外,还与其丈夫共同分担十分繁重的稻作劳动。

在贵州屯堡,"农耕主要是种植水稻、包谷、大豆及各类菜蔬……农户还牧牛、喂猪、养家禽",水稻种植过程中的下种、插秧、犁土、中耕、运肥、割谷等工作"系以妇女为之",总之"屯堡家庭中的妇女十分勤劳,几乎承担着强于男子的劳动"(图6-3)。[2]

图6-3　贵州屯堡云山屯一带的稻田

在闽南惠安,"港塅村民中渔业户1 084户,占绝大部分;农业户268户,非农业户仅2户""男子主要从事渔业生产,妇女主要务农"。[3] 事实上,无所不能的惠安女所承担的劳作不只是务农,"她们下田播种、施肥、犁田、插秧,下海敲蛎、取蛏、抹海苔,驾小舟摇橹使桨、张帆把舵,在家织苎织布……无所不能",甚至包括盖房子、修水库中扛石条(所以当地的水库叫作"惠女水库")等重体力工作,而这些重体力工作在其他地区通常由男子承担。[4]

4. 从服装形制来看

江南水乡与闽南惠安的服装形制都是上衣下裤,都是古代从上衣下裳的形制一脉相承而来的;贵州屯堡的上衣较长,但依然属于上衣下裤的形制(历史上的衣曾经与袍差不多

---

① 蒋立松:《文化人类学概论》,西南师范大学出版社2008年版,第80页。
② 姜永兴:《保持明朝遗风的汉人——安顺屯堡人》,《贵州民族学院学报》1988年第3期。
③ 陈国强、蔡永哲:《崇武人类学调查》,福建教育出版社1990年版,第153页。
④ 林嘉煌:《惠东婚俗改革与四化建设》,《崇武研究》,中国社会科学出版社1990年版,第280页。

长)。三地的上衣都是大襟、右衽、连身、连袖,其穿着方式都属于前开包裹型。由此可见,三地的服装形制都建立在以中原地区为代表的中轴的共同基础之上,这是可以进行比较的重要基础。有意思的是,江南水乡民间服饰往往被戏称为"汉族中的少数民族服装",大概人们认为只有少数民族服装才应当是浓艳的、复杂的、变化丰富的。事实上,类似的情况在汉族其他地区也存在,比如闽南的惠安女服饰。

综上,得出以下结论:

第一,江南水乡、闽南惠安与贵州屯堡三地都是以农业生产作为其社会基础。尽管具体的耕种对象有所区别,但是水稻是江南水乡与贵州屯堡共同的主要粮食作物。

第二,三地的妇女都是陆地劳动的主力,完全做到了"妇女能顶半边天"。

第三,三地的地理位置都比较封闭,交通不便是其共同点。

第四,三地的民间服饰形制大同小异。其主要相异之处也就是各自充分的地域特征,并呈现出与其他地区的汉民族服饰的显著区别。

(二) 形制比较

与江南水乡民间服饰一样,我们将闽南惠安与贵州屯堡的民间服饰的主要品种与形制按从头到脚的顺序进行梳理,如表 6-3 所示。

表 6-3　三地的民间服饰品种与形制比较

		闽南惠安		贵州屯堡			江南水乡		
	名称	概貌	穿着方式	名称	概貌	穿着方式	名称	概貌	穿着方式
头部	包头巾	正方形,先梳理横髻与长辫	包覆式	头帕	长条形,包于"凤头髻"之外	缠裹式	包头	梯形,包于"髻髻头"之外	包覆式
	斗笠	圆形,竹篾编制	系戴式				撑包	狭长形	围系式
上身	缀做衫	大襟右衽,缀做	前开包裹式	大袖长衫	大襟右衽,前襟镶滚,挽袖	前开包裹式	拼接衫	大襟右衽,掼肩	前开包裹式
	节约衫	大襟右衽,缀做,大起翘							
腰部	腰巾	扇形,偏短	围系式	围腰	矩形布幅,蔽前	围系式	作腰作裙	蔽前两幅,前后叠压	围系式
	银腰链	银质,长条形,侧重于精神意义							
	腰带	彩塑,长条形		腰带	长条形		穿腰	矩形布幅	

	闽南惠安			贵州屯堡			江南水乡		
	名称	概貌	穿着方式	名称	概貌	穿着方式	名称	概貌	穿着方式
下肢	宽裤	脚口宽大,偏短	套穿式	裤	裤长适中,脚口适中	套穿式	拼裆裤	深裆,拼裆,偏短	套穿式
							卷膀	筒形	缠裹式
足部	鸡公鞋	厚底,翘头,无后帮		凤头鞋	连高帮袜筒,翘头		猪拱头鞋	圆头	
							扳趾头鞋	翘头,锁梁	

1. 首服

三地妇女均梳发髻,并戴包头巾。包头巾在贵州屯堡称为"头帕",在闽南惠安称为"包头巾"或"花头巾",在江南水乡称为"包头"。三地的首服比较见表6-4。

表6-4 三地女子首服比较

地区	名称	形状	尺寸	穿戴方式	穿戴位置	发髻	动机
闽南惠安	包头巾 花头巾	正方形	70厘米×70厘米	包覆式(预先折叠成形)	面部,头颈,后颈	圆髻 横髻	遮阳,防风
贵州屯堡	头帕	长条形	长150厘米,宽5厘米	缠裹式	头顶	凤头髻	拢发
江南水乡	包头	梯形	上边60至70厘米 下边100至110厘米	包覆式	头顶,后颈	髷髷头	遮阳,拢发

(1)形制描述

闽南惠安女一般先梳一个"横髻"或"圆髻",或者梳两条留有"中扑"的辫子,再在头顶上横置一个假发髻,然后穿戴包头巾与斗笠。

包头巾实际上是一块正方形布(图6-4),通常采用色彩鲜艳的印花布,除卷边之外,无其他缝制工艺。包头巾在穿戴之前需先折叠成固定样式,用于包裹、遮掩惠安女的面部。当地民谣"封建头、民主肚、节约衫、浪费裤"中的"封建头"的由来即为包头巾对惠安女面部的遮掩。

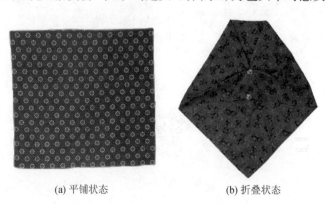

(a) 平铺状态   (b) 折叠状态

图6-4 惠安女的包头巾

斗笠为竹编制品(图6-5),尖顶、宽檐、圆形,用油漆刷过。大岞的斗笠顶部有红红绿绿的花朵饰物,斗笠内部有四个可拆卸的扣子,可以更换不同色彩和装饰图案的系带。斗笠边沿用塑料簪子插上小花、绒花、别针等各种饰物。小岞的斗笠外部没有装饰,内部倒有异曲同工之处,都喜欢用丝带、别针装饰。

贵州屯堡妇女同样先梳一个"凤头髻",再包头帕。头帕围绕发髻包缠,这一点与江南水乡妇女的包头与髷髷头的关系相似,但形制完全不同。头帕用多层布料缝制而成,具有一定的厚度,呈细长条状,这一点与江南水乡妇女的撑包相似但与包头完全不同(图6-6)。

图6-5 惠安女的斗笠

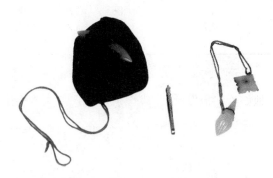
图6-6 屯堡妇女的部分头饰

(2) 形制比较

第一,江南水乡、贵州屯堡与闽南惠安三地妇女都是先梳发髻,后戴包头巾。三地妇女发髻的形状与梳理的方式各不相同,包头巾的大小、形状与穿戴方式亦各不相同。另外,黄漆斗笠是闽南惠安女独有的首服,尽管它在历史上江南水乡与贵州屯堡也存在过。

第二,江南水乡的包头与贵州屯堡的头帕都以包覆或缠裹的方式戴于头顶,其中江南水乡的包头有向颈部的明显延伸;而闽南惠安花头巾的穿戴位置还包括面部。按包头巾的遮盖面积,从大到小依次是闽南惠安、江南水乡与贵州屯堡。显然,这与闽南惠安地处沿海及常年经受海风与日晒有关,同时也与惠安女婚后久居娘家的风俗所决定的心理意识有关。

第三,相对而言,江南水乡地区的包头的制作工艺最复杂,形制最多样,涵盖了独幅与拼幅(还有二拼、三拼)、胜浦样式与唯亭样式等多种变化;而闽南惠安女的花头巾实际上是一块正方形布料,仅需裁剪和卷边。惠安女的花头巾在穿戴之前需预先折叠成固定形式,并以扣袢系结固定。三地妇女头饰佩戴见图6-7~图6-9。

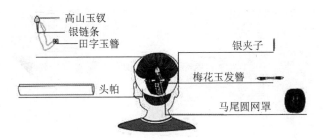
图6-7 贵州屯堡妇女头饰佩戴示意图

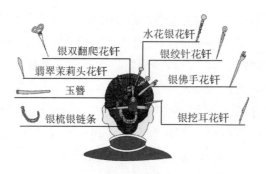

图 6-8　江南水乡妇女头饰佩戴示意

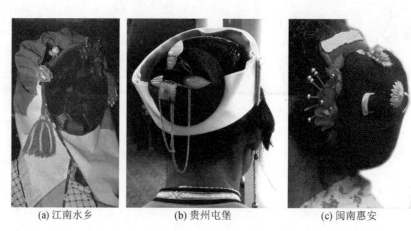

| (a) 江南水乡 | (b) 贵州屯堡 | (c) 闽南惠安 |

图 6-9　三地妇女头饰

2. 上衣

（1）形制描述

闽南惠安女的上衣主要包括缀做衫、节约衫与贴背等。

缀做衫的形制为大襟右衽，直身连袖，圆领，开衩，下摆明显起翘，衣袖较短。其领襟下方与前襟部位的缀做十分特别。特别之一在于形制，基本形为方形，并在四周缝缀三角形拼角，仿佛一个抽象的纹样（图6-10）；特别之二在于工艺，中缝两边的缀做故意错开不对齐，与通常服装工艺要求不一样。还有更考究的缀做衫，其袖口有一两道类似于贴边的缀做（图6-11）。

图 6-10　缀做衫

图 6-11　袖口有贴边的缀做衫

节约衫因衣长较短而得名。因为节约衫短,所以穿着时可能露脐,形成了民谣中所言的"民主肚"。节约衫可分为以大岞、崇武为代表的大岞型和以小岞、净峰为代表的小岞型。这两个类型的形制有所区别:

大岞型为大襟右衽,短至脐部,从腰身至下摆有明显扩张的侧缝线,底摆呈大弧度椭圆形起翘(图6-12)。袖长约至小臂的一半处,袖子上下两截找袖常用不同布料镶拼而成,袖口沿边再滚一圈碎花布。前襟处有一道上下不对齐的横向破缝,亦用不同布料镶拼而成。方形立领,亦可以翻折下来成为翻领。

小岞型亦为大襟右衽,亦短至脐部,但腰身略呈直筒形,整个衣身少见分割,底摆起翘弧度略小(图6-13)。圆形立领,立起时相互交叠,亦可翻折。袖长比大岞型稍长,袖口也稍宽。大襟处有若干滚条。袖套上亦有与大襟处一样繁复的滚条,但此袖套一般与节约衫固定搭配穿着,而不完全是在劳作中需要防污时才使用。

图6-12　大岞型节约衫

图6-13　小岞型节约衫

贴背即马甲。无袖,对襟,但长度比一般马甲要长,亦有缀做。一般由蓝、白、黑三色横向拼接而成。衣领下有一对一字扣;其余扣子以三对为一组,在前门襟分布两组。圆立领,领面较高。左右下摆都有开衩,底摆弧度不大,近似于直线。后背上贴有一块正方形彩色挖补纹样。目前,冬天的贴背已换成绒线编织的背心。

贵州屯堡妇女的上衣主要是大袖长衫(图6-14)。一般为大襟右衽,圆领,但竖起的领面部分较低。领襟镶有阑干与织带花边,比较考究的阑干由两道至数道宽窄不一的镶滚组成。连袖直身,有找袖。衣身较长,袖口也滚阑干,且翻折,挽袖后袖长较短。

图6-14　屯堡大袖长衫

(2)形制比较

从整体形制上看,贵州屯堡的大袖长衫、江南水乡的拼接衫、闽南惠安的缀做衫与节约衫,衣身均采用平面裁剪,都属于大襟、直身、找袖、右衽的形制,沿袭了中式传统服装的结构。

第一,闽南惠安、江南水乡一带的衣长均偏短,前者更短;贵州屯堡则偏长。依据江南大学民间服饰传习馆的相关馆藏品的测量结果,对三地妇女上衣尺寸进行比较,如表6-5所示。闽南惠安节约衫的衣长平均值为52.1厘米,在腰际线附近;缀做衫的衣长平均值为

61.6厘米。江南地区拼接衫的衣长平均值为64.6厘米,比闽南惠安上衣稍长一点,但总体上仍属短上衣。贵州屯堡大袖长衫的重要特征就是长,衣长平均值为103厘米,故也称之为大袖长袍。江西德安南宋周氏墓出土的一件大衫前身长108厘米,下摆围140厘米。[1] 江西南昌明吴氏墓出土的一件大衫前身长123厘米,前身下摆围152厘米。[2] 福建福州南宋黄昇墓出土的一件大衫前身长120厘米,下摆围120厘米。[3] 所以,贵州屯堡的大袖长衫的长度决定了它接近历史上一件式结构的袍服,而江南水乡的拼接衫、闽南惠安女的缀做衫与节约衫的长度决定了它们更接近两件式结构的上衣下裳中的上衣。

表6-5　江南大学民间服饰传习馆馆藏的三地妇女上衣尺寸对照　　单位:厘米

地区	服装类型	数值	衣长	胸围	底摆围	底摆起翘	开衩	通袖长	袖口围
闽南惠安	缀做衫	区间值	49.5～75.5	91～103	114～144	12～15	15～19	105～130	22～35.4
		平均值	61.6	99.6	122.2	13.5	17	111.9	27.8
	节约衫	区间值	40.5～70	82～113	86～147	17～21	11～14	68～147	18～42
		平均值	52.1	89.3	103.4	19	12	128.1	23.5
贵州屯堡	大袖长衫	区间值	101～108	105～114	118～126	5～7	40～47	100～108	38～43
		平均值	103	109	122	6	44	106	41
江南水乡	拼接衫	区间值	55～74.5	70～112	64.6～128	4～5	22	102～147	22～28
		平均值	64.6	97.1	110.7	4.5	21～23	136.1	25

第二,围绕腰身的围度,闽南惠安的缀做衫胸围平均值为99.6厘米,节约衫胸围平均值为89.3厘米;江南水乡的拼接衫胸围平均值为97.1厘米。这些胸围整体上都属于比较紧体的尺寸。相对而言,闽南妇女上衣胸围比江南水乡妇女上衣更加紧窄,并呈现上窄下宽的侧缝曲线,而江南水乡妇女上衣没有那么夸张,侧缝比较平直,款式比较含蓄。

第三,围绕衣袖,为了满足劳动的需求,江南水乡、闽南惠安两地服装都呈现出紧胸、窄袖的形态。表6-5中无袖窿深,袖筒和袖口都很窄,闽南惠安妇女上衣袖口更窄,有时小到一只手刚好穿进去。贵州屯堡的大袖长衫顾名思义为大袖,衣袖较宽也较长,在肘下10余厘米处,袖口向上翻折,翻折的袖口处用不同的布料镶边。固定后,袖口底边再向上翻折约3厘米。这正是清代女装的一个特点——挽袖。

第四,闽南惠安、江南水乡的拼接运用普遍,两个地区的上衣都有横向拼接与纵向拼接两种方式。一般来说,纵向拼接都是出于布幅限制的原因,而横向拼接则有节省与装饰的双重考虑。贵州屯堡的拼接较少。江南水乡拼接衫的工艺重点在于掼肩头。贵州屯堡大袖长衫的工艺重点在于袖上两个套套,在于大襟镶滚与织带花边,无掼肩头,衣袖也没有接二段或三段,而是清之典型的镶边挽袖,劳作的痕迹相对淡薄,装饰意义相对浓厚。

---

[1]　徐东根:《江西德安南宋周氏墓》,《南方文物》2000年第1期。
[2]　江西省博物院考古文物研究所:《南昌明代宁靖王夫人吴氏墓发掘简报》,《文物》2003年第2期。
[3]　福建省博物馆:《福州南宋黄昇墓》,文物出版社1982年版,第31页。

3. 腰饰

（1）形制描述

闽南惠安女腰部的服饰主要有腰巾与腰带，其中腰巾不常用，而腰带常用。

与江南水乡地区的作腰一样，闽南惠安女的腰巾也是围系于腰部，区别在于作腰仅仅是前面一块，而腰巾是由前向后围绕至腰侧，这有些像作裙（图6-15）。与我国民间服饰中常用的围裙一样，惠安女的腰巾也是由腰"身"本体与其上端连接的腰"头"组成的。腰身本体采用深色布料制作，其正中位置有一条翻褶拼在一起；腰头采用白布或浅色花布制作，腰头两侧连接两条系带，带子末端有流苏。

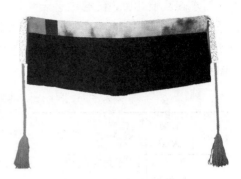

图6-15 惠安女的腰巾

惠安女的腰带分为皮带、帆布腰带、彩塑腰带和银腰链四种（图6-16、图6-17）。其中皮带、帆布腰带的形制、材质、用途与其他地区无异，彩塑腰带与银腰链是其地方特色。彩塑腰带是用各种颜色的塑料丝编织形成的条带，少则两色，多则四五色。最有地域特色的是用白银打制的银腰链，其股数从两股到十二股不等。大岞与小岞另有区别，一般大岞的银腰链有多达十二股的；而小岞仅有八股左右，且只有双数没有单数。随着股数的增加，银腰链的重量有500克至1 500克不等。有意思的是，真正起到固定作用的裤带却是缝制在裤子上的两根小布带，或者是皮带或帆布腰带；而相对复杂的彩塑腰带与银腰链纯属装饰物，尤其是银腰链，显然还是十分贵重的装饰物，同时也是当地男女订婚的聘礼。

图6-16 惠安女的银腰链

图6-17 惠安女的彩塑腰带

无独有偶，贵州屯堡妇女的腰带即丝头系腰同样十分贵重（图6-18）。贵重的原因首先与质地有关——此腰带为丝质，长期以来一直作为男女定亲必备之物。此物实际上由丝与带两个部分组成：丝即丝质穗子（流苏），是垂挂下来的装饰部分，本地人称之为"须须"；带才是围系缠绕于腰间的束腰带，带身往往以提花方式织成暗纹。

在贵州屯堡一带，另有围腰系在丝头系

图6-18 贵州屯堡的丝头系腰

腰的外面,其长度与大袖长衫的下摆基本平齐。围腰由腰身与腰头两个部分组成。通常,腰头用天蓝色、粉色等浅色布制作,腰身用黑色、蓝色等深色布制作。腰头两端有简单的刺绣纹样或缀以花边并缝有布祥,用以连接白色布带作穿戴固定用。围腰的腰头垂下的白色布带与丝头系腰的黑色丝穗呼应。

（2）形制比较

对闽南惠安地区的腰巾、贵州屯堡地区的围腰与江南水乡地区的作腰、作裙的形制进行比较:

第一,从穿着方式来看,闽南惠安的腰巾是围拢至腰侧后方,这一点更像是裙子,江南水乡的作裙也是如此;但江南水乡的作腰与贵州屯堡的围腰都是蔽前不弊后,这一点更像是围裙。腰头的连接方式均有两种:一种是直接连接法,即于腰头两端直接缝上系带;另一种是用活扣连接,两端装有可拆卸的活扣连接条状系带,方便更换。

这些腰部佩戴物一般采取由前向后围系的方式,但闽南惠安的腰巾的系带在身后交叉后再绕回腰前系结;而贵州屯堡的围腰的系带又分两种,一是直接在身后交叉系结,二是在身后交叉后再绕回侧面系结。相对而言,闽南惠安的腰巾的精神寓意比其他两个地区的腰部服饰更加强烈。在采风中,当地一位女民兵连长告诉笔者,她年轻时用过的一条腰巾曾多次被别人借用。她分娩时是顺产,她当时穿戴的这条腰巾就常被临盆的孕妇借用,以求吉利。相关文献中亦有"去医院抱孙子用的"的记录,说明此例不孤。[①]

第二,从长度来看,江南大学民间服饰传习馆馆藏的腰巾的长度为33.5至38厘米,平均值为36厘米,与当地文献记录的"长一尺二寸,宽二尺八寸"[②]完全相符;作腰的长度为34至48厘米,平均值为41厘米;而围腰的长度一般为58厘米。江南水乡、闽南惠安的上衣短而贵州屯堡的上衣长,说明了衣服长则腰饰长,衣服短则腰饰短。

第三,从层数来看,均可分为一层式和两层式。闽南惠安的腰巾与贵州屯堡的围腰都是一层式;而江南水乡的作裙是一层式,作腰则是两层式(上层是翻盖,下层是作腰本体),如果算上那个硕大的贴袋,就有三层了。

闽南惠安地区的银腰链和彩塑腰带、贵州屯堡地区的丝头系腰与江南水乡地区的穿腰的形制比较状况如下:

第一,闽南惠安与江南水乡地区的腰带长度比较适中,均是依据人体腰围尺寸放松量而获得的,说明了系结是这两个地区的腰带的基本功能;而贵州屯堡的腰带的系带与丝头部分长度合计超过了5米,为常规人体腰围尺寸的数倍,并缀有长长的流苏,说明其存在完全是出于炫耀、标识的精神意义。另外,闽南惠安的银腰链与贵州屯堡的丝头系腰分别是当地女子的定亲聘礼,更加说明其精神意义非同寻常。

第二,江南水乡地区的穿腰与贵州屯堡的丝头系腰都以棉材质为主,但丝头系腰的主要材质特点在于其丝头部分有"丝"。无论棉还是丝,都属于天然纤维材料,但两者的制作工艺分别是缝纳和编织,完全不同。闽南惠安女的银腰链为金属材质,其制作工艺更应另当别论。所以,江南水乡的穿腰都是当地妇女自己制作的,属于女红的范围,而丝头系腰与银腰

---

① 陈国强:《崇武大岞村调查》,福建教育出版社1990年版,第199页。
② 惠安县文物局:《惠安县文物志》,惠安县文物局编印1990年版,第138页。

链都需要由专门的工匠制作(图6-19)。

第三,相对于江南水乡地区的穿腰的平凡,贵州屯堡的丝头系腰与闽南惠安的银腰链均十分贵重。丝头系腰的珍贵之处在于其织造的复杂程度与垄断程度。织造复杂在于腰带的带身以提花方式织成暗纹,织造方法十分复杂,所织的花纹由互不相连的单独纹样构成,如菱形纹、回字纹、万字纹与寿字纹等。这比各单元完全一致的二方连续纹样复杂、费时得多。另外,织造时"先从纺丝开始,1500根丝要纺成150多根线。再将150多根线挂在

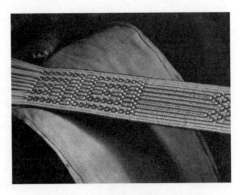

图6-19　织造过程中的丝头系腰

屋里的铁钩上,插上插下……随后是织通带、挑花、翻花。最后的一道工序是将白色的丝头系腰染成黑色。做成一根丝头系腰昼夜加班至少需要一个星期"。[1] 垄断是指在安顺的"300余个明代屯村寨,但只有西秀区大西桥镇的鲍屯村保留着制作丝头系腰的技术"[2]。笔者在贵州屯堡的调研也证实了这一点,关于其原因,一是奉为机密,二是传男不传女。

所以丝头系腰是贵州屯堡民间服饰中最昂贵的配饰,与闽南惠安的银腰链的地位相似(其贵重之处在于金属材质);而江南水乡的穿腰则谈不上贵重,从实用功能来看,也是生理意义大于精神意义。

4. 下装

(1)形制描述

闽南惠安女的下装主要是旷(宽)裤,裤腿一般用黑色绸或棉布制成,少见蓝色。立裆略深,裤筒很宽,从腰围线至脚口线呈一条直线,没有凹凸处理;脚口宽大,印证了民谣中"浪费裤"的说法。小岞妇女的裤筒左侧也有一块正方形的刺绣图案,与贴背呼应。腰头用系带或皮带系结,外面再戴彩塑腰带或银腰链。

贵州屯堡妇女亦着中式长裤,但她们的衣衫较长,所以裤子常被遮掩。

闽南惠安、贵州屯堡与江南水乡地区的妇女长裤均采用平面裁剪,裤腿上端连有腰头,宽度大约在12至14厘米,采用与裤腿不同的布料拼接而成。由于裤装最主要的尺寸数据是其长度即裤长与围度即腰围(由于三地的裤子均采用从腰围线至脚口线的直线裁剪,臀围尺寸由此连线所得,故不考量)。另外,立裆对裤子的形制与功能也具有决定性作用。因此笔者选取江南大学民间服饰传习馆馆藏的闽南惠安的宽裤与江南水乡的拼裆裤各六条作为标本,对其尺寸进行测量与比较(表6-6)。

(2)形制比较

第一,江南水乡妇女经常在小腿部位穿用卷膀,故拼裆裤的裤长稍短;闽南惠安的宽裤的长度似乎更短一些。考虑到双方身材的差异,两种裤子的长度数据应基本接近。贵州屯堡妇女的裤长至脚踝以下,相对较长。拼裆裤和宽裤的侧缝都是从腰围线至脚口线保持直线裁剪,但由于宽裤的脚口较大,故宽裤呈短而肥的筒状;而拼裆裤的脚口较小,故呈上丰下

① 严奇岩:《屯堡女性的丝头系腰》,《寻根》2008年第4期。
② 严奇岩:《屯堡女性的丝头系腰》,《寻根》2008年第4期。

表6-6　江南水乡与闽南惠安的女裤尺寸对照　　　　　　　　　单位:厘米

地区		裤长	立裆	腰围	脚口围
江南水乡	标本一	80	49	96	21×2
	标本二	94	48	111	18×2
	标本三	99	47	98	24×2
	标本四	89	45	110	22×2
	标本五	99	48	110	23×2
	标本六	88	48	107	19×2
	平均值	96	48	105	21×2
闽南惠安	标本一	88	29	105	38.5×2
	标本二	86	29	100	29×2
	标本三	89	28	104	25.5×2
	标本四	86	28	100	35×2
	标本五	80	34	104	34.5×2
	标本六	86	30	112	38×2
	平均值	85	29	104	33×2

俭、逐渐减小的锥状。

第二,拼裆裤具有宽裤所没有的拼裆工艺,且立裆深,其立裆平均值比宽裤的立裆平均值大19厘米,远远高于一般裤型立裆尺寸的控制范围,说明了宽裤的立裆尺寸较为正常。拼裆和深裆正是江南水乡拼裆裤的特色所在,裆内比较宽松,活动自如;穿着时又把大裆左右相叠,用裤带系扎起来,更符合她们在稻作劳动中频繁下蹲、弯腰等动作的需要。

第三,由于江南水乡及闽南沿海地区共同处于"常在水边走"的自然环境,同时为劳动方便,都采用了宽短裤型,被汗液沾湿时不易贴体且容易被风吹干。其中江南水乡的拼裆裤略呈锥形的裤腿更适于收拢,也更适于与卷膀配伍。

第四,闽南惠安与贵州屯堡妇女现今都不着裙;江南水乡妇女有作裙,但是其长度太短,必须与长裤搭配穿着。

5. 足衣

（1）形制描述

惠安女在日常生活中着拖鞋、高筒雨靴。另有鸡公鞋,又称"踏轿鞋",彩绣,厚底,无后帮,仅在婚礼等少数礼仪场合穿用(图6-20)。

贵州屯堡的翘头绣鞋同样特点鲜明。其一是前端

图6-20　鸡公鞋

呈锐角状,并突出于鞋底成为整只鞋的最前檐,使鞋头
形成一个倒钩,故而被称为尖头鞋或凤头鞋(图6-21)。
鞋头与鞋帮先做异色镶拼,再施以彩绣。其二是鞋帮
上连接白棉布制作的袜筒。

（2）形制比较

第一,贵州屯堡的凤头鞋、闽南惠安的鸡公鞋与江
南水乡的扳趾头绣鞋都有鞋翘(这是我国古代鞋子的普
遍特征之一),只是翘起的程度和形状不同(图6-22)。
江南水乡的猪拱头绣鞋则没有鞋翘,这恰恰是其独特
性。贵州屯堡的凤头鞋上的袜筒使我们依稀可见历史上官靴的影子。

图 6-21　凤头鞋

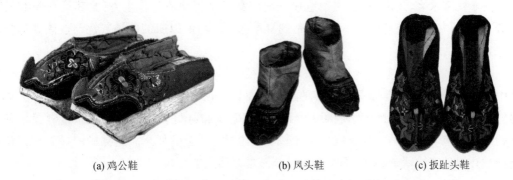

(a) 鸡公鞋　　　　　　(b) 凤头鞋　　　　　　(c) 扳趾头鞋

图 6-22　闽南惠安、贵州屯堡与江南水乡三地的女鞋都有鞋翘

第二,闽南惠安的鸡公鞋鞋底厚度一般达5至7厘米,是采用旧白布裱糊、重叠而成的。
这是鸡公鞋最显著的特征。由于鸡公鞋主要由新娘穿用,故与婚礼上讲究新娘足不踏地有
关。贵州屯堡的凤头鞋与江南水乡的绣鞋的鞋底厚度相近,都在1厘米左右。

第三,贵州屯堡的尖头鞋直截了当地被称为凤头鞋,而闽南惠安的鸡公鞋则故作谦虚,
其实其鞋头不是鸡冠而是凤冠。《惠安县文物志》中也有将鸡公鞋称为凤冠鞋的说法,[1]应
源自凤头鞋或称凤头履,它们的形制、工艺均与"所饰凤首繁简不一,初多以布帛捏制而成,
上用刺绣、贴镶等工艺加饰冠、嘴、眼、鼻"[2]的文献记录相符。

第四,闽南惠安炎热的气候及沿海的地理自然条件使得那里的人民更适合穿用拖鞋
与胶鞋。鸡公鞋仅用于礼俗,只在结婚、生子、满月等场合穿用。由于旧时这些场合需使
用轿子,故鸡公鞋又称踏轿鞋。江南水乡与贵州屯堡的绣鞋,平时生活与礼仪场合都可
使用。

① 惠安县文物局:《惠安县文物志》,惠安县文物局编印1990年版,第138页。
② 周讯、高春明:《中国衣冠服饰大辞典》,上海辞书出版社1996年版,第298页。

三、从功能的角度看

（一）同构同能

在对江南水乡、闽南惠安与贵州屯堡三地的民间服装进行比较之后，可以看到它们之间形制结构的异同之处；在对这些地区居民的生活方式进行考察之后，又可以看到其服装结构与使用功能之间的关系。在这些关系中，采用相同或相似的结构解决相同或相似的问题的情况，可以归结于"同构同能"的类型。

1. 良好的透气性与散热性

由于江南水乡、闽南惠安、贵州屯堡三地妇女都是当地的劳作主力，尤其是在闽南惠安沿海一带，天气十分炎热（江南水乡一带的夏季亦如此），所以服装的透气性与散热性功能显得非常重要。

根据服装卫生学理论，人体散热的主要途径是排汗，[1]所以服装的开口位置要尽量向人体中心靠拢，尤其是要尽量靠拢人体的汗液蒸发处。在闽南惠安，解决这个问题的方法是将缀做衫与节约衫的衣长减短，使得服装下摆距离腋下排汗处很近。一般缀做衫侧缝从底摆开始向上至腋下部位的平均长度为 13 厘米，节约衫为 5 至 8 厘米。这样做的好处是腋窝能直接与开衩处产生对流通风，而腋窝正是汗液难以蒸发的部位。

同时，节约衫底摆的平均宽度为 128 厘米，底摆起翘 16 厘米，所以底摆的弧形长度达到 140 厘米左右，这使得其底摆弧度很大。无论从正面还是从侧面看，闽南惠安女的上衣衣身大致都呈三角造型，使服装底摆与人体腰腹部之间形成较大的空间，出汗量较多的背部、腰腹与腋下都能够得到畅通的通风换气。这种造型符合服装卫生学中"烟囱效应"这一原理，即上下通敞的服装造型便于人体内的热气与外界空气进行对流与交换，尤其是在人体活动时，更能起到类似鼓风机的作用，进一步加速对外湿热传递，从而维持一个相对舒适的"衣内微气候"。

由于服装还具备道德礼仪等精神属性，所以闽南惠安地区民间服饰从整体看没有大面积的裸露，即使将衣袖减短，也是有限的，因为这相对于服装整体来说是微乎其微的，而上衣敞开的圆弧底摆和宽裤的宽大裤筒足以满足人体的透气散热。江南水乡地区也面临着同样的问题，所以其上衣也偏短而宽阔，以方便穿脱与散热。但江南水乡的气候特征是四季分明，而并非像闽南沿海地区那样常年高温，所以江南水乡地区的上衣结构更显中庸，其衣长小于贵州屯堡，底摆起翘小于闽南惠安。

2. 良好的运动性功能

江南水乡、闽南惠安、贵州屯堡三地的人民所承担的劳动项目普遍多样，包括种田、养殖、建筑、副业等。他们巨大的劳动付出可以概括为"三大一全"：劳动量极大，体力消耗大，动作幅度较大，肢体运动全面。

从整体上看，上紧下松的服装造型十分适合当地的劳动需要。在这些劳动中，他们需要

---

[1] 邹红芳、孙玉芳：《服装人体工程学》，合肥工业大学出版社 2010 年版，第 20 页。

经常做弯腰、下蹲、抬臂、屈臂等动作。根据服装人体工程学与卫生学原理，这些动作对于服装造型与结构都有一定的要求。比如上肢运动对衣袖的牵引度较大，要求袖管的贴合区（即袖山贴合肩圆部的区域）做到相对吻合，故胸围、袖窿深、袖口宽、通袖长等尺寸都要尽量贴身，突出运动性能，使人体活动更加方便自如。将出手即通袖长缩短到125厘米左右，则能防止一般情况下衣袖被水浸湿。

运动机能与散热性能是一对矛盾。紧窄的肩袖在夏季不利于人体的透气散热，但是认识事物需要分清主次。散热的问题主要通过加大底摆宽度与弧度，通过上下贯通的结构所形成的"烟囱效应"解决，而上肢的运动机能则通过相对紧窄的肩部、袖窿与袖口解决，互不干涉。这个矛盾解决得好，说明了闽南惠安的节约衫的确是集散热性与运动性于一体的实用典范。

同样，根据服装人体工程学与卫生学原理，由于劳动妇女下肢的髋关节、膝关节在劳作中往往会增加屈曲度，所以裤子的腰臀围和裤腿都不能过于紧窄，相对宽松的裤裆和裤腿更便于满足运动机能需求。

闽南惠安女的宽裤顾名思义就是肥腿裤，所以其裤腿上下一样宽，呈又宽又短的直筒形，因此有了"浪费裤"的说法。江南水乡地区的拼裆裤的裤型是上裆较宽，至中裆即膝盖以下部位往里收缩，以方便行走和小腿裹用卷膀，总体上呈上宽下窄的收拢之势，在整体宽度上小于闽南惠安地区。彼此类似的裤腿造型结构都是为了劳作时活动方便，解决了下肢运动机能的基本问题。同理，江南水乡的拼裆裤的裤裆很深，闽南惠安与贵州屯堡的裤子的裤裆也略深，这也是出于劳动妇女在劳作中反复弯腰下蹲的考虑。但各地裤子的裤裆深浅不一，说明它解决的是由于各自劳作特点所形成的局部问题。

同时，江南水乡、闽南惠安、贵州屯堡三地的劳动人民都十分注重腰带，一般都同时配戴两根或两根以上的腰带，以强化腰带对腰部的支托作用。

3. 良好的防护功能

服装的防护功能在民间服饰中主要表现为抗磨损与抗污损两个方面。肩肘部是民间服饰中抗磨损的重点区域，腰腹部是民间服饰中抗污损的重点区域。

对于抗磨损问题，闽南惠安与江南水乡地区采用的方法都是拼接。闽南惠安的节约衫做拼接的起因是常挑担子的肩部磨损严重，于是在前襟位置拼接，便于更换被磨损的布块（图6-23），这一点与江南水乡的拼掼肩不约而同。后来，拼接成为一种形式和习惯，在起到抗磨损效果的同时，逐渐具备了装饰、标识等精神属性。贵州屯堡妇女的上衣则未见处理耐磨问题的针对性设计。

对于抗污损的问题，闽南惠安的腰巾、江南水乡的作腰与贵州屯堡的围腰围系起来的效果都类似于通常意义上的围裙。它们的功效性也一致，都是用来保护里面衣物干净整洁，不受磨损。由于它们的自身面积较小，脏了易于洗涤，也易于更换。作裙和作腰的里侧还常缝有口袋，便于在劳动时偶尔存放零碎杂物。再者，这些看似复杂的功能都由相同的结构

图6-23　负重疾进的惠安女

实现:无论腰巾、围腰还是作腰,都采用形状不一的矩形布块缝制而成,都由系带系结固定,而且都是由前向后系结,长度、宽度也相近。

综上,得出以下结论:

第一,闽南惠安因受气候条件影响而对服装的透气性、散热性等舒适性功能要求较高。江南地区四季分明,其夏装对散热性的要求也较高,尤其是在夏季插秧等烈日炎炎的稻作劳动中。在江南水乡与闽南惠安地区,为了达到相同的服装功能,不约而同地采用了类似的服装结构,在底摆宽、开衩高、衣长与起翘等尺寸上也更为接近。在贵州屯堡的气候条件下,其服装的散热性要求不高,故未采取短衣长与短袖长的服装结构。

第二,闽南惠安的上衣巨大而夸张的底摆弧度加强了"烟囱效应"的散热效果,这也是惠安女的缀做衫与节约衫在实用功能与形制结构上的主要特色。

第三,江南水乡与闽南惠安地区的劳动人民都利用比较宽松适体的裤型与较深的裤裆来满足对运动机能的要求,又通过多条腰带的使用来辅助实现对腰部支撑的要求。

第四,对于服装的抗磨损问题倾向于采用结构工艺手段解决,对于服装的抗污损问题倾向于采用增加配伍的方式解决。

(二) 同构异能

在江南水乡、闽南惠安、贵州屯堡的民间服饰中,也存在这样一种情况:服饰形制与结构相同或相似,但是在不同地区的使用场合不同。此谓"同构异能"。

袖套就是一个例子。与其他地区通常认知的袖套仅仅是一个外罩于衣袖的防污筒状物不同,惠安女的袖套与节约衫固定搭配,既可以在劳动时保护外衣,避免其被刮破弄脏(此功能与其他地区相同),且在全身服饰的整体搭配中极具装饰性。小岞妇女的袖套与节约衫采用同一种布料制成,其装饰滚条也完全由上衣的其他位置延续而来。另外由于惠安女服饰从上到下没有口袋(历史上曾使用裙裤,当地方言称"插么"),袖套还能提供置放随身物品的作用。"有的妇女衣服无袋,就把钱塞在袖套内"[1]。笔者在采风中也遇到了这种情况。

与其他地区的袖套相比,惠安女的袖套有两处不同:第一,在用法上,惠安女的袖套固定穿戴于衣袖上,而其他地区的袖套只需要保护衣袖时才戴上;第二,在装饰工艺上,惠安女的袖套上有非常繁复的滚条装饰,其色彩、用料、宽窄等与节约衫大襟处的滚条完全一致,说明两者是不可分割的。这也进一步佐证了它的用法,即不完全是一个实用型护具,而是实用意义与审美意义兼备的节约衫的组成部分。贵州屯堡与江南水乡的民间服饰中则无此类袖套,或者说这两个地区的袖套的用法和用途与闽南惠安地区完全不同。

同理,江南水乡的穿腰、贵州屯堡的丝头系腰与闽南惠安的银腰链的穿戴位置、系结方式均一致,宽度也相似,说明了三者之间的"同构",但是它们在使用功能上的侧重点完全不同:穿腰的使用功能主要是支托、护腰,以及出于固定作腰的襻扣和系结,因此其物理意义和生理意义占主体;丝头系腰与银腰链的装饰、标识与炫耀的功能占主体,腰带本应承担的物理系结作用则由他物承担。

---

① 陈国强:《崇武大岞村调查》,福建教育出版社 1990 年版,第 204 页。

另外,拼接衫与缀做衫、节约衫的衣袖都是紧窄式,但是出于不同的目的:在江南水乡,主要是为了避免水稻芒刺钻进手臂;在闽南惠安,窄袖的结构是沿着窄肩的结构顺延而下,主要是出于运动机能的考虑。

贵州屯堡的妇女在梳完发髻之后而在包头帕之前,要先戴一块方巾,它的目的是防尘,而江南水乡与闽南惠安的包头巾的目的是防晒。

(三) 同能异构

指用不同的结构解决相同或相似的问题。

首先是关于各地共同面临的抗热辐射问题。闽南惠安一带的人民在炎热气候条件下劳动,有必要发挥服装的遮蔽作用来减少热辐射。花头巾和斗笠的包裹、遮盖,起到了遮阳和避风的作用,竹编的斗笠还能遮雨。在江南水乡地区的插秧等劳动中,也需要解决抗热辐射的问题,相关服饰品是包头。包头与闽南惠安的花头巾、斗笠的形制不同,遮掩位置也不同——闽南惠安的花头巾、斗笠侧重于头部和面部,江南水乡的包头侧重于头顶和颈部,这与两地的常用劳动姿势与自然条件有关。贵州屯堡一带属于日照时间较短且较弱的山地,热辐射少,故无对应服饰。

其次是关于各地共同面临的衣袖防污问题。闽南惠安采用了最直接的戴用袖套的方式,而江南水乡采用了接袖替换的方式——将被磨损、污损到一定程度的衣袖部分拆卸并以另一块布取代。这说明了江南水乡地区不使用袖套,不是因为没有防污损问题,而是发明了一种不同的服装结构来解决。

再次是关于各地共同面临的束发问题。江南水乡以包头加撑包的方式,闽南惠安则采用包头巾加插梳子的方式,而贵州屯堡的对应服饰是头帕。

四、从变迁的角度看

(一) 异源同果

何为"异源"? 简单地说,就是所比较双方的居民来源与变迁过程不同。闽南惠安居民与江南水乡居民的先辈相异。关于闽南惠安居民的来历,有土著说、中原居民南迁说、古百越遗留说及土著与中原南迁综合说等。目前得到普遍认定的是土著与中原南迁综合说,即根据当地族谱和口述资料,当地居民是历史上迁居而来的汉族人,抑或古闽越族人在汉代以后与汉族人通婚、融合而产生的后裔,并排除了他们是疍民或黎族人的说法。[①]《惠安县文物志》也持相似的看法,认为当地居民是"作为土著的古闽越人"与"秦汉以后中原地区多次南迁的汉民族"。[②]

何为"同果"? 在这里,指所比较双方的服装形制相似,指劳动人民不约而同地选择了类似

---

① 陈国强:《惠安女族源初探》,《泉州学刊》1986 年第 4 期。
② 惠安县文化局:《惠安县文物志》,惠安县文化局编印 1990 年版,第 171 页。

的造型结构,做出了类似的工艺处理,于是得到了类似的结果。这是一种"无缘类同"现象,即尽管人们的种源与历史不同,但由于社会生活、生产方式与自然条件相似,形成了区域类同。

从地域与人口的角度来看,江南水乡妇女与闽南惠安妇女显然属于异源的情况,但是类似的以妇女作为陆上劳动主力的生活与生产方式决定了她们的服饰在许多方面存在共同之处。

1. 异源同果的现象

江南水乡妇女与闽南惠安妇女都穿戴包头巾。从历史渊源来看,我们的祖先曾经戴用过的幞头就是冠与巾的结合体,预先缝制成型,不完全依赖于佩戴时的整合。闽南惠安的包头巾也有折叠、固定的预加工环节(图6-24),这一点更像幞头,而不同于江南水乡地区的包头。这说明了江南水乡的首服是沿着巾→包头的轨迹演变,闽南惠安的首服是沿着巾→幞头→包头巾的轨迹演变。由此可见,尽管双方的发展轨迹不同,但共同的遮蔽需要使她们都选择了包头巾的形式。同样,这里的遮蔽需要不完全是出于防晒、防风的实用动机。南宋朱熹守福建漳州(即惠安的上一级行政单位)时曾要求,良家妇女外出要用一块蓝夏布围罩面容,以合礼教,这就是"文公衣"。"文公衣"也是惠安女包头巾的主要渊源之一,说明了它出于遮蔽动机的精神意义。

图6-24 预加工后的花头巾

当然,与江南水乡的包头相比,闽南惠安的包头巾无拼接、镶滚等工艺,基本上就是买来的一块花布,而江南水乡的包头上拼接、滚边和刺绣工艺繁复。另外,包头巾常与斗笠搭配使用,而包头可单独穿用。但这些区别仅是共同形式下的装饰工艺不同,不妨碍其根本上历程有异、结果相同的总体判断。

江南水乡的拼接衫与闽南惠安的节约衫在各自的演变史上,并没有发生邂逅的机会。但是,由于共同的需要,拼接衫与节约衫最终演变成相似的形制。其中大襟右衽是中华民族传统服装的共同结构,这一点不包括在此处的同果之列。两者都是短衣小袖,都是以拼代绣,这显然是在生产劳动实践中不断改进的结果,又由于在劳动中所遇到的功能性要求总是相似的,所以不断改进、发展所得到的结果也是相似的。同样,在我国近代民间服饰中,江南水乡与闽南惠安的女装形制都属于偏紧窄类型。这其中固然存在便利劳作的原因,同样也不能脱离审美趣味的原因。如果将这一点与两地女装上衣都注重拼接及都形成了比例完美的线条与色块联系起来,可以看得更加明显。

在清代中后期,闽南惠安一带出现了接袖衫(又名卷袖衫),其形制与贵州屯堡一带的大袖长衫十分相似(图6-25)。除了大襟右衽、领襟镶滚、两侧开衩之外,还有两个重要特征,就是衣摆较长与衣身较宽,这些都出自明代的服装形制,或者说是明代的"时代性"所留下的印迹。另一个重要特征是"长袖子,称'接袖'",由惠安女在"婚后第三天才从袖长的一半处翻挽缝住。在反面袖口有一圈宽约三厘米的黑布镶饰色线,袖口还缀接两块拼成长方形的三角蓝布"。[1] 这不就是挽袖吗?而挽袖是清代服装形制的基本特点之一,这说明闽南惠安

---

① 陈国强:《崇武大岞村调查》,福建教育出版社1990年版,第198页。

与贵州屯堡的民间服饰在演变过程中,清代的"时代性"也给双方留下了印迹。这也是一种异源同果的现象,论其形成原因,社会形态和历史遗存的因素要大于现实中实用性改进的因素。

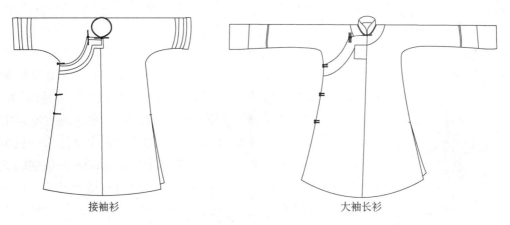

接袖衫　　　　　　　　　　　　大袖长衫

图6-25　闽南惠安的接袖衫与贵州屯堡的大袖长衫之比照

　　在过去,闽南惠安女的黑色百褶短边裙也是系围在腰间的,"青年妇女干活时必穿"①。这一点与江南水乡的作裙、作腰相近。由此可见,在江南水乡、闽南惠安、贵州屯堡,劳动妇女在面临腰腹部防污等需要时,总是选择围裙之类使用十分便捷的服饰,这一点打破了异源同果与同源同果的界限而具有普遍意义。

　　另外,江南水乡、闽南惠安与贵州屯堡的妇女均不缠足。江南水乡,男女皆劳作;闽南沿海,男子打渔,女子劳作;贵州屯堡,男子从军,女子劳作;贵州屯堡无裙、无缠足,且服装形制部分地接近军装,或许可以认为这与当地妇女作为军屯家属的经历有关。虽是异源,但作为社会劳动生产的主力都勤于农耕劳作,这一点是共同的,也是得到同果的根本原因(图6-26)。

图6-26　江南水乡、闽南惠安、贵州屯堡三地女子正装照

---

① 惠安县文化局:《惠安县文物志》,惠安县文化局编印1990年版,第144页。

2. 异源同果的成因

第一，尽管种源与变迁历史不尽相同，但妇女作为江南水乡与闽南惠安一带陆地劳动的主力，双方共同有着普遍的类似动作（如弯腰、负重）与类似需要（如散热、防晒），她们一边生产劳动，一边思考着并实践着在劳作条件下的服装改革。因此，她们的改革方案总是与生产劳动密切相关，这样就形成了共同的前提，并且在这个共同的前提下产生了相似的结果。

第二，江南水乡的夏季与闽南惠安常年的气候条件相似，而且夏季是江南水乡地区的水稻种植农忙时期，于是产生了共同的散热性需求。我们可以看到，闽南惠安地区的服饰结构总体上是基于炎热气候条件形成的，这是毋庸置疑的；但在四季分明的江南水乡地区，其服饰结构也十分突出散热性、透气性和吸湿性需求，并且在很多方面与闽南惠安的服饰相似，这就有点让人生疑了。事实上，江南水乡采用这样的做法，首先是基于夏季水稻种植的需要，通过服装结构满足这个需要，其次再通过增加衣着层次的方式满足冬季的御寒需要。面对相对复杂多样的气候条件，江南水乡的劳动人民采用了分两步走的方式来解决问题。

第三，江南水乡与闽南惠安的妇女对穿着打扮都给予充分重视和投入，又表现为以下三点：

图 6-27　在裁缝店等候取衣服的惠安女

首先，两地都是以家庭女红与裁缝制作相结合（目前也有专门销售惠安女服饰的商店）作为主要的成衣方式，"过去大岞妇女大多利用农闲、劳动空隙自制衣服"①，以及"当地青年妇女张细华说：'我女儿的衣服都是由我来做，并逐渐地教她绣花缝纫。'"②。这两句话非常关键：第一句说明了家庭女红的普遍性，第二句说明了家庭女红的传承性。闽南当地有"绣花有花样，牵枝腹内想"之说，即惠安女把纹样描在纸上，再剪下来并粘于布上，依照纸样施绣，作为世代相传的范式；同时，具体的布局、色彩的选配均可自由创造。③如斗笠系带上的纹样一般都是各人自己设计绣制的，少有花样图本。这一切与江南水乡的做法何其相似（图 6-27）。

其次，闽南惠安女对于女红制作非常用心。江南大学民间服饰传习馆藏有一件大岞妇女的缀做衫，粗看十分普通，但仔细观察的话，会有很多精细之处显露出来：其一是前开襟的黑色滚条，在缉明线压缝时，其针脚是以三点为一组间隔排布的，而不是如通常做的均匀排布；同样的情况亦出现在领襟的缀做上，分别用红色线与白色线压缝两道，均以三点为一组排布。其二是一字扣的扣头，不是用本色布做，而是用红、绿两色绒线编织而成的。其三是两侧开衩处的套结，不是用线简单锁缝，而是用红、紫两色线绣成一个类

---

① 陈国强：《崇武大岞村调查》，福建教育出版社 1990 年版，第 206 页。
② 蔡尔鸿：《惠东女社会角色》，《崇武研究》，中国社会科学出版社 1990 年版，第 292 页。
③ 哈克：《崇武渔区的刺绣艺术》，《崇武研究》，中国社会科学出版社 1990 年版，第 312 页。

似鱼状的菱形,既有牢度又有美感。笔者在江南水乡民间服饰的刺绣工艺中,可以看到加固、平挺、增重等附加作用,但没有看到闽南惠安民间服饰上这种套结作用。惠安女对于女红的用心、独特与考究程度由此可见一斑。其四是衣摆背面的贴边,先以粉绿色布条滚边,再以略宽的碎花布贴边,十分讲究。这样就使得即使把衣服脱下来,其正反两面也都有值得观赏的地方(图6-28)。

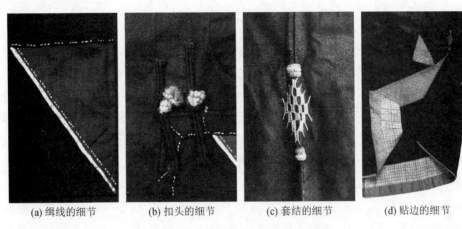

(a) 缉线的细节　　(b) 扣头的细节　　(c) 套结的细节　　(d) 贴边的细节

图6-28　大岞缀做衫的四处细节

再次,惠安女的包头巾形制一致,只是花样有所不同,她们也会购置、收藏上百条头巾,以保证自己各种颜色、各种花样齐全。这不是一个简单的"量"的积累,而是她们十分看重服饰,并把服饰作为一种追求的结果。惠安女中有上百条包头巾和几十条裤子的人,不在少数。笔者在大岞村调查时,应一位惠安女邀请,欣赏到了她闺房中的衣柜,约有几十条宽裤折叠成约二十几厘米长的长方块状,整整齐齐码在抽屉里(这样的宽裤穿在身上才能呈现她们所喜欢的折痕),一连三抽屉都是,蔚为壮观,让人叹为观止(图6-29)。她们毫不掩饰自己对于服装美的强烈追求:"我们农村人,第一讲究'山活'(即农活),第二讲究衣服";总之"我们重'花洗'(即重打扮)"①。

图6-29　保持折痕的宽裤

(二) 同源同果

同源同果指因共同的祖先与共同的历史而得到类似的结果,得到类似的服装结构与形制。根据这个定义,江南水乡与贵州屯堡的先辈都在同一个地区,尽管在今天他们相距遥远,但是在明代他们离得很近——贵州屯堡的居民是在明代时期由江淮和江南一带迁徙而来的,其服饰也是由当时的江南服饰演化而来的。

迁徙方式有两种:

---

① 蔡尔鸿:《惠东女社会角色》,《崇武研究》,中国社会科学出版社1990年版,第287页。

第一,军屯戍边。

《平坝县志·民生志》载:"屯堡者,屯军驻居之地名也……追屯制既废,不复再以军字呼此种人。唯其住居地名未改,于是遂以其居住地而名之为屯堡人,实则真正之屯堡人即明代屯军之后裔嗣也。"[1]因此,明史专家陈宝良也认为贵州的"卫人"就是"明代从内地调至边防戍守的军士,或从内地迁谪而来,包括中州、江南、楚、吴、闽、湖湘等地"。[2] 他们千里迢迢来到"黔之腹、滇之喉"的安顺,其本来目的就是驻军戍边(安顺地方戏叫"军傩");后来实行"屯田制",也按照"三分戍边七分屯"的要求,让他们既保持军队的编制,平时又以耕种为生,即所谓的"战时出征,闲时屯垦",而他们的"家属随之遂焉"。[3]

第二,移民屯田。

明代洪武、永乐年间的大规模移民,主要是从江南与山西一带向贵州一带"移民垦荒"。《安顺府志·风俗志》载,明洪武年间移民至屯堡的江南汉族后裔很多,如大名鼎鼎的周庄沈万三被发配戍边时也在此地。贵州屯堡居民保藏的大量家谱与族谱也表明,他们的先祖确实来自江苏、安徽,所以他们的语言、衣着、饮食和娱乐风俗均与千里之外的苏皖相似,反而与周围近在咫尺的其他村寨不同。

具体而言,苏、松、杭、嘉、湖(也就是广义的江南地区)是上述这个空前规模的移民计划的主要人口输出地。据民国《续修安顺府志·安顺志》卷四统计,贵州安顺四十个姓氏的五十个支系来源中,除了来源不详的六个以外,来自江西、湖南、湖北、江苏、安徽、浙江等地的有三十七个,其中苏皖地区的江南省有二十二个。这充分说明来自苏皖地区的江南人是贵州屯堡人口的主要来源。

图6-30 节日盛装同日常服装

1. 同源同果的现象

就穿着方式而言,贵州屯堡民间服饰无明显的冬装、夏装之别,只是在大袖长衫之内增减衣物。江南水乡民间服饰也是如此。

就服饰品种而言,"屯堡妇女并无节日盛装,结婚时也只是改变发式,而服装式样与平日的没有区别,只是结婚时要包黑色的头帕"[4](图6-30)。江南水乡民间服饰也是如此。

另外,贵州屯堡女子在小腿部位使用过绑腿,一般用黑色与蓝色布条制作,目的是固定裤口、保暖及便于劳动,但随着后来裤子的结构发生变化,绑腿逐渐退出了她们的日常生活。与江南水乡的卷膀相比较,首先可见双方的形制有异:贵州屯堡的绑腿与古之行缠相似,以条状

---

① 江钟岷:《平坝县志·民生志》,成文出版社1974年版(据民国1932年铅印本影印),第205页。
② 陈宝良:《明代社会生活史》,中国社会科学出版社2004年版,第35页。
③ 安顺市文化局:《图像人类学视野中的安顺屯堡》,贵州人民出版社2002年版,第12页。
④ 刘立立:《安顺屯堡服饰探析》,北京服装学院硕士学位论文,2009年。

螺旋缠裹而成;江南水乡的卷膀与古之膝裤、护腿相似,以筒状系扎而成。但是,卷膀与绑腿都用于膝盖至脚踝之间,都起到小腿防护与着力的作用,也都由棉织物缝制而成,说明了两者具有同样的使用位置和使用目的。同时,贵州屯堡的绑腿至近代仍在穿用,但今天消失了;江南水乡的卷膀一直在穿用,但其礼仪与美观的意义大于其原先的实用意义。这说明了随着生活方式的改变,两者都经历了由盛而衰的共同命运。

就服装形制而言,贵州屯堡的大袖长衫又分两种形制,一种是大袖,另一种是小袖,后者这种窄袖结构更加适用当地的稻作劳动。其实,无论大袖还是小袖,都发源于明代的大袖衫,只是在贵州屯堡的生活实践中,逐渐分离出大袖和小袖两种形制——大袖对应礼仪和交际,小袖对应生活和劳作。江南水乡的拼接衫则直接蜕变为更加适应稻作生产的小袖。

贵州屯堡地区的围腰与江南水乡地区的作腰的形制也较为相似,都是蔽前不蔽后,都采用由前向后的围系方式,都由梯形布片构成,长宽尺度也较为接近。更为奇妙的是,据江南大学民间服饰传习馆的相关馆藏,贵州屯堡的围腰与江南水乡的作腰均由三幅纵向拼接而成,只是围腰为单层,作腰为复层。两者的用途也都是防污和支托腰力,因此是同源同果现象的典型之一。

2. 同源同果的成因

第一,贵州屯堡居民是明代时期从江淮、江南一带移居而来的,他们与原地不动的江南水乡居民有着共同的先辈。于是,双方拥有了共同的文明史,拥有了共同的信仰与精神支柱,也形成了近似的习俗。尽管贵州屯堡居民从千里之外迁移到此地,但他们始终刻意保持着原先的文化,甚至在生活中夸大包括服饰在内的种种文化标记。所以两地的人们只有一个文化范型,他们的服装也只有一个原本,顺理成章地,也只能得到一个结果。这个结果反映了两地居民的共同来源,而他们的服饰的地域特殊性变化是对这个结果的补充。

第二,贵州屯堡与江南水乡有着共同的稻作生产背景。贵州安顺一带的田坝区水稻种植面积和产量都较高,稻米也是当地居民的主食。由此可见,贵州屯堡与江南水乡的居民不仅拥有共同的历史渊源,拥有共同的生产方式,还拥有水稻这个共同的耕作对象。贵州屯堡的妇女显然也是当地稻作生产的劳动主力,她们对于服装的实用功能需求与江南水乡妇女基本一致(图6-31)。

第三,贵州屯堡与江南水乡同属相似的暖温带气候。贵州屯堡位于山地,气温随着海拔高度每上升100米下降6℃,所以纬度

图6-31　贵州屯堡稻田旁休憩的农人

适应性因素在此地有所减弱,必须与垂直适应性结合考虑。贵州屯堡的气候温和,没有特别炎热的夏季,单层着衣即可满足劳动时的散热需要,故无需特别的针对性设计。相反,贵州屯堡的冬季对保暖性具有较高要求,因此衣服较长,采用三层着衣等多层着装方式,以衣、裤、围腰等一应俱全的方式御寒(表6-7)。

表6-7　江南水乡、闽南惠安、贵州屯堡三地在"世界衣着方式地带性一览表"①中的位置

气候	月平均气温及其他	衣着	对应区域
潮湿热带	20～30 ℃	极少着衣带,轻棉织物	—
炎热沙漠	辐射强,昼夜温差大	干热宽松着衣带,飘垂白色长衣	—
亚热带	10～20 ℃	单层着衣带,毛衣加轻棉衬衣	闽南,夏季的江南
暖温带	0～10 ℃,辐射不强	两层着衣带,两层间气层厚6毫米	贵州,江南
温带	−10～0 ℃	三层着衣带	冬季的贵州与江南
寒温带	−20～10 ℃	四层着衣带	
极地冬季型	—	极地冬季型着衣带,不能单靠衣服隔热保暖	

　　在江南水乡地区,强大的季风在一定程度上冲淡了气候条件上的纬度适应性因素,其四季分明的特点减弱了着衣方式地带性因素,夏季采取单层着衣,春秋两季采取两层至三层着衣。稻作生产劳动时,人们容易出汗,也冲淡了气候条件的影响,着衣会减少。这样,江南水乡的服装结构偏向于更能蒸发体表热量的亚热带型。结合自然条件与人为因素来看,江南水乡尽管地处温带,但由于稻作生产劳动当地人更注重服饰易穿脱、易散热、遮蔽日晒等实用性能,故采用略呈闭合-敞开式结构的服装形制。

　　可见,除了夏季之外,同样位于暖温带的江南水乡与贵州屯堡在着衣的层数、件数等方面较为接近。两地对于服装的保暖性均有一定的要求。在服装的长与短、宽松与紧身的选择上,需要满足的条件则更多一些。因此,两地的服装形制和结构比闽南惠安的复杂一些。

　　总之,根据地理位置、自然环境、气候特征的不同,三个地区所形成的服饰形制与结构特征也截然不同(表6-8)。从中可以得出一些规律:闽南惠安属亚热带海洋性季风气候区,常年高温,湿度大,雨量多,有时特别闷热,因而服装结构必定是便于散发体表热量的开放宽敞型。江南水乡与贵州屯堡同属暖温带湿润季风气候区,四季分明,夏天因高温高湿的季风而十分闷热,尤其在稻作生产劳动中,江南水乡民间服饰的舒适性要求同闽南惠安,但在其他季节对散热性的要求不明显。贵州屯堡位于山区,纬度气候因素被山地垂直自然条件所冲淡,对各个方面的考虑相对较为全面。江南水乡民间服饰在秋冬季的舒适性要求同贵州屯堡民间服饰。

表6-8　环境和生产方式对服饰品种和特征的影响

地区	自然条件与耕地	气候	生产内容	易损部位	服饰品种	服饰特征
江南水乡	水乡、稻田	四季分明	植稻、植棉、养殖等	肩、肘、腹、中裆	拼接衫、包头、作腰、作裙	松紧适中,略呈闭合-敞开式
闽南惠安	海边、田地	炎热、海风	捕捞、种田、建房等	肩、肘	缀做衫、节约衫、头巾、宽裤	上紧下松,闭合-敞开式
贵州屯堡	山地、稻田	山地气候	植稻、养殖等	肩、肘、腹、中裆	大袖长衫、围裙、丝头系腰	松紧适中,闭合式

---

① 朱瑞兆:《应用气候手册》,气象出版社1991年版,第341页。

（三）族徽问题

1. 族徽的形成

在相对稳定的自然环境与社会环境中，由于共同的生产与生活方式，又由于共同的历史积淀，形成了一种感情融合、相互支持又相互监管的社会约束力。在此社会约束之下，在对应区域内所发生和发展的服装形制形成一致对外的社会集团标记，这就是族徽。它的形成一般属于区位性自然发生。

由于历史上的原因，贵州屯堡一带的服装上的族徽意义和标记作用比江南水乡地区强化得多。贵州屯堡人来自经济和文化相对较为发达的江南等地区，在他们内部自然产生了自视甚高的认同感，自成一脉。相近的习俗、相似的心态，关键是相同的命运，使他们容易抱成团，他们"整合成一道厚厚的墙，不屑于周边民族文化的渗入"①。这既是当地族徽意识较为浓烈的外围背景，也是一种必要性——迁居至此的屯堡人作为外来人和少数人要保持自己的血统与生活方式，要避免被周围作为土著的多数人同化，只能选择自我封闭，而族徽式的标签可以认定身份，可以划分地盘，正是这种自我封闭的有效手段之一。

同时，历史上的屯军身份使他们产生了强烈的自豪感和优越感，一种自视为正宗的观念，所以屯堡人的婚嫁观念讲究门当户对，形成了"屯对屯、堡对堡、军对军、民对民"的婚姻圈。他们十分小心地讲究着、坚持着，还要分出"民屯对民屯、商屯对商屯"的界限范围。他们婚嫁观念中的封闭性，在很大程度上保持了他们家族血统的纯洁性。与此内在的坚守相呼应，屯堡人还有一整套强化身份认同的外在符号，即以大袖长衫为主体的一系列标志性装扮，这与周边地区其他民族形成了较为显著的外观区分。此情形最初是出于军屯的使命感和优越感，后来又随着时过境迁的历史条件变化而演化为强烈的标识与防御意识。

在闽南沿海地区，作为一个整体，其最初的族徽意识同样与民族迁徙有关。西晋之后不少中原汉族人陆续入闽，"入闽后，不同宗族的北方移民在争夺生存空间和政治经济利益时也经常发生激烈的矛盾冲突甚至互相残杀。因此，入闽后的汉族大多聚族而居，……家族门第制度受到高度重视"②，所以闽南沿海一带依据姓氏聚族而居的现象较为普遍。惠安女特立独行的装扮是由其自然条件和社会角色所决定的。她们的丈夫长期在海上从事渔业生产。过去由于渔船吨位较小，导航纯凭经验，故渔业生产的风险较大。惠安妇女在承担了一切陆上劳动的同时，利用各种形式为丈夫的海上作业安全做祈祷。她们的信仰与祈祷转化为缀做衫上护佑的"符"。因此，在她们的族徽意识的形成过程中，精神寓意占据较大的篇幅，而且是在潜移默化中逐渐生根并深化起来的。

另外，由于长居娘家的风俗，惠安女的生活重点在婚后很长一段时间后还在娘家，娘家小姐妹的集体认同依然是她们十分重要的信念，否则就会产生失落不安的心理焦虑。比如包头巾，"她们发现姐妹伙伴戴上新的花纹，宁愿花上高于平常价格三、五倍的钱，也要去买回来"③。这样才可以在这个群体内部保持相互的心理认同与归属，实际上就是族徽意识下

---

① 安顺市文化局：《图像人类学视野中的安顺屯堡》，贵州人民出版社 2002 年版，第 12 页。
② 唐文基、林国平：《闽台文化的形成及其特征》，《福建师范大学学报》1995 年第 4 期。
③ 蔡尔鸿：《惠东女社会角色与服饰》，《崇武研究》，中国社会科学出版社 1990 年版，第 290 页。

的集体认同意识的体现,人有亦有,不能丧失集体而落单。

同时,惠安女在长期的生产劳动中,在早婚并在婚后久居娘家的习俗中产生了包头巾、节约衫、宽裤、银腰链与鸡公鞋等服饰,在生活中处处体验到它们的便利与美丽而倍感自豪。当地妇女普遍认为这种装扮就是一种"调得"(美的意思),就是一种"光夹"(还是美的意思),其他人对她们半是钦羡半是猎奇的目光也令她们颇为得意。闽南惠安服饰上的族徽意义,首先表现为惠安地区与其他地区的区别,这是对外的标识意义;其次,在惠安地区内部,大岞与小岞之间有区别,崇武城内与城外也有区别,折射出内部之间相互媲美、不甘落后的自我表现欲望。

总之,"每个区域都是一枚反映民族相似性的徽章"[①]。既然是一个区域,那么就包含着这个区域内部的居民、居民所形成的社会形态,包含着这个区域内部的地理、气候等组成的自然形态,这是血统与土地相互交织的两个形态,作为族徽的服饰是这两个形态有机交互的综合反映。

贵州屯堡与江南水乡都将族徽意识主动植入服饰的精神属性之中,尤其是贵州屯堡人,由于作为军屯的荣誉,又由于需要阻隔与原住居民往来而保持独立性,他们塑造族徽意识的主动性特别强;闽南惠安地区的族徽意识则相对淡薄,族徽标识的形成较为被动,似乎是在有意无意之间而介入的(表6-9)。

表6-9　三地族徽意识与标识比照

地区	共同条件	特殊条件	显著标记	核心内容
江南水乡	自视为"正统"的心理归属	自然条件优越,地域识别度中等	包头、作腰、作裙、拼掼肩	稻作生产的优越与便利
贵州屯堡		荣誉与责任,民族识别度强,典型	凤头髻、丝头系腰、大袖等	明代汉族迁徙的历史与血统
闽南惠安		护佑与自我护佑,审美识别度弱,非典型	包头巾、缀做	祈祷渔业生产的安全

2. 族徽的标记

贵州屯堡人一直刻意保持着汉族服饰大襟右衽的基本特征。对于服装基本形制的保持应该是族徽标记中最为本质、最为显著的内容。由于屯堡民间服饰在安顺一带的醒目标识性,其汉族服饰特征甚至成为当地少数民族对他们的称呼——穿青人。

贵州屯堡人一直刻意保持着明代服饰宽袍大袖的传统。他们难以忘却他们的祖先骑着高头大马进入此地的荣耀。屯堡人是"还保留'明代古装'的屯堡人"[②],他们试图以此来延续这种荣耀。于是,他们将适宜于平原地带的宽大袍衫加以改造,如腰带紧束,使长袍更加贴合身体而不显拖沓;袖子虽宽大,但折回变短,劳作时依然比较利落(图6-32);不穿裙而着裤,方便负重行走。在满足这一切劳动需要的同时,坚持"大袖"不改,这也是身份与族徽的体现,因为大袖恰恰是明代服饰的基本特征之一。屯堡人以此为族徽标记,其最实质的或

① [英]迈克·克朗:《文化地理学》,南京大学出版社2005年版,第13页。
② 姜永兴:《保持明朝遗风的汉人——安顺屯堡人》,《贵州民族学院学报》1988年第3期。

者说其最想表达的内容就是,彰显自己是汉族人,而且是明代的汉族人。

有一首关于贵州屯堡民间服饰的民谣,是这样唱的:"头上两个道道,耳上两个吊吊,袖上两个套套,腰上两个扫扫,脚下两个翘翘。"其中:头上的"道道"是指已婚妇女头上梳的发髻与包的头帕;耳上的"吊吊"是指屯堡妇女佩戴的耳环(耳坠);衣袖上的"套套"是指挽袖,以及由此带来的袖阑干;腰上的"扫扫"是指丝头系腰;脚下的"翘翘"是指单钩凤头鞋。这些局部都很特别,有的是其他地区也有的,但是屯堡的形制不同,比如凤头鞋;有的是其他地区没有的,比如丝头系腰。这样

图6-32 折回变短的衣袖

由不同局部叠加所形成的整体形象当然是与众不同的,若混迹于其他人群中,能够轻易地被识别,这正是作为族徽标记所需要具备的特质[图6-33(a)]。

同样,在闽南沿海地区也有一首关于惠安女服饰的民谣:"封建头、民主肚、节约衫、浪费裤。"其中:"封建头"主要指遮掩住面容的包头巾或称花头巾;"民主肚""节约衫"都是指上衣短,下摆起翘弧度大,人体活动时可能露脐;"浪费裤"是指宽裤十分宽大,好像"浪费"了布料。上述这些再加上黄斗笠与黄竹篾篮,如此特殊的细节所构成的惠安女形象当然也是特立独行的,同样能够被人们轻易识别[图6-33(b)]。

(a) 贵州屯堡女

(b) 闽南惠安女

图6-33 族徽标记十分显著的贵州屯堡女与闽南惠安女

在闽南惠安内部亦有分支。外界一般认为净峰、大岞、小岞、崇武这几个地方属于同一区域,地理位置相距很近,其服饰在总体上似乎保持同一样式。但当地人一直认为崇武是城里,而小岞、净峰是农村。城外妇女被称为"蜜蜂婆",城内妇女被称为"军婆"(崇武城本身也是军屯的产物,比如崇武东部大岞郊区的大姓"张"姓就是祖居河南固始县,因驻军迁移至

此),有些互相低看对方的意思。这样的心态在服装上表现出来,便形成了惠安服饰内部的一些细琐的分支。

闽南惠安女的包头巾与节约衫都可以明显地分出大岞型和小岞型。包头巾的区别主要看色彩与尺寸大小:大岞的花头巾长宽大致在60至70厘米,偏爱蓝、绿等冷色调;小岞的花头巾比大岞的稍大些,长宽在70至80厘米,常用桃红或大红等偏暖色调。节约衫的区别主要在于装饰工艺:大岞地区的节约衫以拼接为主,前襟上有一明显的横向破缝,且上下用不同的布料制作,同时衣袖亦有拼接;小岞地区的节约衫以镶滚为主,沿着领襟线会布置滚条若干,紧密排布,装饰感极强,衣袖另接袖套,袖套上的滚条与领襟处的滚条一致(图6-34)。

大岞型　　　　　　　　　　　　　　　　　小岞型

图6-34　大岞型与小岞型节约衫之比照

大岞与小岞地区的包头巾与节约衫的区别,说明了当地族徽意识中存在内部差别。这一点与江南地区的胜浦和唯亭之间的包头样式存在显著区别一样。

3. 个体的标记

集体由个体组成,而且能够像投影一样集中反映个体的"映像",但是这种反映是比较笼统的,所以族徽只是针对集体的标识;而在这个集体内部,又需要设置针对个体而言的个体身份标识。

闽南惠安妇女的服饰对于其年龄、婚姻状况等个人生活状况的反映具有标识的普遍意义,"结婚时,妇女则穿全套黑色衣服,式样相同,但无绣饰,显得典雅庄重"[1](与江南水乡地区新娘使用黑色包头不约而同)。对于妇女与异性交往的监管十分严格,所以订婚、已婚(腰间的银腰链表示已婚)、离异等状况必须公开化,监管才有依据(图6-35)。"在娘家或守寡时不梳髻,也不插银制的饰品或绒花,只是把头发尾部卷起,一半塞进黑巾里,一半留在巾外"[2]。银腰链系上或取下,既意味着该女子获得某些权利,同时也是左邻右舍监管其行为的依据。这就是一种内部的族徽功能——认同这个群体,就要按照这个群体的规则行事——实际上就是道德规范在民间的一种约束形式。

闽南沿海地区的早婚现象十分严重。据1985年统计,全年小岞全乡的早婚男女有1 489对,"其中14岁以下的117对,占7.6%;15至16岁的有551对,占37.6%;17至18岁

① 陈国强、蔡永哲:《崇武人类学调查》,福建教育出版社1990年版,第180页。
② 陈国强、蔡永哲:《崇武大岞村调查》,福建教育出版社1990年版,第200页。

的有 612 对,占 40.8%"。[1] 但奇怪的是,已婚女子仍住在娘家,一年之中只有少数几个节日可以住到夫家;更奇怪的是,小姐妹之间对于住夫家这个行为非常排斥,因为到了夫家被要求戴"黑巾",以致于结婚数年夫妻之间还不认识。[2] 戴上"黑巾"就仿佛戴上了一个面具,这是一个双重人格、多重角色的面具。当地妇女正常的生理需求被抑制,甚至以同房生育为耻。1952 年对当地 86 个村庄"不落夫家"的调查数据是约占已婚家庭的 99.7%。[3] 直至 20 世纪 80 年代,仍然未见改观。这使得娘家的一帮小姐妹们并未因结婚而散伙,相反成为生活行为互相监控的群体。从另外一种意义上说,惠安女对其服饰本身极度热衷,也许是心理目标转移的一种方式,或者说是对自己的一种补偿。

江南水乡民间服饰亦有年龄标识作用,是属于软标识而非硬制约,而有意思的是人人都自觉地遵守着这个软标识,说明了民风的强大监管能力。从江南水乡地区的婚俗来看,新娘戴的包头反而比较朴素,既有反映其不事张扬的意思,也有身份标识的意思。

在贵州屯堡地区,服饰上的身份标识同样首先表现为年龄标识,腰带垂挂于正后方的为"大娘娘"或"老娘娘"(图 6-36),垂挂于侧面与前面的为"小娘娘"。同时,屯堡服饰对于女子的未婚和已婚状态亦有明确标记。未婚姑娘梳独辫,不包头帕,上衣为素色小袖;已婚妇女则需要挽髻、包帕,上衣为大袖,且前襟与衣袖缀有阑干。

图 6-35　腰间围系银腰链的惠安女

图 6-36　腰带垂挂于正后方的"大娘娘"

(四) 变与不变

1. 变

"变"是指根据当地的实际情况进行改良,并发生一定的变异或变通。这是非遗的动态

---

① 陈清发:《惠安女与两个文明建设的刍议》,《崇武研究》,中国社会科学出版社 1990 年版,第 270 页。
② 林嘉煌:《惠东婚俗改革与四化建设》,《崇武研究》,中国社会科学出版社 1990 年版,第 273 页。
③ 林国华:《惠东居民族源再探》,《崇武研究》,中国社会科学出版社 1990 年版,第 294 页。

性特质的反映。劳动人民在生活与生产实践中不断体验与总结，逐渐找到适合自己的服装形制结构，并继续在生活与生产中给予完善。民间服饰一直在变，这在宏观上是一个动态的过程，即使是今天我们所看到的范式，显然也不会永远一直如此。

（1）可变因素

一般而言，民间服饰的可变因素包括形制、工艺与材质等。

从民国时期以来，贵州屯堡妇女的发式和头饰发生了很大的变化。"由挽髻于顶、围眉勒、包布帕的形式，变为如今的拔掉前额头发、挽髻于脑后、围合折叠而成的带状帕子"①。当然，这种情况也不绝对。在采风中，笔者注意到有屯堡妇女先包覆一个块状头帕，再缠裹一个条状头帕的。如此两者兼用的目的是防尘。这些都是切合实际的多项选择。其中"挽髻于顶、围眉勒、包布帕"的形式恰恰源自明代，且与江南水乡地区一致。由此说明了两地的发式和头饰在历史上曾经是一致的，后来分别沿着各自的轨迹发展变化。

贵州屯堡的凤头鞋一直是当地妇女引以为傲的服饰特色，尤其是高帮筒袜，其保暖和防护性都十分良好；但屯堡妇女并不固步自封，而是结合天气的变化增加了凉鞋款凤头鞋，改为露趾、祥带的样式，同时保留了凤头鞋翘的形制，保留了滚边与刺绣工艺，新颖别致，这是传统与变异完美结合的一个范例（图6-37、图6-38）。

图 6-37　凉鞋款凤头鞋　　　　　图 6-38　从凉鞋款凤头鞋的侧面更易看清其凤头

闽南惠安女的接袖衫是自清代沿承下来的上衣。它的形制为大襟右衽，连袖直身，领襟之下有数道镶滚，领口下方有拼接，衣袖为挽袖，其中领襟镶滚与衣袖挽袖都是清代服装的特点。这说明接袖衫是在明代大袖衫的基础上，融合清代服装的一般元素而成的。缀做衫是由接袖衫变化而来的，主要变化是取消了原来的接袖即挽袖，但在袖口处缝绕了一圈以蓝色或花色布料形成的贴边；同时，各个部位的尺寸收缩，唯独下摆弧度有所加大。节约衫的衣长在缀做衫的基础上进一步缩短，下摆弧度则进一步加大，一直往外延伸至腰部；同时，取消了前襟的缀做，增加了一道横向接缝，并保持至今。

---

① 刘立立：《安顺屯堡服饰探析》，北京服装学院硕士学位论文，2009 年。

表 6-10　从接袖衫到缀做衫再到节约衫的变化线索

名称	接袖衫(卷袖衫)	缀做衫	节约衫
年代	清代,约清中期至清晚期	近代,清晚期至 1951 年左右,少量延续至今	现代,约 1951 年至 1964 年,大量延续至今
变化	突出前襟滚条与织带花边,领口下有一小块方形"缀接",挽袖	取消挽袖,取消前襟阑干与织带花边,增加前襟与后背的缀做,领口下方的方形缀接改为三角形,衣长减短	取消前襟缀做,衣长进一步减短,加大下摆起翘
趋势		保持细节,清代元素被减弱	更简约,功能性更强

在今天看来,个性十分突出的闽南惠安女的头饰并非一直如此。花头巾是 1952 年出现的,并取代了民国时期的黑头巾。另一件重要的标志性服饰——斗笠,原为崇武城内妇女的遮雨之物,也没有黄漆,一般用桐油做防水保护;而 1958 年修建"惠女水库"时,惠安女为挡雨、防晒戴上了斗笠,并漆上了黄漆,此后越加普遍。与此同时,惠安女用漆了黄漆的竹篾小篮取代了以往的褡裢,作为随身携带物品的收纳之物(图 6-39)。

图 6-39　黄漆竹篾小篮

在工艺制作方面,"现在的绣花鞋虽然仍保持着以前凤头鞋的形制,但整体的工艺质量已大不如前。这徒有其形的绣花鞋在现代生活的进程中正慢慢地消失……"[1],这里的"徒有其形"是指凤头鞋的形制还在,但不少传统制作工艺已被简化。比如从贵州屯堡地区鞋子上的刺绣来看,家庭女红水平的手工做法已经式微,今天有不少绣鞋的鞋帮上的绣纹已采用机绣工艺。同时,以往十分贵重的丝头系腰也出现了"经适型"版本——腰带部分不再采用编织工艺,而是用布料裁剪缝制而成,两端的丝头与腰带之间也变成活扣连接,以便可以随时拆装。

在材料运用方面,闽南惠安女是十分善于捕捉与运用新生事物的,她们对工业产品没有排斥,反而十分欣赏。塑料拖鞋与橡胶雨靴在 20 世纪 80 年代出现后,马上被惠安女所采纳,因为海洋性气候和劳动场合的关系,有些人甚至靴不离脚。比如橡胶雨鞋,能防水,能避免海滩上的石头、沙粒刺伤脚部,同时宽大的裤腿也能塞进雨靴方便劳动,那么何乐而不为呢?同时,惠安女对于手表,对于改革开放之初风靡一时的寻呼机等电子产品,都颇为热衷。她们既不放弃银腰链,又喜欢用手表、手机来武装自己。以致于在江浙沪一带出现了这样的厂家,专门为她们开发、生产用于包头巾等惠安特色服饰品的时新布料,其花型和材质不断地推陈出新,深受欢迎。近年来,随着当地民间服饰的穿戴者整体上减少,这种现象也在弱化。

(2) 时间节点

商周时期是中国古代服装史上第一个重要的时间节点,也是中原地区民间服饰的萌芽期。但是,由于包括吴、闽之地在内的广大地区尚处于"披发文身"的荒蛮阶段,故这个时间

---

① 王芙蓉、张志春:《屯堡服饰文化研究》,《河南纺织高等专科学校学报》2007 年第 4 期。

节点与江南水乡、闽南惠安、贵州屯堡地区的民间服饰的关系不大。明代是中国古代服装史上另一个重要的时间节点，也是我国民族服饰发展的成熟期。江南水乡与闽南惠安两地的民间服饰的基本结构都是以明代的服装形制为来源和基础的；而贵州屯堡居民也是在明代从其他地区迁入的，他们将中原地区与江南地区的汉族服饰的基本形制的种子带到了此地，在当地开花、结果、保存、沿袭。所以，明代是江南水乡、闽南惠安与贵州屯堡三个地区的民间服饰分别形成的共同时间节点，也是其开始演变的第一阶段。

至清末与民国时期，江南水乡的大襟衫、贵州屯堡的大袖长衫与闽南惠安的缀做衫的形制与用料均趋于稳定，主体结构与装饰结构的变化均于此时完成。比如闽南惠安从清中晚期的接袖衫到民国时期的缀做衫，其基本形制变化不大，而省略了挽袖与袖口缀接，省略了前襟的滚条，增加了前胸后背的缀做，减短了衣长，且领口下的缀接由方形演变成三角形。这也是今天所认为的惠安女特色上衣的基础。民国《平坝县志·民生志》中有"屯堡人，男子衣著同汉人"[1]，这首先就肯定了一个大的前提。其实，贵州屯堡女装也一样："女子穿滚边衣衫，尚青、蓝、红、绿等色，亦有长及足跟者；袄也滚边，腰带宽二寸许，织带青色垂须，绑腿尚红色，绑作螺旋式；……鞋尚饰花，……屯堡妇女不着裙。"[2]这一方面表明贵州屯堡女装有多处与江南水乡女装相似——滚边衣衫，尚青、蓝，腰带宽二寸许（合6.6厘米左右），鞋上饰花；另一方面也表明清末至民国时期为江南水乡、闽南惠安与贵州屯堡三个地区的服饰形制分别确立的共同时间节点，也是其演变的第二阶段。

20世纪50年代初之后，江南水乡与闽南惠安的民间服饰发生了进一步的变化。江南水乡的大襟衫演化为拼接衫，闽南惠安的缀做衫演化为节约衫。在这个演变过程中，形成了前所未有的拼掼肩的做法，形成了江南水乡拼接衫与闽南惠安节约衫的特色。这些做法与特色在清末至民国时期的两个地区的民间服饰中均未发现，说明了它们是在当地妇女参加合作社、人民公社的广泛劳动中逐渐演变而成的。劳动的需要强化了服装的实用性需求，所以两地服装进一步朝着美用合一的方向发展。有文献表明"大致在1964年左右，基本成为现模样"。[3] 这一方面说明这种改制与当时的社会环境和社会风气有关，另一方面也说明20世纪50至60年代也是一个重要的时间节点。今天所看到、所认定的江南水乡与闽南惠安的民间服饰大都经历了这一阶段的实践与改进，也大都于这一阶段定型（图6-40）。然而，在这个阶段，贵州屯堡服饰未发生实质性的变化。这说明了江南水乡与闽南惠安的民间服饰的变迁史可以归纳出三个阶段的时间节点，而贵州屯堡的民间服饰只经历了两个阶段的演变。

其中的相似之处，其实都是明代与清代民间服饰的共同之处，如圆形低领、大襟右衽、前襟镶滚、一字扣、衣裾两侧开衩；或者说，这些相似之处实际上就是明清两代汉族服饰的一般形态。例如贵州屯堡的民间服饰具有明代服装的宽身、大襟、低领等特点，又在历史的沿革中增加了清代服装的特点——在大襟上附加了镶嵌滚条，在衣袖上附加了阑干等。闽南惠安的接袖衫也是如此。事实证明，江南水乡民间服饰绕过了清代服装的附加装饰，所以江南

① 江钟岷：《平坝县志·民生志》，成文出版社1974年版（据民国1932年铅印本影印），第279页。
② 江钟岷：《平坝县志·民生志》，成文出版社1974年版（据民国1932年铅印本影印），第279～280页。
③ 陈国强：《崇武大岞村调查》，福建教育出版社1990年版，第201页。

(a) 正面 (b) 背面

图 6-40　定型后的惠安女服饰

水乡民间服饰与贵州屯堡、闽南惠安两地的民间服饰区别在某种意义上就是明清服装之别。

彼此的相异之处，则是各自后来所发生的变革与改良之处。如江南水乡民间服饰后来采用了相对紧窄的小袖，减去了大襟镶滚，增加了拼掼肩；闽南惠安民间服饰减小了袖口，减短了衣长，加大了下摆起翘与弧长。

2. 不变

（1）基本结构不变

传统中装的前开包裹型的穿着方式，在贵州屯堡、闽南惠安与江南水乡三地的民间服饰中始终固定不变，这是"根"之所在，也是可以将三地民间服饰进行比较的前提。

前开包裹型的上衣下裳制是中式服装的一个独立的体系，一个历经千百年来保持完好的历史遗存，并且能够在随着生产方式与生活方式的变化而完成自我更新的同时，维护其核心结构与形制。江南水乡的上袄下裙、闽南惠安的上衣下裤都延续了数千年前的上衣下裳制。无论形制多古，只要仍然符合生产与生活的实际，人们就继承下来，而且这一切都能够结合当地的自然条件与生产方式产生相应的变化，产生局部新的内容。这些新的细节的补充，适时地满足了人们的需要，却同时削弱了在总体上发生根本变化的动力。

后来，在贵州屯堡出现了大袖短衫——基本形制与大袖长衫一致，但衣长减短至臀围处。吉昌屯一位上了年纪的阿婆说："这种式样不是老辈子传下来的，我们是不穿的。"持此观点的妇女在当地并非少数，说明了一些核心的形制、结构与工艺是不轻易改变的，或者说是稳定的，这也是这些服饰能够被认为是传统服饰的主要依据。

（2）部分品种不变

闽南惠安女的腰巾被认为自清代以来历经民国时期"继续沿用，形制不变"[1]（图 6-41）。同时，她们的鸡公鞋由于只在礼仪场合穿用，与日常生活的关系不大，其形制长期以来亦十

---

[1] 惠安县文化局：《惠安县文物志》，惠安县文化局编印 1990 年版，第 140 页。

图 6-41　形制稳定的惠安女腰巾

分稳定。

贵州屯堡妇女的发簪与围腰的形制亦无明显变化。她们脚上的凤头鞋,在取消了历史上置于鞋翘的防身用的刀片之后,亦再无其他形制变化。

"不变"有时就是一种历史的循环。变与不变,其实就是变异与重复的总和,所以这里强调的是民间服饰在演化与传承中的增长、消亡与替换的过程。

变表现为变通,即"以变得通"。各地民间服饰会随着人们的变化而变化,即随着人们的迁徙、生产、生活的变化而改良,以满足人们更加丰富或改变后的种种需要,提升生活质量。这里反映的是服装形态中变异的灵活的一面。造成变通的条件包括地域条件和生活经验,也包括服装缝制过程中的即兴处理。地域条件不单单是自然因素,也有人为因素交织其中,所以在服装的生理需求与心理需求方面都会有所体现。生活经验是人们在生产和生活中所体会和总结出来的种种规律,它与服装缝制过程中的即兴处理一样,也会影响服装形制、结构与工艺的变化。

不变表现为某种范式,表现为某个阶段相对稳定的服装形制、工艺,以及相对稳定的礼仪、标识、性意识等精神属性。在服装史上,由殷商时期的中原地区发端的主干地区的服装形制没有变;由主干地区向分支地区辐射、影响的过程中,其基本形制也没有变。与变通的片断的不连贯性相比,这一点更具有历史的线性的延续性特征。造成不变的主要条件是历史渊源与传承积累。讲究出处的中国人对先祖事物的继承之心尤为强烈,对于服装形制的继承也是如此。千百年来物质层面的农耕生产与精神层面的孔儒思想的稳定,保障了这种服装形制的稳定,于是形制与工艺的世代相传及其累加成为服装沿革的主旋律。

就变与不变的关系而言,不变的是服装的基本形制与构造,其常态是静止的;变的是江南水乡、闽南惠安与贵州屯堡等地区的地域性特征所导致的服装局部与细节,而这里的地域性特征既包含地理、气候等自然因素,也包含迁徙、农耕、生活、道德等社会因素。变是一个明显的动态过程,从无到有是变,有了之后的种种改良也是变。服装史上的重大时间节点是变的突出反映,也就是说会出现形制、结构、材料与工艺的凸显式的变化。对于闽南惠安与江南水乡地区而言,明代是当地民间服饰的成熟的定型期,清末民初与20世纪50年代两个阶段又发生了显著变化,因此这是两个重要的转折期。从中可以看到清晰的时间节点与清晰的形制变化。然而,在一个时间节点与下一个时间节点之间,则是相对稳定的不变阶段(图 6-42)。

3. 演化规律

(1) 独创

为了解决同样或类似的问题,不同地区的人们都试图通过对服装进行改良来达到目的。他们彼此之间虽然未经联系与借鉴,但"两个或更多的彼此分离的部落群体如果面临相同的命题,也会找到相同的答案""其思想基础主要是人类进化的路线、阶段以及人类的'心性'一

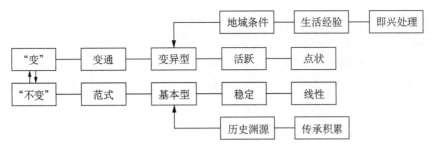

图 6-42　变与不变关系图

致的观念"。① 这种情况属于独立的发明创造,许多原始居民都具有这样的本领,许多服饰在其发端之初都具有这样的经历与特质。

第一,为了防晒挡尘,江南水乡与闽南惠安都采用头巾包裹,但是使用位置和形状略有不同。在江南水乡,由于长期的弯腰劳作,当地妇女十分注重颈部后侧的防晒保护,所以她们的包头是覆盖于头顶并垂挂于肩颈,而为了达到延伸到肩颈部的目的,她们采用了长达 1 米以上的梯形布块,拼幅之后的三角交叉部分更加能够加强这种效果。在闽南惠安地区,终年经受日晒与海风吹袭,其包头巾要包裹住整个面部和头顶,所以正方形是十分简便有效的形状。贵州屯堡地区,凤头鞋上的高筒袜显然出于御寒与防护的动机,以取代历史上穿用过的绑腿;而同样的动机在江南水乡地区则以穿戴卷膀来达到。

第二,为了应对夏季高温条件下的劳作,江南水乡与闽南惠安地区都进行了服装改制。江南水乡地区的工作重点在于下半身,主要以作裙为对象,首先以苎麻质地取代了棉质地,因为前者更加凉爽;其次将已经很短的裙摆改成前短后长的形制,既不易在插秧时沾水又更加透风。这样就形成了极具江南水乡特色的半爿头裙。闽南惠安地区的工作重点在于上半身,主要以节约衫为对象,通过减短衣长、加大起翘,同样取得了透气、凉爽的效果。显然,这一切是在长期生产与生活经验的总结中不断改进、创新的结果。闽南惠安地区将节约衫的散热性功能发挥到了极致,因为在这里只需要考虑单一的高温条件;而江南水乡地区的上衣要考虑到一年四季的穿着需要,显然其服装结构不能因单一的需要而失之偏颇。在江南水乡地区,使用仅仅在夏季穿着的半爿头裙作为散热的主要途径,这是江南水乡地区的一个极富想象力的独创,既达到了目的,又没有破坏服饰的季节体系。

(2) 趋同

独创在某种意义上强调用不同的方法解决同一个问题,而趋同则更强调用相同的方法处理相同的问题。威斯勒说过:"因为所有的发明都是由一个阶段走向另一个阶段的,我们可以猜测特质综合体的发展是从简单开始的。可以设想,从相距遥远的文化中产生的两种或多种截然不同的特质,在时间的进程中会趋于相似。趋同和趋同进化就是这种解释文化相似性的方法。"②我们注意到,在服装的演进过程中,其总体形制总是向着更规则、更舒适、更美好的方向发展,这样就有可能得到共同进化条件下的共同结果。这就是所谓的趋同进化,通俗地说就是"英雄所见略同"。

---

① 蒋立松:《文化人类学概论》,西南师范大学出版社 2008 年版,第 23 页。
② [美]克拉克·威斯勒:《人与文化》,商务印书馆 2004 年版,第 98 页。

第一,在江南水乡与闽南惠安,都面临着抵御热辐射的命题,也都面临着抵御肩部磨损的命题。对于第一个问题,两地都减短了衣长,而闽南惠安终年高温,所以在缀做衫改为节约衫时,衣长与起翘的变化幅度更大,"烟囱效应"更明显。对于第二个问题,闽南惠安女的缀做衫并没有采取任何措施,其前襟的矩形与三角形缀做完全被纹样化和仪式化了,祈祷她们的丈夫海上作业安全的意义较大,装饰、祈福、避凶的精神属性更强。以往,缀做衫在出门访客时穿用为多;改为节约衫时,取消了前襟处符号式的缀做,增加了一道接缝,解决了这里的耐磨损问题,所以在日常生活与生产中穿用更多。此外,导航设备的更新与渔船吨位的加大使得海上作业比较安全可靠,所以精神属性减弱而实用属性加强。这一增一减使闽南惠安的节约衫与江南水乡的拼接衫变得极为相似,都通过减短衣长来抵御热辐射,也都通过拼接来抵御肩部磨损,以相同的方式解决了相同的问题,显然可以作为趋同进化的典型。直白地说,拿闽南惠安的缀做衫与江南水乡的大襟衫相比,彼此之间相异的形制较多;而当它们分别演化为节约衫与拼接衫时,彼此之间相似了不少(图 6-43)。

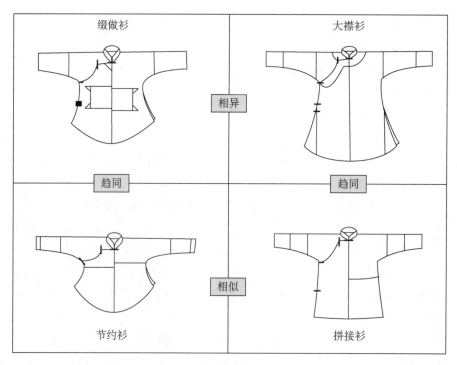

图 6-43 趋同关系示意图

第二,作为劳动人民,对腰部的支托显然也是服装功能的一个重要命题。无论在贵州屯堡、闽南惠安还是江南水乡,人们都选择了又宽又厚的腰带,三地腰带宽度均在 6 至 8 厘米,都采用或纳缝或编织的方法获得一定的硬度与厚度。另外,同时系结在身上的腰带不止一根,贵州屯堡是丝头系腰加系带共计两根,江南水乡是穿腰加作裙系带共计两根,闽南惠安则包括银腰链、彩塑腰带和裤带共计三根。江南水乡、贵州屯堡与闽南惠安地区的人们不约而同地系扎多条腰带进行,以增强对腰部的支撑与助力,这显然属于服装功能上的趋同进化。

第三，与以中原地区为代表的主干地区相比，江南水乡、贵州屯堡与闽南惠安的民间服饰的装饰意味有所不同。这三个地区的服装上的绣纹均不及主干地区的服装那么丰富和普遍，唯一可以相提并论的是妇女们脚上的鞋子。江南水乡、贵州屯堡与闽南惠安妇女都穿着满绣的鞋子，或者说鞋子是三地妇女服饰中绣工最充分的品种。除了满绣之外，镶、滚、补、镂等工艺一应俱全。应该说女鞋在中国传统文化中常有影射性的意味，所以可以解释为什么妇女们会乐此不疲地在鞋子上进行无以复加的装饰。显然这属于精神意义上的趋同进化。

一方面，在生产实践中演化；另一方面，又在思想意识与精神控制中延续与坚守。这其实也是范式在某种意义上的体现。

五、后续研究

（一）以稻作生产为共同坐标的比较研究

水稻是我国南方的主要粮食作物，其种植面积分布极广，涉及人口众多。我国主要的稻作区涵盖华南、华中与西南地区，也包括新中国成立后向北方延伸的华北与东北地区。这些地区的气候与地质条件各不相同，双季稻与单季稻、水田与坝田，各种种植方式与种植技术亦多种多样，所以我国的稻作区进一步可细分成十六个稻作亚区。

在这些区域从事稻作生产的人们，他们的服装是否和江南水乡地区一样，建构着人-衣-环境一体的穿着系统，还是另有选择？由于各地的自然条件、社会环境与文明积累均不尽相同，是否亦有可能建构了另一个自成体系的穿着系统？在这个系统中，他们的服装形制、服装与稻作生产之间的关系，以及其中的规律，值得后续深入研究。

（二）跨国际的区域文化交流研究

"在文化诸层次中，最先相遇、最容易引起彼此兴趣与喜爱的，乃是文化的物质（器物）层面……这些优秀的异质文化成果，最容易被对方至少好奇心和新鲜感而一眼看中。"[1]服装也是一种包含"道"的"器"（即包含精神属性，或者说精神属性与物质属性兼备的实用品），也容易引起彼此的兴趣，所以在世界范围内，上古代时期的埃及、希腊、罗马之间曾经发生过连环套一般的相互借鉴与传播，中古代时期的中国与东南亚部分地区之间亦发生过深度文化交流。应该注意到这样一些现象。

其一，泰国"金三角"一带的部分地区，部分女子民族服饰与江南水乡民间服饰有不少相似之处（图6-44）。这其中是否存在历史文化交流的影响？根据相关古籍文献，确实可以捕捉到一些踪迹。如《明史》中有"洪武四年，赐暹罗国王参烈昭毗牙织金、纱、罗、文绮和使者之一袭"，费信的《星槎胜览》与汪大渊的《岛夷志略》中均有中国青布、色绢与锦缎等衣料进

---

① 何芳川：《中外文化交流史》，国际文化出版公司 2008 年版，第 19 页。

图 6-44　泰国"金三角"一带的
　　　　传统服饰

入泰国的记录,而"泰国平民还常穿着中国式的衣裤,开襟衣"①。

其二,当处于瓯雒国(前257—前206)时期的越南土著尚在"披发文身,裸体跣足"之时,我们的先辈已"将闪烁着中华文明之光的皇冠、缎靴、袍服等衣冠文物及其制造技术传入越南"②。《岛夷志略》中记录了占城妇人"仍禁('仍禁'作'其衣',原作者校勘)服半似唐人"③。也许这种最初的服饰输出作为文化输出最直观的组成部分,是中央政权体现王权与征服的形式之一。然而,最终的现实状况则是让这些文明的种子在异地生根与传播,让广大人民群众在文化传播中得到了实惠。于是,从服装的角度研究国际之间的民族迁徙与融合,以及研究国际之间的文化交流与影响,应该也是比较新颖且有价值、有待开拓的领域。

---

① 何芳川:《中外文化交流史》,国际文化出版公司2008年版,第329页。
② 王会昌:《中国文化地理》,华中师范大学出版社1992年版,第342页。
③ [元]汪大渊:《岛夷志略》,中华书局1981年版,第55～56页。